Interações farmacológicas em UTI e Emergência

Interações farmacológicas em UTI e Emergência

Organizadoras
Michelle Silva Nunes
Kamila Maria Maranhão Sidney
Jéssica Beatriz de Oliveira

InterDrugs
By InforMed

manole
editora

Projeto gráfico e editoração eletrônica: Departamento Editorial da Editora Manole
Capa: Ricardo Yoshiaki Nitta Rodrigues
Imagens da capa: Freepik

CIP-BRASIL. CATALOGAÇÃO NA PUBLICAÇÃO
SINDICATO NACIONAL DOS EDITORES DE LIVROS, RJ

I48

Interações farmacológicas em UTI e emergência / [coordenação Michelle Silva Nunes, Kamila Sidney, Jessica Beatriz de Oliveira]. - 1. ed. - Barueri [SP] : Manole, 2025.

Inclui índice
ISBN 978-85-204-6705-3

1. Farmacologia. 2. Medicina de emergência. 3. Tratamento intensivo. I. Nunes, Michelle Silva. II. Sidney, Kamila. III. Oliveira, Jessica Beatriz de.

25-97487.1 CDD: 615.1
CDU: 615

Gabriela Faray Ferreira Lopes - Bibliotecária - CRB-7/6643

Reimpressão – 2025

Editora Manole Ltda.
Alameda Rio Negro, 967 – cj 717
Alphaville – Barueri/SP
CEP 06454-000
Fone: (11) 4196-6000
www.manole.com.br | https://atendimento.manole.com.br/

Impresso no Brasil | *Printed in Brazil*

Organizadoras

Michelle Silva Nunes
Graduada em Farmácia pela UFRN. Especialista em Farmácia Clínica com Residência em Terapia Intensiva pelo Hospital Universitário Onofre Lopes/UFRN. Mestre pelo Programa de Pós-Graduação em Ciências Sociais (PPGCS) da Universidade de Brasília (UnB). Curadora de conteúdo da Editora Manole e Consultora do InterDrugs®.

Kamila Maria Maranhão Sidney
Graduada em Farmácia pela Unifor. Especialista em Farmácia Clínica com Residência em Atenção ao Paciente Crítico Cardiopulmonar pelo Hospital Dr. Carlos Alberto Studart Gomes/ESP-CE. Mestre em Ciências Farmacêuticas pela UFC. Curadora de conteúdo da Editora Manole e Consultora do Informed®.

Jéssica Beatriz de Oliveira
Graduada em Farmácia pela UFRN. Especialista em Farmácia Clínica com Residência em UTI Neonatal pela UFRN e em Alta Complexidade – Oncologia pela UFSC. CEO e Editora do DILUIMED®.

Autoras

Camile Moreira Mascarenhas

Graduada em Farmácia pela UFRJ. Especialista em Farmácia Hospitalar pelo programa de Residência da UFF e em Gestão da Qualidade e Segurança do Paciente pelo SENAC. Titulada Especialista em Farmácia Clínica pela Sbrafh. Mestre em Saúde Coletiva pela UFF.

Isabella do Vale de Souza

Graduada em Farmácia pela UFRJ. Farmacêutica Clínica com Residência em Neonatologia pela UEPG. Mestre em Ciências Farmacêuticas pela FCFRP/USP.

Jacqueline Pereira Pinheiro

Graduada em Farmácia e em Biomedicina pela UNIP. Especialista em Farmácia Clínica pela UniNorte.

Jéssica Beatriz de Oliveira

Graduada em Farmácia pela UFRN. Especialista em Farmácia Clínica com Residência em UTI Neonatal pela UFRN e em Alta Complexidade – Oncologia pela UFSC. CEO e Editora do DILUIMED®.

Kamila Maria Maranhão Sidney

Graduada em Farmácia pela Unifor. Especialista em Farmácia Clínica com Residência em Atenção ao Paciente Crítico Cardiopulmonar pelo Hospital Dr. Carlos Alberto Studart Gomes/ESP-CE. Mestre em Ciências Farmacêuticas pela UFC. Curadora de conteúdo da Editora Manole e Consultora do Informed Digital®.

Kelly Helena Kühn

Graduada em Farmácia pela Universidade Regional Integrada do Alto Uruguai e das Missões (URI). Farmacêutica Clínica com Residência em Atenção ao Câncer pelo Hospital São Vicente de Paulo/UPF.

Michelle Silva Nunes

Graduada em Farmácia pela UFRN. Especialista em Farmácia Clínica com Residência em Terapia Intensiva pelo Hospital Universitário Onofre Lopes/UFRN. Curadora de conteúdo da Editora Manole e Consultora do Interdrugs®.

Sumário

Apresentação

Interações farmacológicas em UTI e Emergência é um guia prático e essencial para os profissionais de saúde que atuam em ambientes de alta complexidade, como unidades de terapia intensiva e serviços de emergência. Em cenários onde decisões rápidas e precisas podem definir desfechos clínicos, conhecer informações sobre os medicamentos e suas interações torna-se um diferencial decisivo para a segurança e a eficácia do tratamento.

Baseada na plataforma Interdrugs® – um sistema inovador de suporte à decisão clínica, desenvolvido integralmente em português – esta obra oferece uma abordagem acessível, objetiva e voltada à prática assistencial.

A estrutura do conteúdo valoriza a aplicação prática e a segurança do paciente, apresentando informações sobre a prescrição e o uso seguro dos medicamentos injetáveis mais utilizados em UTIs e Emergências. Todo o conteúdo está baseado em estudos científicos bem aplicados, desde pesquisas em cenário real que elucidam a maior probabilidade de incidência das interações medicamentosas, até os estudos *in vitro* que sinalizam incompatibilidades medicamentosas ou simulação de interações em modelos experimentais.

Neste livro, o leitor encontrará orientações práticas sobre o suporte ao paciente grave, sua farmacoterapia, parâmetros para monitoramento e sugestões de condutas quanto às interações medicamentosas, instruções de preparo das soluções parenterais e suas incompatibilidades, ajustes de doses para obesidade e disfunções orgânicas, além de um capítulo dedicado à elaboração e uso dos carros de urgência. A equipe de especialistas responsável pela curadoria e análise dos dados buscou ir além das sistematizações teóricas, acrescentando a experiência do que é relevante no cuidado do paciente grave e na utilização de medicamentos em cenários críticos da alta complexidade.

Interações farmacológicas em UTI e Emergência foi cuidadosamente elaborado para apoiar decisões clínicas, fomentar o uso racional de medicamentos e contribuir com a segurança do paciente em um dos contextos mais desafiadores da assistência em saúde.

Coautores do Capítulo 5 - Interações medicamentosas

Alex Junior Ferreira
Ana Claudia Monteiro Braga
Bruna Cordeiro de Araújo
Camile Moreira Mascarenhas
Carla Rigon
Caroline Rocha Santana
Elana Figueiredo Chaves
Érika Michelle do Nascimento Facundes Barbosa
Francisca Camila Alves Leite
Haline Tereza Matias de Lima Costa
Isabella do Vale de Souza
Jaqueline Pilon de Menezes
Járdila Ravana Alves da Silva
Jeanine Morais Pereira
Jéssica Beatriz de Oliveira
Jôseffer Wianey Trindade Medeiros
Kamila Maria Maranhão Sidney
Kelly Helena Kühn
Letícia Martins Pereira Vale
Martina Cassol Turcato
Michelle Silva Nunes
Nathalia Lobão Barroso de Souza Silveira
Tamires Duda de Azevedo
Viviane Coriolano de Freitas

Prefácio

Vejo a oportunidade de escrever este Prefácio na perspectiva do ensino como um privilégio, um gesto que reflete a confiança e o respeito mútuos que permeiam o campo acadêmico e profissionais da saúde. Ao folhear as páginas do livro, percebi imediatamente que não se trata apenas de mais um livro técnico-científico destinado ao cotidiano dos profissionais de saúde. Trata-se de uma publicação que busca unir prática e ensino como instrumentos de transformação. Este é um trabalho que nasce do compromisso inabalável de seus autores, que se dedicam não apenas à constante busca por melhores práticas no cuidado ao paciente crítico e em situações de emergência, mas também com uma profunda reflexão pedagógica sobre o ensino dessas práticas essenciais, consolidando-se como uma contribuição significativa tanto para a formação quanto para a atuação profissional.

O ambiente das Unidades de Terapia Intensiva e dos serviços de emergência é, sem dúvida, um dos cenários mais desafiadores da prática interprofissional, sendo também um campo fértil para o ensino-aprendizagem. Nesses ambientes, em que decisões precisas devem ser tomadas em frações de segundo, nasce uma oportunidade ímpar para refletir sobre como ensinar e aprimorar constantemente essa complexa arte do cuidado. Este livro surge, assim, com a missão de conciliar rigor científico e a leveza necessária para engajar o leitor. Cada tópico foi cuidadosamente estruturado em uma jornada de aprendizado que vai da compreensão conceitual à aplicação prática, criando pontes entre teoria e vivência profissional. Mais do que isso, a obra busca estimular a curiosidade crítica, incentivando o leitor a questionar, investigar e aprimorar suas habilidades de forma ativa e contínua.

A vasta experiência clínica das autoras, enriquecida pela colaboração de especialistas da área, confere a esta obra um caráter único, refletindo o que há de mais valioso no processo de ensino: capacidade de conectar teoria e prática, rigor científico e sensibilidade humanista, tradição e inovação. Ela nos lembra que ensinar não é apenas transmitir conteúdos, mas criar oportunidades para que o aluno pense criticamente, questione paradigmas e desenvolva autonomia. Como dizia Paulo Freire, "ensinar não é transferir conhecimento, mas criar as possibilidades para sua própria produção ou construção".

Que estas páginas sejam para você, leitor, uma fonte inesgotável de aprendizado e motivação. Que elas te inspirem a buscar sempre o melhor de si e a compartilhar esse conhecimento com outros, ajudando a manter viva a essência transformadora do ensino.

Professor Dr. Tácio de Mendonça Lima
Departamento de Farmácia e Administração Farmacêutica e Núcleo de Avaliação de Tecnologias em Saúde da Universidade Federal Fluminense

1

Paciente grave

Kamila Maria Maranhão Sidney
Michelle Silva Nunes

"A UTI não é um lugar para onde se vai morrer.
É um lugar onde a vida é resgatada intensamente"
Michelle Nunes, farmacêutica clínica intensivista

O paciente crítico ou grave é aquele que se encontra em risco iminente de perder a vida ou função de órgão/sistema do corpo humano, bem como aquele em frágil condição clínica decorrente de trauma ou outras condições relacionadas a processos que requeiram cuidado imediato clínico, cirúrgico, gineco-obstétrico ou em saúde mental. Ao ser admitido na emergência ou no pronto-socorro de uma unidade hospitalar, o paciente é submetido a uma avaliação de risco pela equipe de enfermagem e médica, em que é definida a gravidade da condição clínica apresentada, a complexidade do seu estado vital e o nível de atenção necessário, para determinar a jornada do paciente no hospital. A deterioração de uma ou mais funções orgânicas ou vitais em decorrência de condições patológicas que levam à instabilidade cardiovascular, respiratória, neurológica, renal, hematológica ou metabólica desse paciente costuma destiná-lo aos cuidados intensivos, ou seja, o internamento em um leito de Unidade de Terapia Intensiva (UTI).

A UTI é um serviço hospitalar destinado a pacientes críticos, graves ou de alto risco clínico ou cirúrgico que necessitam de cuidados intensivos e ininterruptos, além de assistência médica, fisioterapêutica e de enfermagem, com monitorização contínua durante as 24 horas do dia. Necessidade de utilização de tecnologias e dispositivos invasivos, bem como a pluralidade na terapia medicamentosa prescrita, que pode ir desde drogas vasoativas, antimicrobianos de amplo espectro até a necessidade de instalação de terapia de substituição renal, ventilação mecânica e/ou oxigenação por membrana extracorpórea (ECMO), torna a assistência ao paciente grave complexa e com potenciais riscos.

Diante dessa complexa dinâmica do cuidar, em um mundo pós-pandêmico em que cada vez mais recursos tecnológicos são fomentados, contrastando a escassez de insumos terapêuticos e humanos adequados, o conhecimento técnico e o olhar humanizado para o paciente grave e seu entorno familiar se torna essencial. Neste capítulo, serão apresentadas estratégias de avaliação do paciente grave, necessárias à implementação do melhor plano terapêutico. Além disso, foi feita uma seleção de medicamentos essenciais em UTI e emergência que serão abordados nos próximos capítulos com o intuito de promover seu uso seguro e racional.

Cardiorrespiratório	Analgossedação e SNC	Profiláticos e sintomáticos	Antimicrobianos
Ácido tranexâmico Adenosina Amiodarona Atropina Dopamina Dobutamina Efedrina Epinefrina Furosemida Hidralazina Lidocaína Metilergotamina Metoprolol Nitroglicerina Nitroprussiato Norepinefrina Salbutamol Terbutalina Vasopressina	Cetamina Cisatracúrio Dexmedetomidina Diazepam Dipirona Etomidato Escetamina Fentanil Fenitoína Fenobarbital Haloperidol Levetiracetam Metadona Morfina Midazolam Propofol Rocurônio Suxametônio Tenoxicam Tramadol	Difenidramina Dexametasona Enoxaparina Heparina Hidrocortisona Insulina regular Metilprednisolona Metoclopramida Ondansetrona Pantoprazol Omeprazol Prometazina	Amicacina Anidulafungina Anfotericina B Cefepima Ceftriaxona Clindamicina Fluconazol Gentamicina Linezolida Meropeném Metronidazol Piperacilina + tazobactam Polimixina Sulfametoxazol + trimetoprima Vancomicina

Características fisiopatológicas do paciente grave

As características do paciente grave permeiam seus dados pessoais e demográficos, como idade, gênero, condições socioeconômicas e estilo de vida; e seu histórico de saúde, como o motivo do internamento na UTI, comorbidades preexistentes e a história da doença atual, informações capazes de definir o perfil patológico principal do paciente e apontar aspectos comuns, como representado a seguir:

- Idosos: comorbidades, polimedicados, função renal reduzida, tendência à hipotensão e delirium, deficiência auditiva e/ou visual, risco aumentado de acumulação de fármacos por redução metabólica.
- Politraumatizados: comprometimento neurológico e cardiopulmonar, risco de infecções e lesão por pressão, comorbidades, idade etc.
- Neurocríticos: acidente vascular cerebral prévio, crises convulsivas refratárias, hipertensão intracraniana, monitorização da pressão intracraniana (5 a 15 mmHg), derivação ventricular externa, necessidade de esquemas de analgosedação diferenciados etc.
- Cardiocríticos: infarto agudo do miocárdio (IAM), insuficiência cardíaca (IC), doença arterial coronariana (DAC), coronariopatias, arritminas, hiper e hipotensão sustentadas, pós-operatório (especialmente de substituição), coronarioplastias etc.
- Nefrocríticos: causas secundárias levando a lesão de órgão-alvo, desequilíbrio hidroeletrolítico, infecções de cateter renal, terapia renal substitutiva, pós-transplante etc.
- Grandes queimados: choque hipovolêmico, dor, infecções, lesão por inalação, contraturas articulares, lesão por pressão, necessidade de cuidados de enfermagem e nutrição etc.
- Pediátricos: infecções respiratórias, cardiopatias congênitas, epilepsia descompensada, leucemias, acidentes, alta taxa de metabolização de fármacos.
- Neonatal: prematuridade, baixo peso, sepse, cardiopatias congênitas, mal formações, síndromes genéticas raras, acidentes durante o parto, síndromes respiratórias etc.
- Gestantes: eclâmpsia, hemorragias, sepse puerperal, considerar o binômio, VD e alterações glicêmicas menos previsíveis.

Principais ferramentas de avaliação, classificação e acompanhamento

Na avaliação e reavaliação dos pacientes graves, principalmente naqueles sob cuidados intensivos, existem inúmeros instrumentos com algoritmos validados, rotineiramente utilizados pela equipe multiprofissional. A intenção dessas ferramentas é auxiliar nas decisões sobre tratamento e prognóstico, padronizar condutas, melhorar a comunicação interprofissional, otimizar o tempo da equipe assistencial e assegurar qualidade e segurança no atendimento.

Na emergência, a classificação de risco pela escala de Manchester é utilizada para classificar a gravidade e priorizar o atendimento dos pacientes de forma equitária (Figura 1).

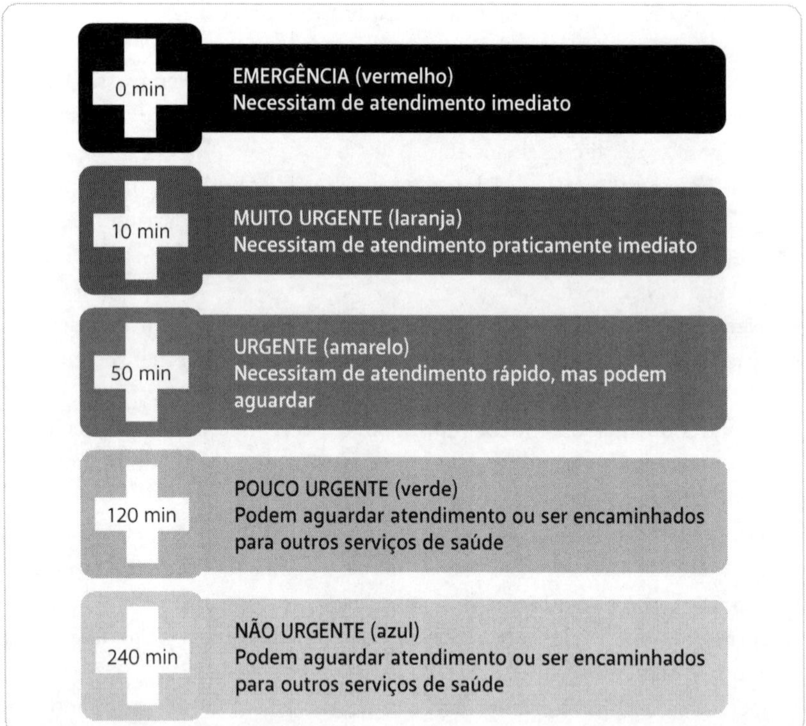

FIGURA 1 Protocolo de Manchester. Pulseiras coloridas sinalizam o nível de gravidade de cada caso.

Fonte: InforMed, 2025. Protocolo de Manchester. Disponível em: https://app.informed.digital/conteudo/6023f2c99641e568cb3e0156.

Pacientes direcionados para o internamento na UTI são avaliados continuamente de acordo com escores preditores de gravidade, morbidade e mortalidade, e do status mental. A GCS, o APACHE e o SOFA são as ferramentas mais utilizadas, no entanto muitos outros escores podem ser usados. Os principais estão destacados (ver no Anexo deste capítulo):

- GCS (*Glasgow Coma Scale* – escala de coma de Glasgow): usada para avaliar o estado de consciência em situações de comprometimento neurológico. O escore varia de 3 a 15, em que uma pontuação de 13 a 15 indica uma lesão cerebral leve, de 9 a 12 uma lesão cerebral moderada, de 3 a 8 indica uma lesão cerebral grave e uma pontuação menor que 3 indica estado comatoso.
- APACHE (*Acute Physiology and Chronic Health Evaluation*): avalia a fisiologia aguda e da saúde crônica. Um aumento na sua pontuação está associado a um risco crescente de morte hospitalar.
- SOFA (*Sequential Organ Failure Assessment*): escore de avaliação de gravidade e das disfunções orgânicas, avalia o sistema nervoso central, respiratório, hematológico, hepático, renal e cardiovascular. Cada componente é pontuado de 0 a 4, em que valores maiores ou igual a 2 indicam disfunção orgânica. É recomendado no diagnóstico da sepse. Uma versão simplificada, o qSOFA, que pontua apenas três parâmetros: frequência respiratória ≥ 22 movimentos respiratórios por minuto, pressão arterial sistólica ≤ 100 mmHg e escala de coma de Glasgow menor que 15, cada um valendo um ponto, pode ser utilizada para identificar pacientes com alto risco de mortalidade, mas não é recomendada para diagnosticar sepse.
- SAPS (*Simplified Acute Physiology Score*): avalia diversos fatores fisiológicos e clínicos para prever a mortalidade hospitalar em pacientes admitidos em UTI. A pontuação do SAPS 3 varia de 16 a 217 pontos, quanto maior a pontuação, maior o risco de mortalidade do paciente. É uma escala com muitas variáveis, muito utilizada em pesquisas científicas.

Outras escalas que podem ser utilizadas nesse contexto são:

- MPM (Modelo de Probabilidade de Mortalidade): um dos sistemas de pontuação mais utilizados para predizer o risco de desfecho em pacientes na UTI. Quanto maior a pontuação, maior o risco de morte.
- LODS (*Logistic Organ Dysfunction System*): utilizada para categorizar a gravidade da população de pacientes da UTI, estimar o risco de morte e avaliar a qualidade da assistência prestada.

- MODS (*Multiple Organ Dysfunction Score*): avalia a gravidade da disfunção de múltiplos órgãos em pacientes críticos.

Avaliação diária à beira leito

O paciente grave ou crítico requer monitoramento intensivo, para tanto, é necessário que equipe de saúde conheça e aplique estratégias de avaliação à beira leito para um acompanhamento eficiente. A ferramenta mais indicada para o cuidado essencial desses pacientes é o mnemônico FAST HUG, do inglês "abraço rápido", que propõe uma verificação rápida de suporte indispensável ao paciente, em que cada letra remete a um cuidado essencial, conforme a Tabela 1.

TABELA 1 Os sete componentes da abordagem FAST HUG

Componente	Descrição
Alimentação	O paciente pode ser alimentado oralmente, se não, por via enteral? Se não, devemos iniciar a alimentação parenteral?
Analgesia	O paciente não deve sentir dor, mas a analgesia excessiva deve ser evitada
Sedação	O paciente não deve experimentar desconforto, mas a sedação excessiva deve ser evitada; "calmo, confortável, colaborativo" é geralmente o melhor nível
Prevenção de tromboembolismo	Deve-se administrar heparina de baixo peso molecular ou usar recursos mecânicos?
Cabeceira elevada	Idealmente, entre 30° e 45°, a menos que haja contraindicações
Profilaxia de úlcera de estresse	Geralmente com antagonistas de H2; às vezes, inibidores da bomba de prótons
Controle de glicose	Dentro dos limites definidos em cada UTI

Fonte: Vincen, 2005.

Uma infinidade de adaptações já foram feitas, acrescentando mais cuidados ao mnemônico FAST HUG, com o intuito de ampliar e personalizar a avaliação do paciente na perspectiva de diferentes categorias profissionais que atuam na UTI. Os farmacêuticos clínicos utilizam o mnemônico com o acréscimo de lembretes que formam a palavra MAIDENS, que significa "donzela" ou "mulher jovem", essas letras acrescentam um maior suporte à prescrição de medicamentos e à avaliação da resposta terapêutica, incluindo a análise de exames, interações e incompatibilidades medicamentosas, indicação e dose dos medicamentos, reconciliação e até o monitoramento do tempo de uso de medicamentos cuja duração de tratamento é limitada ou pré-definida, comumente aplicada aos antimicrobianos, corticosteroides, esquemas de quimioterapia e ao clássico uso do nitroprussiato de sódio, que deve ser limitado ao máximo de 7 dias, com limite de infusão em 10 mcg/kg/min, sob risco de neurotoxicidade irreversível por acúmulo de tiocianato.

Os pacientes graves que necessitam de suporte ventilatório invasivo e são submetidos à ventilação mecânica, em geral também necessitam de um esquema de analgesia e sedação – analgosedação – bem implementado, o que se constitui um dos maiores desafios dos cuidados intensivos devido à necessidade de individualizar essa farmacoterapia e harmonizá-la aos objetivos e programação da ventilação mecânica, que por sua vez está ligada à recuperação pulmonar, por vezes dependente de um esquema de antimicrobianos assertivo e da ação de corticosteroides.

Não existe cuidado intensivo sem intensa atividade multiprofissional, por isso as escalas de avaliação e classificação têm um papel tão importante, pois elas são capazes de nivelar a compressão dos membros da equipe assistencial sobre o paciente e de promover o alinhamento de suas condutas. Avaliar a resposta aos analgésicos e sedativos é uma tarefa importante, que impacta em resultados clínicos, econômicos e humanísticos. A dor é capaz de provocar instabilidade hemodinâmica e piorar a situação clínica do paciente, sedar um paciente com dor, mais do que aumentar o consumo de sedativos impactando economicamente, é considerado tortura e o impacto desse erro é sobre os direitos humanos. Por isso, o conceito de analgesia *"first"* deve ser implementado, o que significa garantir a analgesia primeiro, certificando-se do controle da dor, antes de iniciar a sedação.

As principais escalas de avaliação de analgesia são as escalas analógicas, visual e numérica, que podem ser integradas para uma aplicação mais fidedigna, já que se trata de um sintoma subjetivo e muito particular de cada indivíduo. No entanto, pacientes sob ventilação mecânica invasiva, desacordados, não poderão responder a essas escalas, sendo necessário implementar o uso de ferramentas específicas para avaliar dor nesses pacientes. São elas (ver Anexo deste capítulo):

- BPS (*Behavioral Pain Scale*): avalia a dor em pacientes que estão sedados, inconscientes ou com dificuldade de comunicação, por meio da expressão facial, movimentos corporais e tolerância à ventilação mecânica. É a mais utilizada em UTI no Brasil devido à sua elevada acurácia, estando associada à diminuição do tempo de ventilação mecânica, e à validação para o idioma. O escore varia de 3 a 12, da menor para a maior intensidade de dor. É de fácil aplicação e seu uso permite otimizar o conforto e minimizar o sofrimento do paciente.

- CPOT (*Critical Care Pain Observation Tool*): pode ser utilizada em qualquer paciente que não consegue se comunicar verbalmente, avalia a expressão facial, os movimentos corporais, a tensão muscular, adaptação à ventilação, para pacientes intubados, ou a vocalização, para pacientes que não estejam intubados. O escore varia de 0 a 8, entre ausência de comportamento de dor a sinais claros de comportamento de dor. É recomendada pela *Society of Critical Care Medicine.*

Uma vez garantido o adequado controle da dor, a avaliação dos níveis de sedação é fundamental para o manejo da ventilação mecânica invasiva e a evolução do paciente para a extubação, assim como para promover o descanso e recuperação de pacientes que foram submetidos a elevadas condições de estresse fisiológico e até mesmo emocional. Dosar a sedação de maneira eficiente traz impactos econômicos consideráveis, além de sua importância clínica e humanística. Considerar a sedação intermitente, o despertar diário, reduzir o uso de benzodiazepínicos, sempre que for possível evitar sedação profunda e prolongada, são medidas benéficas para o paciente quando bem implementadas. As escalas de RASS (*Richmond Agitation-Sedation Scale)* e de RAMSAY são as mais utilizadas para monitorar a sedação de pacientes graves (ver Anexo deste capítulo).

Em condições clínicas muito específicas e restritas, a infusão contínua de bloqueadores neuromusculares pode ser necessária. Essa conduta se restringe basicamente ao *Status Epilepticus* e à Síndrome do Desconforto Respiratório Agudo (SDRA) com dissincronia de ventilador, ou seja, para pacientes que necessitam de ventilação mecânica protetora. Nesse caso, as escalas de RASS e RAMSAY não serão indicadas, sendo necessário o uso de equipamentos comumente utilizados em anestesias gerais, como o índice Bispectral (BIS), que realiza um monitoramento neurofisiológico, analisando eletroencefalogramas gerados continuamente, com o objetivo de evitar sedação excessiva.

Cuidado centrado no paciente e segurança na assistência

De acordo com a Organização Mundial da Saúde (OMS), o cuidado humanizado é aquele em que é reconhecido as necessidades de saúde de cada pessoa, tanto físicas quanto psicossociais. O cenário do pronto-atendimento e da UTI, com suas tecnologias duras, favorece o distanciamento desse cuidado humanizado, em que há uma ruptura do entendimento de que o paciente não é apenas um objeto a ser tratado, mas também é a extensão de uma família. As diretrizes recomendam como boa prática a presença de familiares no cenário dos cuidados intensivos.

Por outro lado, equipes de profissionais muitas vezes sobrecarregados, desvalorizados e desmotivados estarão responsáveis pelo cuidado de pacientes em seu estado de maior vulnerabilidade, sendo necessária uma boa dose de altruísmo para atender aos conselhos de Hipócrates "*primum non nocere*", primeiro não causar dano. Nos anos 2000, o relatório do *Institute of Medicine*, "*To Err Is Human: Building a Safer Health System,* marcou o início de uma transformação na gestão dos serviços de saúde ao revelar a quantidade de erros, inclusive fatais, que aconteciam nos hospitais dos Estados Unidos da América. Desde então, conduzir os profissionais de saúde para práticas seguras tem sido um desafio, especialmente em cenários extremos como emergências, UTIs e centros cirúrgicos.

Em 2005, a OMS lançou o primeiro desafio global para a segurança do paciente. No ano de 2017, o tema do desafio foi "Medicação sem Danos" com o objetivo de reduzir danos evitáveis relacionados ao uso de medicamentos e promover práticas de medicação seguras, desafio com o qual este livro visa contribuir. No Brasil, o Programa Nacional de Segurança do Paciente (PNSP) é regulamentado pela Portaria n. 529/2013, do Ministério da Saúde, e instituído pela RDC n. 36/2013, da Anvisa. O Ministério da Saúde e a Anvisa regulamentam a infraestrutura e o financiamento dos serviços de emergência e das UTIs no Brasil, cuja legislação leva em conta subjetivamente os princípios da cultura de segurança do paciente, mas não promovem a institucionalização de infraestrutura capaz de cumpri-los, deixando importantes lacunas na integralidade do cuidado ao paciente grave.

As estratégias para a segurança do paciente nos diversos cenários compõem:

- higienização das mãos;
- identificação do paciente;
- comunicação efetiva;

- prevenção de queda;
- prevenção de úlcera por pressão;
- administração segura de medicamentos;
- uso seguro de dispositivos intravenosos;
- procedimentos cirúrgicos seguros;
- administração segura de sangue e hemocomponentes;
- utilização segura de equipamentos;
- pacientes parceiros na sua segurança; e
- formação de profissionais da saúde para a segurança do paciente.

Não causar dano é o princípio primordial para o atendimento humanizado e o cuidado centrado no paciente, para além dos requisitos técnicos e da expertise de cada profissional, das estratégias envoltas na segurança do paciente e de protocolos institucionalizados, o nosso olhar precisa ultrapassar as barreiras do ego, da comunicação e da escassez, numa mudança de cultura capaz de eliminar obstáculos à prestação do cuidado universal, integral e equitativo aos pacientes e seus familiares.

Que este livro auxilie a sua trajetória no cuidado a pacientes críticos e imprima a cultura de segurança e o interesse genuíno pelo paciente na sua prática diária.

Referências

1. Agência Nacional de Vigilância Sanitária. Resolução n. 7, de 24 de fevereiro de 2010. Dispõe sobre os requisitos mínimos para funcionamento de Unidades de Terapia Intensiva e dá outras providências. Disponível em: https://bvsms.saude.gov.br/bvs/saudelegis/anvisa/2010/res0007_24_02_2010.html
2. Champs APS, Santanna TNFDV, Couto CM, Macedo RC, Penna PS, Cruz LCVB, Silva-Neto RXD, Vaz LS. Validation to Brazilian Portuguese of the coma recovery scale-revised. Arq Neuropsiquiatr. 2024;82(11):1-8.
3. Devlin JW, Skrobik Y, Gélinas C, Needham DM, Slooter AJC, Pandharipande PP, et al. Clinical Practice Guidelines for the Prevention and Management of Pain, Agitation/Sedation, Delirium, Immobility, and Sleep Disruption in Adult Patients in the ICU. Crit Care Med. 2018;46(9):e825-e873.
4. Gélinas C, Fillion L, Puntillo KA, Viens C, Fortier M. Validation of the Critical-Care Pain Observation Tool in adult patients. Am J Crit Care. 2006;15(4):420-7.

5. Hwang DY, Oczkowski SJW, Lewis K, Birriel B, Downar J, Farrier CE, et al. Society of Critical Care Medicine Guidelines on Family-Centered Care for Adult ICUs: 2024. Crit Care Med. 2025;53(2):e465-e482.
6. Kohn LT, Corrigan JM, Donaldson MS, editors. To err is human: building a safer health system. Washington (DC): National Academy Press; 2000.
7. Locks GF, Cavalcanti IL, Duarte NMC, Cunha RM, Almeida MCS. Uso de bloqueadores neuromusculares no Brasil. Braz J Anesthesiol. 2015;65(5):319-25..
8. Mabasa VH, Malyuk DL, Weatherby EM, Chan A. A Standardized, Structured Approach to Identifying Drug-Related Problems in the Intensive Care Unit: FASTHUG-MAIDENS. Can J Hosp Pharm. 2011;64(5):366-9.
9. Mendes JJ, Silva MJ, Miguel LS, Gonçalves MA, Oliveira MJ, Oliveira CDL, et al. Sociedade Portuguesa de Cuidados Intensivos guidelines for stress ulcer prophylaxis in the intensive care unit. Revista Brasileira de Terapia Intensiva. 2019;31(1).
10. Ministério da Saúde. Portaria de consolidação n. 3, de 28 de setembro de 2017. Consolidação das normas sobre as redes do Sistema Único de Saúde. Disponível em:https://bvsms.saude.gov.br/bvs/saudelegis/gm/2017/prc0003_03_10_2017ARQUIVO.html
11. Ministério Da Saúde. Portaria n. 1863, de 29 de setembro de 2003. Institui a Política Nacional de Atenção às Urgências, a ser implantada em todas as unidades federadas, respeitadas as competências das três esferas de gestão. Disponível em: https://bvsms.saude.gov.br/bvs/saudelegis/gm/2003/prt1863_26_09_2003.html
12. Ministério da Saúde. Portaria n. 2.095, de 24 de setembro de 2013. Aprova os Protocolos Básicos de Segurança do Paciente. Diário Oficial da União, Brasília, DF, 25 set. 2013. Seção 1, p.113.
13. Ministério da Saúde. Portaria n. 2.338, de 3 de outubro de 2011. Estabelece diretrizes e cria mecanismos para a implantação do componente Sala de Estabilização (SE) da Rede de Atenção às Urgências. Disponível em: https://bvsms.saude.gov.br/bvs/saudelegis/gm/2011/prt2338_03_10_2011.html
14. Ministério Da Saúde. Portaria n. 2.395, de 11 de outubro de 2011. Organiza o Componente Hospitalar da Rede de Atenção às Urgências no âmbito do Sistema Único de Saúde (SUS). Disponível em: https://bvsms.saude.gov.br/bvs/saudelegis/gm/2011/prt2395_11_10_2011.html
15. Pinheiro ARPQ, Marques RMD. Behavioral Pain Scale e Critical Care Pain Observation Tool para avaliação da dor em pacientes graves intubados orotraquealmente. Revisão sistemática da literatura. Revista Brasileira de Terapia Intensiva. 2019;31(4):571-581.
16. Reade MC, Finfer S. Sedation and delirium in the intensive care unit. N Engl J Med. 2014;370(5):444-54.

17. Spinelli E, Mauri T, Beitler JR, Pesenti A, Brodie D. Respiratory drive in the acute respiratory distress syndrome: pathophysiology, monitoring, and therapeutic interventions. Intensive Care Med. 2020;46(4):606-618.
18. Vila Vda S, Rossi LA. O significado cultural do cuidado humanizado em unidade de terapia intensiva: "muito falado e pouco vivido". Rev Lat Am Enfermagem. 2002;10(2):137-44.
19. Vincent JL, Moreno R. Clinical review: scoring systems in the critically ill. Crit Care. 2010;14(2):207.
20. Vincent JL, Shehabi Y, Walsh TS, Pandharipande PP, Ball JA, Spronk P, et al. Comfort and patient-centred care without excessive sedation: the eCASH concept. Intensive Care Med. 2016;42(6):962-71.
21. Vincent JL. Give your patient a fast hug (at least) once a day. Crit Care Med. 2005;33(6):1225-9.

Anexo

Escalas de avaliação do paciente grave

ESCALA DE COMA DE GLASGOW

Parâmetro	Resposta observada	Escore
Abertura ocular	Abertura espontânea	4
	Estímulos verbais	3
	Estímulos dolorosos	2
	Ausente	1
Melhor resposta verbal	Orientado	5
	Confuso	4
	Palavras inapropriadas	3
	Sons ininteligíveis	2
	Ausente	1
Melhor resposta motora	Obedece a comandos verbais	6
	Localiza estímulos	5
	Retirada inespecífica	4
	Padrão flexor	3
	Padrão extensor	2
	Ausente	1

Escore total: 3 a 15.
Fonte: InforMed, 2025. Medicina de emergência: traumatismo cranioencefálico. Disponível em: https://app.informed.digital/conteudo/64ff20ddbfd88f7f915e9957.

APACHE

Parâmetros fisiológicos (agudos)	Comorbidades	Diagnóstico e informações de admissão
Idade	Cirrose	Dias pré-UTI
Temperatura	Carcinoma metastático	Origem do paciente
Pressão arterial média	Imunossupressão	Readmissão?
Frequência cardíaca	Linfoma	Cirurgia de emergência?
Frequência respiratória	Leucemia/mieloma	Diagnóstico cirúrgico?
Ventilação mecânica	AIDS	Diagnóstico por sistema e específico
FiO_2	Disfunção hepática	
PO_2	Disfunção renal e hemodiálise	
PCO_2		
pH arterial		
Sódio		
Débito urinário em 24 horas		
Creatinina		
Ureia		
Glicemia		
Bilirrubina		
Albumina		
Hematócrito		
Leucócitos		
Escala de Coma de Glasgow		

Fonte: InforMed, 2025. Escores prognósticos em UTI. Disponível em: https://app.informed.digital/conteudo/6699a1c928b6a4566f2165c8.

SOFA

SOFA	0	1	2	3	4
Relação PO_2/FiO_2	> 400	≤ 400	≤ 300	≤ 200 em VM	≤ 100 em VM
Plaquetas	> 150	≤ 150	≤ 100	≤ 50	≤ 20
Bilirrubina	< 1,2	1,2-1,9	2-5,9	6-11,9	> 12
Cardiovascular	PAM > 70 mmHg	PAM < 70 mmHg	Uso de dopamina ≤ 5 mcg/kg/min ou dobutamina	Uso de dopamina > 5 mcg/kg/min, epinefrina ≤ 0,1 mcg/kg/min ou noradrenalina ≤ 0,1 mcg/kg/min	Uso de dopamina > 15 mcg/kg/min, epinefrina > 0,1 mcg/kg/min ou noradrenalina > 0,1 mcg/kg/min
Escala de coma de Glasgow	15	13-14	10-12	6-9	< 6
Creatinina ou diurese em 24h	< 1,2	1,2-1,9	2-3,4	3,5-4,9 ou diurese < 500 mL	> 5 ou diurese < 200 mL

PAM: pressão arterial média; VM: ventilação mecânica.
SOFA: pontuação ≥ 15 determina mortalidade > 90%.
Fonte: InforMed, 2025. Escores prognósticos em UTI. Disponível em: https://app.informed.digital/conteudo/6699a1c928b6a4566f2165c8.

SAPS

Variáveis	Pontos	Variáveis	Pontos
Idade		**Dias de internação prévios**	
< 40 anos	0	< 14	0
≥ 40 e < 60 anos	5	≥ 14 e < 28	6
≥ 60 e < 70 anos	9	≥ 28	7
≥ 70 e < 75 anos	13	**Procedência**	
75 e < 80 anos	15	Centro cirúrgico	0
≥ 80 anos	18	Pronto-socorro	5
Comorbidades		Outra UTI	7
Outras	0	Outros	8

(continua)

SAPS *(continuação)*

Variáveis	Pontos	Variáveis	Pontos
Quimioterapia	3	**Drogas vasoativas**	
Insuficiência cardíaca	6	Sim	0
Neoplasia hematológica	6	Não	3
Cirrose	8	**Razão para admissão**	
AIDS	8	Cardiovascular: distúrbios de ritmo	–5
Câncer	11	Neurológico: convulsões	-4
Temperatura		Cardiovascular: choque hipovolêmico hemorrágico	3
< 35°C	7	Digestivo: abdome agudo, outros	3
≥ 35°C	0	Neurológico: coma, estupor, confusão, agitação, *delirium*	4
Pressão arterial sistólica		Cardiovascular: choque séptico	5
≥ 120 mmHg	0	Cardiovascular: choque anafilático, misto ou indefinido	5
70-119 mmHg	3	Hepático: disfunção hepática	6
40-69 mmHg	8	Neurológico: déficit neurológico focal	7
< 40 mmHg	11	Digestivo: pancreatite grave	9
Frequência cardíaca		Neurológico: efeito de massa intracraniano	10
≥160 bpm	7	Todos os outros	0
120-159 bpm	5	***Status* cirúrgico**	
< 120 bpm	0	Eletiva	0
Escala de coma de Glasgow		Não cirúrgico	5
≥ 13	1	Emergência	6
12-7	2	**Sítio anatômico da cirurgia**	
6	7,5	Transplante: fígado, rins, pâncreas, outros	–11
5	10	Trauma isolado	–8
3-4	15	Politrauma	–8

(continua)

SAPS *(continuação)*

Variáveis	Pontos	Variáveis	Pontos
Leucócitos		Cirurgia cardíaca: revascularização miocárdica sem reparo valvar	–6
< 15.000	0	Neurocirurgia: AVC	5
≥ 15.000	2	Todos os outros	0
Plaquetas		**Infecção aguda**	
< 20.000	13	Hospitalar	4
20-49.000	8	Respiratória	5
50-99.000	5		
> 100.000	0		
pH			
≤ 7,25	3		
> 7,25	0		
Creatinina			
< 1,2 mg/dL	0		
1,2-1,9 mg/dL	2		
2-3,4 mg/dL	7		
> 3,5 mg/dL	8		
Bilirrubina			
< 2	0		
2 a 5	4		
≥ 6	5		
PaO_2/FiO_2 (em VM)			
< 100	11		
≥ 100	7		
PaO_2			
< 60	5		
≥ 60	0		

Fonte: InforMed, 2025. Escores prognósticos em UTI. Disponível em: https://app.informed.digital/conteudo/6699a1c928b6a4566f2165c8.

Escalas de avaliação da dor

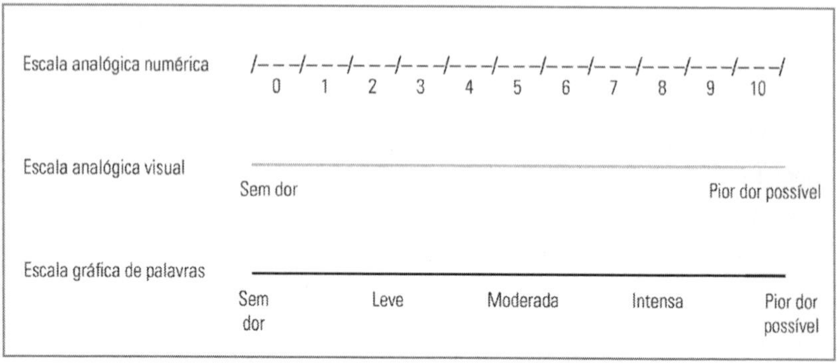

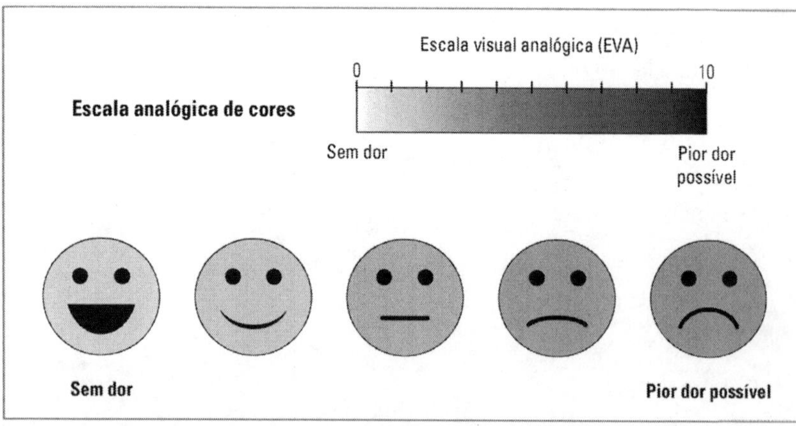

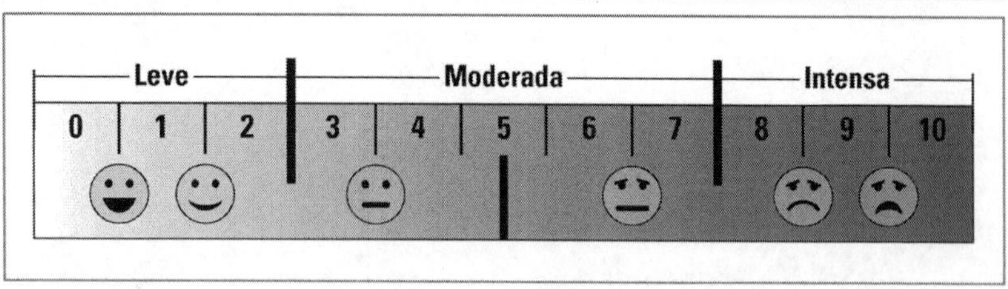

Fonte: InforMed, 2025. Analgesia e sedação em terapia intensiva. Disponível em: https://app.informed.digital/conteudo/63dd3d3722ff4d0ff60075a4.

BPS (*BEHAVIORAL PAIN SCALE*)

Indicador	Item	Pontuação
Expressão facial	Relaxada	1
	Parcialmente contraída = sobrancelhas franzidas	2
	Completamente contraída = pálpebras fechadas	3
	Careta = esgar facial	4
Movimentos dos membros superiores	Sem movimentos	1
	Parcialmente fletidos	2
	Muito fletidos com flexão dos dedos	3
	Retraído, resistência aos cuidados	4
Adaptação ao ventilador	Tolera a ventilação	1
	Tosse, mas tolera a ventilação a maior parte do tempo	2
	Luta contra o ventilador, mas a ventilação ainda é possível algumas vezes	3
	Incapaz de controlar a ventilação	4

Fonte: InforMed, 2025. Analgesia e sedação em terapia intensiva. Disponível em: https://app.informed.digital/conteudo/63dd3d3722ff4d0ff60075a4.

CPOT

Indicador	Descrição	Escore
Expressão facial	Sem tensão muscular Contração facial, rebaixamento de sobrancelhas, olhos cerrados, contração do elevador Todos os movimentos faciais citados acima e fechamento intenso de pálpebras	Relaxado: 0 Tenso: 1 Caretas: 2
Movimentos corporais	Não se mexe Movimentos lentos, cuidadosos, tocando a área de dor, buscando atenção pelos movimentos Puxando o tubo, tentando se sentar, movimentando os membros, tentando agredir, tentando descer da cama	Ausência: 0 Proteção: 1 Inquietação: 2
Tensão muscular (flexão passiva e extensão de MMII)	Sem resistência Resistência Resistência importante, impossibilitando movimentação	Relaxado: 0 Tenso, rígido: 1 Muito tenso, rígido: 2
Sincronia com o ventilador OU Vocalização	Alarmes sem tocar, VM sincrônica Alarmes param espontaneamente Assincronia Falando no tom normal, silêncio Suspirando, gemendo Chorando, soluçando	Tolerando: 0 Tosse: 1 Brigando: 2 Falando no tom normal, silêncio: 0 Suspirando, gemendo: 1 Chorando, soluçando: 2
Total		0-8

Fonte: InforMed, 2025. Analgesia em terapia intensiva: avaliação da dor e tratamento. Disponível em: https://app.informed.digital/conteudo/5f9c5834bc81964877c00423.

Escalas de avaliação da sedação

ESCALA RASS

Pontuação	Descrição
+4	Combativo, violento, perigoso para a equipe
+3	Traciona ou remove tubo(s) e cateter(es), agressivo
+2	Apresenta movimentação frequente e despropositada, dessincronia com ventilador
+1	Ansioso e apreensivo, mas sem agressividade
0	Alerta e calmo
−1	Desperto (abre os olhos e estabelece contato visual) por > 10 segundos após estímulo verbal
−2	Sedação leve: desperto (abre os olhos e estabelece contato visual) por < 10 segundos após estímulo verbal
−3	Sedação moderada: abre o olho e se movimenta, mas não estabelece contato visual
−4	Sedação profunda: não responde a estímulos verbais, mas movimenta-se e abre os olhos após estímulo doloroso
−5	Não desperta; não reponde a estímulo verbal ou doloroso

Fonte: InforMed, 2025. Analgesia e sedação em terapia intensiva. Disponível em: https://app.informed.digital/conteudo/63dd3d3722ff4d0ff60075a4.

ESCALA RAMSAY

Pontuação	Avaliação
1	Paciente acordado e agitado, ansioso ou inquieto
2	Paciente acordado e colaborativo
3	Paciente dormindo, despertável com estímulo verbal, responsivo a comandos
4	Paciente dormindo, despertável com estímulo verbal vigoroso ou leve toque da glabela
5	Paciente dormindo, despertável com estímulo álgico leve (compressão glabelar)
6	Paciente dormindo sem resposta a compressão glabelar

Fonte: InforMed, 2025. Analgesia e sedação em terapia intensiva. Disponível em: https://app.informed.digital/conteudo/63dd3d3722ff4d0ff60075a4.

2

Prescrição, preparo e administração de medicamentos em UTI e emergência

Jéssica Beatriz de Oliveira
Michelle Silva Nunes

"A diferença entre o remédio e o veneno é a dose".
Paracelso, médico e físico do século XVI

Introdução

Em 2017, a Organização Mundial da Saúde (OMS) lançou o terceiro "Desafio Global para a Segurança do Paciente", chamado "Medicação sem Dano". Nesse contexto, médicos, farmacêuticos e enfermeiros desempenham um papel fundamental para garantir que o uso de medicamentos seja seguro e racional.

A prescrição deve ser completa, legível e clara, pois, além de ser um documento legal, é uma forma de comunicação. Segundo a OMS, ela compreende a receita escrita de um plano terapêutico, medicamentoso ou não, elaborado por profissionais legalmente habilitados, com o objetivo de orientar o paciente, seus cuidadores e toda a equipe assistencial. O plano terapêutico pode se perder na incompreensão de algum agente do ciclo assistencial e resultar em eventos adversos evitáveis.

Prescrição de medicamentos

No Brasil, diversas leis e regulamentos orientam a prescrição de medicamentos com o objetivo de reduzir riscos e proteger o paciente. A seguir, são apresentados os cuidados essenciais para evitar erros de medicação, de acordo com o Ministério da Saúde.

Paciente	A identificação do paciente na prescrição hospitalar é realizada em formulário institucional e deve conter as seguintes informações: nome da instituição, nome completo do paciente, número do prontuário, enfermaria e leito. Para pacientes admitidos sem possibilidade de identificação (emergências), devem-se adotar códigos diferentes por paciente, acrescidos minimamente do número do prontuário ou registro de atendimento.
Prescritor	A identificação do prescritor consiste de nome completo, número de registro do conselho profissional e assinatura, os quais devem ser legíveis e permitir a conferência de autenticidade da prescrição.
Instituição	Na prescrição hospitalar deverá constar a identificação completa do estabelecimento de saúde (nome, endereço completo e telefone), para que o paciente possa manter contato com os profissionais de saúde para esclarecimentos de dúvidas posteriores ao atendimento.
Data	A data da prescrição confere validade a ela, sendo imprescindível para a dispensação e a administração dos medicamentos, assegurando-se de que o que foi indicado está baseado na avaliação médica do dia em que a prescrição foi emitida. É importante destacar que a supressão da data na prescrição está relacionada à ocorrência de vários erros, entre eles a permanência da utilização de medicamentos por tempo inadequado e a administração de medicamentos sem indicação para a condição clínica atual do paciente.
Legibilidade	Problemas na legibilidade da prescrição podem comprometer a comunicação entre prescritor e demais profissionais de saúde e entre prescritor e paciente, dando origem a erros importantes de medicação. Sempre que recursos digitais estiverem disponíveis devem ser utilizados para evitar problemas de legibilidade.

Abreviaturas e siglas	Recomenda-se evitar o uso de abreviaturas e siglas não oficiais. Caso necessário, o hospital deve elaborar, formalizar e divulgar uma lista de abreviaturas e siglas padronizadas, de modo a promover a adequada comunicação entre os membros da equipe de saúde. Essa lista não deve conter: padronização de "U" como unidades internacionais em vez de "UI", utilização de fórmulas químicas (por ex., KCl, NaCl, $KMnO_4$) e nomes de medicamentos abreviados (por ex., HCTZ, PEN BEZ, MTX, SMZ-TMP). Com relação à padronização das abreviaturas para via de administração, utiliza-se "EV" (para endovenosa) em vez de IV (intravenosa), em função do risco de erro de interpretação do "IV" como "IM".
Denominação	Os medicamentos devem ser prescritos utilizando-se a Denominação Comum Brasileira (DCB). Em serviços privados, na intenção de prescrever o nome de marca de medicamento referência ou similar, é recomendável assinalar o nome do princípio ativo entre parênteses.
Medicamentos com nome ou grafia semelhante	Medicamentos cujos nomes têm escrita ou som semelhantes a outros, conhecidos como LASA (*Look-Alike, Sound-Alike*) devem ser escritos com destaque da parte do nome que os diferencia e pode ser utilizada letra maiúscula, como: DOPAmina e DOBUtamina; ClorproPAMIDA e ClorproMAZINA.
Medicamentos de alta vigilância	Os medicamentos de alta vigilância (MAV) são aqueles que possuem risco aumentado de provocar danos significativos ao paciente, em virtude da sua estreita faixa terapêutica, cuja dose tóxica é muito próxima da dose usual. Recomenda-se a dupla checagem na prescrição, dispensação e administração desses medicamentos, solicitando a um colega que confira a dose.
Expressão de doses	O sistema métrico deverá ser adotado para expressar as doses desejadas. As unidades de medidas não métricas (colher, ampola, frasco) devem ser evitadas. A utilização da forma farmacêutica (por ex., ampola, frasco, comprimido) na prescrição deve ser acompanhada de todas as informações necessárias para a dispensação e administração segura. A unidade de medida deve ser claramente indicada e, quando se tratar de microgramas, deve ser escrito por extenso. Doses ou volumes com números fracionados (por ex.: 2,5 mL), deve-se observar se a vírgula está bem posicionada e clara, para evitar erro de dose. Não se deve utilizar "ponto" em substituição à "vírgula", pois aumenta o risco de erros. Recomenda-se também prescrever "500 mg" em vez de "0,5 g", pois a prescrição de "0,5 g" pode ser confundida com "5 g", por exemplo.

Doses	O cálculo das doses de medicamentos é fonte importante de erros graves e esse problema deve ser minimizado. Recomenda-se que as doses prescritas sejam conferidas pelo prescritor antes da assinatura da prescrição, tendo como referência o melhor nível de evidência científica disponível. Os profissionais da enfermagem também devem conferir a dose prescrita antes do preparo e da administração do medicamento. Para medicamentos cujas doses são dependentes de peso, superfície corporal e *clearance* de creatinina, recomenda-se o registro de tais informações no prontuário do paciente.
Duração do tratamento	A prescrição deverá conter informação sobre a duração do tratamento, procurando evitar que os medicamentos sejam consumidos continuamente sem indicação. Sugere-se a inclusão de data de início e fim do tratamento para evitar confusões, especialmente na atualização diária da prescrição.
Posologia	É composta pela dose, via e frequência de administração. Recomenda-se limitar às doses máximas preconizadas, indicar a melhor comodidade posológica possível e incluir instruções objetivas para posologias que não são diárias, por exemplo: "às quartas-feiras" em vez de "uma vez por semana" ou "dias 08, 13 e 19 de abril", em vez de "a cada cinco dias".
Reconstituição e diluição	Para medicamentos de uso endovenoso, intramuscular, subcutâneo e em neuroeixo e plexos nervosos, a prescrição deverá conter informações sobre diluente (tipo e volume), velocidade ou tempo de infusão (para endovenosos). A reconstituição e diluição dos medicamentos é etapa importante e que gera impacto sobre a estabilidade da solução e até mesmo sobre a efetividade do medicamento, pois em alguns casos incompatibilidades medicamentosas levam à diminuição ou à perda da ação farmacológica.
Tempo e velocidade de infusão	A velocidade e o tempo de infusão estão associados a reações adversas clássicas, como a "síndrome do homem vermelho", que pode ocorrer com infusão superior a 8 mg/minuto de vancomicina, e o prolongamento do intervalo QT, que pode ocorrer com a infusão de medicamentos como ondansetrona e haloperidol. É fundamental seguir as recomendações do fabricante do medicamento e a literatura de evidência ao indicar o tempo ou a velocidade de infusão, de modo a evitar eventos adversos.

Via de administração	A via de administração deve ser prescrita de forma clara, observando-se a via recomendada pelo fabricante para o medicamento. O uso de abreviaturas para expressar a via de administração deverá ser restrito às padronizadas na instituição.
Utilização de expressões vagas	Devem ser evitadas expressões vagas como "usar como de costume", "usar como habitual", "a critério médico", "se necessário" (sem indicação de dose máxima, posologia e condição de uso), "uso contínuo" e "não parar".

Além dos cuidados descritos, é importante destacar na prescrição as **alergias e reações adversas** relatadas pelo paciente, familiares e/ou cuidadores, reduzindo assim a chance de uso inadvertido de medicamento que possa causar dano. O registro de que não houve relatos de alergias – "nega alergias" – é importante para toda a equipe ter ciência de que já foi questionado o histórico de problemas relacionados a medicamentos. É comum que os pacientes confundam reações adversas com alergias, como a acatisia provocada pelos antagonistas dos receptores D2 da dopamina, como metoclopramida e toda a classe de antipsicóticos; portanto, recomenda-se clareza na definição das alergias e a importância de se destacar a potencial sensibilidade aos medicamentos que fazem parte do histórico de reações adversas, conforme sugerido na Figura 1.

Somente em situações de urgência e emergência, quando há impedimento de realizar a prescrição de medicamentos no prontuário do paciente, a **prescrição verbal** é permitida. Os medicamentos administrados por ordem verbal devem ser escritos e checados no prontuário assim que concluídos os procedimentos de estabilização do paciente, de modo a ser validada pelos profissionais envolvidos na assistência emergencial. Recomenda-se o uso da técnica de comunicação *READ BACK (LEIA DE VOLTA)*, que consiste em repetir o que foi dito para confirmar que a informação foi compreendida corretamente, isso amplia a segurança da prescrição verbal de medicamentos.

LEIA DE VOLTA

Quando a prescrição verbal é necessária, o prescritor deve falar o nome, a dose e a via de administração do medicamento de forma clara e quem recebeu a ordem verbal deve repetir de volta o que foi dito, a ser confirmado pelo prescritor antes de administrar o medicamento.

ALERGIA À DIPIRONA

SENSIBILIDADE À METOCLOPRAMIDA

NEGA ALERGIAS

Alergia ou reação de hipersensibilidade é uma resposta imunológica exagerada, que se desenvolve após a exposição a uma substância estranha ao nosso organismo e que ocorre em indivíduos suscetíveis geneticamente, previamente sensibilizados, cujos sintomas mais comuns são urticária, edema na pele, garganta e/ou periorbitário, dispneia e hipotensão, que ocorrem subitamente ao iniciar a administração do medicamento.

A reação adversa a medicamento (RAM) é uma reação nociva e não intencional a um medicamento, que normalmente ocorre em doses usuais, está relacionada ao mecanismo farmacodinâmico e a características farmacocinéticas dos medicamentos, se manifesta por meio de diversos sintomas no curso do tratamento, portanto, é um efeito colateral independente de resposta imunológica individual imediata, diferentemente das reações de hipersensibilidade (alergias).

FIGURA 1 Recomenda-se destacar as alergias e a potencial sensibilidade a medicamentos que fazem parte do histórico de reações adversas.

Preparo e administração de medicamentos

O **preparo de medicamentos** injetáveis é etapa crítica para segurança do paciente em razão das reações químicas (oxidação e fotólise) que ocorrem mais prontamente no estado líquido que no sólido, podendo ocasionar sérios problemas de estabilidade e, consequentemente, problemas de inefetividade do fármaco, pois, em alguns casos, as incompatibilidades levam à diminuição ou à perda da ação farmacológica do medicamento.

O preparo de medicamentos injetáveis deve considerar as soluções de **reconstituição e diluição**, em composição e volumes adequados. Medicamentos cuja apresentação é em frasco-ampola, contendo pó liofilizado, requer uma solução diluente e um volume de reconstituição para administração endovenosa ou intramuscular. Muitos desses pós reconstituídos precisam ser diluídos em volumes maiores, assim como as apresentações de medicamentos injetáveis na forma líquida, em ampolas, bolsas e em frasco-ampolas, que requerem diluição em concentração e volumes adequados, no intuito de manter a estabilidade do fármaco na solução, evitar reações adversas dose-dependentes e infusão-dependente, além de prevenir flebites químicas, dano comumente relacionado à administração endovenosa de soluções irritantes ou vesicantes.

O **diluente** é uma substância líquida, estéril e inerte, ou seja, sem efeito farmacológico, mas que pode se envolver em reações físico-químicas, deletérias ou não, com alguns fármacos. Medicamentos como o **diazepam** e a **fenitoína** possuem estruturas moleculares hidrofóbicas que limitam sua diluição em grande parte das soluções isotônicas utilizadas, como cloreto de sódio 0,9% e glicose 5%.

Alguns fármacos são pH-dependentes. O **omeprazol**, por exemplo, só deve ser reconstituído com o diluente que acompanha o produto, uma solução tamponada com citrato de sódio, capaz de manter seu pH acima de 7,8, pois o omeprazol se degrada rapidamente em meio ácido. Medicamentos na forma de pó liofilizado podem sofrer expansão em contato com o diluente, como **ceftriaxona**, **cefepima** e **piperacilina + tazobactam**, que possuem volume de expansão a ser considerado quando utilizados em fração, pois esse fenômeno físico-químico altera a concentração da solução reconstituída, podendo induzir a erros que resultem em doses subterapêuticas desses antimicrobianos.

A **estabilidade** de um medicamento leva em consideração a exposição a temperatura, luz e umidade, as propriedades físico-químicas e a composição dos excipientes e, por isso, pode variar de acordo com o fabricante. Por exemplo, a estabilidade de sete dias da ampicilina lipossomal comercializada na França não pode ser aplicada ao medicamento comercializado no Brasil, pois, ao observar a bula de ambos, é possível conferir que a composição francesa contém um conservante que não está contido na composição brasileira. Se há dificuldade em extrapolar informações de estabilidade sobre o mesmo fármaco, do mesmo laboratório, apenas produzidos em países diferentes, extrapolar essas informações entre produtos de fabricantes diferentes pode ser perigoso. Portanto, o farmacêutico do hospital deverá ser consultado quanto a condições de armazenamento e tempo de uso dos medicamentos após reconstituição e após diluição, ou uma lista atualizada com essas informações, sobre os medicamentos padronizados no hospital, deverá ser disponibilizada. A bula do medicamento ou o serviço de atendimento ao consumidor do fabricante também poderão ser consultados.

Nenhum medicamento deve ficar exposto a luz, umidade e temperaturas extremas, no entanto os fármacos fotossensíveis precisam ser fotoprotegidos, inclusive administrados com equipo fotoprotetor, pois estes podem sofrer alterações físico-químicas apenas com a incidência da iluminação ambiente. Os medicamentos que devem ser administrados por meio de equipo fotoprotetor (de cor laranja) estão sinalizados nas informações a seguir.

Este capítulo traz uma seleção dos medicamentos mais utilizados em UTI e emergências, com as devidas instruções de preparo e administração da base de dados Diluimed®.

Instruções de preparo e administração dos medicamentos mais utilizados em UTI e emergência

Ácido tranexâmico

O ácido tranexâmico é um agente antifibrinolítico utilizado para prevenir ou tratar hemorragias. Para administração intravenosa, pode ser administrado sem diluição, respeitando a velocidade máxima de infusão de 50 mg/min. Alternativamente, pode ser diluído em solução salina 0,9% ou glicose 5% (100 mL) e infundido em 30 minutos.

> Administração cuidadosa + monitoramento constante =
> eficácia no controle de hemorragias!

Adenosina

A adenosina é um antiarrítmico utilizado no tratamento da taquicardia supraventricular paroxística (TSV). Administrar em *bolus* IV rápido (1 a 2 segundos), seguido imediatamente de 20 mL de cloreto de sódio 0,9% . Dose inicial: 6 mg. Se não houver resposta em 1-2 min, administre 12 mg. Se necessário, repita 12 mg. Não diluir ou reconstituir. Deve ser aplicado via acesso venoso calibroso.

A administração rápida é essencial para a eficácia do tratamento em razão da sua meia-vida extremamente curta (menos de 10 segundos).

> Administração rápida + técnica adequada =
> eficácia na reversão de arritmias supraventriculares!

Amicacina

A amicacina é um antibiótico aminoglicosídeo utilizado no tratamento de infecções graves causadas por bactérias Gram-negativas. Para administração intravenosa, diluir a dose desejada em 100 a 200 mL de solução salina 0,9% ou glicose 5%, alcançando uma concentração de 0,25 a 5 mg/mL. Administrar uma infusão intravenosa durante 30 a 60 minutos. Não requer reconstituição prévia. Em lactentes, recomenda-se um tempo de infusão de 1 a 2 horas.

> Diluição adequada + tempo de infusão correto =
> eficácia no tratamento de infecção grave!

Amiodarona

A amiodarona é um antiarrítmico utilizado no tratamento de arritmias ventriculares e supraventriculares. Para administração intravenosa, diluir 150 mg (1 ampola) em 100 mL de solução glicosada a 5%. Administre a infusão durante 10 a 30 minutos. Para infusão contínua, diluir 900 mg (6 ampolas) em 500 mL de solução glicosada a 5% e infundir conforme a prescrição. Utilize equipamentos livres de PVC para evitar a liberação de DEHP. Não requer reconstituição prévia.

> Diluição correta + infusão cuidadosa =
> eficácia e segurança no controle de arritmias cardíacas!

Anidulafungina

A anidulafungina é um antifúngico indicado para candidíase invasiva e candidemia. Reconstituir cada frasco de 100 mg com 30 mL de água para injetáveis.

Diluir em SF 0,9% ou SG 5% para concentração final de 0,77 mg/mL. Infundir 100 mg em 130 mL por 90 min ou 200 mg em 260 mL por 180 min, sem exceder 1,1 mg/min.

> Diluição precisa + infusão lenta = antifúngico eficaz e seguro!

Anfotericina B (desoxicolato)

A anfotericina B (desoxicolato) é um antifúngico utilizado no tratamento de infecções fúngicas sistêmicas graves. Para administração intravenosa, reconstituir o frasco-ampola de 50 mg com 10 mL de água para injeção estéril, evitando o uso de diluentes bacteriostáticos ou contendo eletrólitos. Em seguida, diluir a solução reconstituída em 500 mL de solução glicosada a 5%, alcançando uma concentração de 0,1 mg/mL. Administrar por infusão intravenosa lenta, durante 2 a 6 horas, utilizando equipamento com filtro. Não utilize soluções salinas para diluição ou administração.

> Reconstituição + diluição adequada com infusão lenta =
> eficácia no tratamento de infecções fúngicas sistêmicas!

Anfotericina B (lipossomal)

A anfotericina B lipossomal é um antifúngico utilizado no tratamento de infecções fúngicas sistêmicas graves. Para administração intravenosa, reconstituir o frasco-ampola de 50 mg com 12 mL de água para injeção estéril, obtendo uma concentração de 4 mg/mL. Em seguida, diluir a solução reconstituída em 250 mL de solução glicosada a 5%, alcançando uma concentração final de 0,2 mg/mL. Administrar por infusão intravenosa durante 30 a 60 minutos; para doses superiores a 5 mg/kg/dia, recomenda-se infundir durante 2 horas. Não utilizar soluções salinas para diluição ou administração.

> Reconstituição + diluição adequada com infusão controlada =
> eficácia no tratamento de infecções fúngicas sistêmicas!

Atropina

A atropina é um antimuscarínico utilizado no tratamento de bradicardia e como antídoto em intoxicações por organofosforados. Para administração intravenosa em casos de bradicardia, administrar 0,5 a 1 mg a cada 3 a 5 minutos, até uma dose máxima de 3 mg. Em intoxicações por organofosforados, doses de 1 a 2 mg podem ser repetidas conforme necessário. A administração deve ser lenta, e não é necessária diluição ou reconstituição prévia.

> Administração adequada + monitoramento contínuo =
> eficácia no manejo de bradicardia e intoxicações!

Cefepima

A cefepima é um antibiótico cefalosporínico de quarta geração utilizado no tratamento de diversas infecções bacterianas. Para administração intravenosa direta, reconstituir o frasco-ampola de 1 g com 10 mL de água para injeção, resultando em uma concentração de aproximadamente 100 mg/mL. Administre de maneira lenta, diretamente na veia, durante 3 a 5 minutos. Para infusão intravenosa, após reconstituição, diluir a solução em 50 a 100 mL de cloreto de sódio 0,9% ou glicose 5% e infundir durante 30 minutos.

> Reconstituição + administração adequada =
> eficácia no combate às infecções bacterianas.

Ceftriaxona

A ceftriaxona é um antibiótico cefalosporínico de terceira geração utilizado no tratamento de diversas infecções bacterianas. Para administração intravenosa direta, reconstituir o frasco-ampola de 1 g com 10 mL de água para injeção, obtendo uma concentração de 100 mg/mL. Administre de maneira lenta, diretamente na veia, durante 3 a 5 minutos. Para infusão intravenosa, após reconstituição, diluir a solução em 50 a 100 mL de cloreto de sódio 0,9% ou glicose 5% e infundir durante 30 minutos. Para administração intramuscular utilize: 2,9 ou 3,5 mL de água destilada ou lidocaína 1% e aplique em áreas de grande massa muscular.

> Reconstituição + administração adequada =
> eficácia no combate às infecções bacterianas.

Cisatracúrio

O cisatracúrio é um bloqueador neuromuscular usado para intubação e ventilação mecânica. Pode ser administrado em *bolus* (0,15 mg/kg) ou infusão contínua (1-2 mcg/kg/min). Diluir em SF 0,9% ou SG 5% (evitar ringer lactato) para concentração de 0,1 a 2 mg/mL.

Doses recomendadas:

- Intubação em adultos: 0,15 mg/kg administrados em 5 a 10 segundos.
- Manutenção: *bolus* de 0,03 mg/kg ou infusão contínua de 1 a 2 mcg/kg/min.
- UTI: infusão inicial de 3 mcg/kg/min, ajustada conforme resposta clínica.

> Diluição precisa + monitoramento contínuo = bloqueio seguro e eficaz!

Cetamina

A cetamina é um anestésico dissociativo utilizado para indução e manutenção da anestesia. Para administração intravenosa, uma dose de indução varia de 1 a 4,5 mg/kg, sendo uma média de 2 mg/kg, administrada lentamente ao longo de 60 segundos para minimizar efeitos adversos. Para infusão contínua, diluir a cetamina em solução de cloreto de sódio 0,9% ou glicose 5% para uma concentração de 1 mg/mL, ajustando a taxa de infusão conforme a resposta clínica. A administração rápida pode resultar em depressão respiratória e aumento da pressão arterial.

> Administração lenta + monitoramento contínuo =
> eficácia e segurança na anestesia.

Cetorolaco

O cetorolaco é um AINE indicado para dor aguda moderada a intensa. Pode ser administrado por via IM profunda ou IV lenta. Para infusão IV, diluir 30 mg em 50 mL de SF 0,9%, SG 5%, ringer, ringer lactato ou Plasmalyte e infundir em 15 a 30 minutos. A dose máxima diária é de 90 mg para adultos < 65 anos e 60 mg para ≥ 65 anos. Não administrar por via subcutânea.

> Diluição correta + tempo adequado = analgesia eficaz e segura!

Clindamicina

A clindamicina é um antibiótico utilizado no tratamento de diversas infecções bacterianas. Para administração intravenosa, diluir a dose prescrita em 50 a 100 mL de cloreto de sódio 0,9% ou glicose 5%. Administrar por infusão intravenosa durante 10 a 60 minutos, não excedendo a taxa de 30 mg/minuto e 1.200 mg/hora. A solução diluída é estável por 48 horas em temperatura ambiente.

> Diluição e infusão adequadas =
> eficácia no combate às infecções bacterianas.

Dexametasona

A dexametasona é um glicocorticoide sintético com potentes efeitos anti-inflamatórios e imunossupressores. Pode ser administrada por via IV de duas maneiras:

- Injeção IV lenta: administre a solução não diluída (4 mg/mL ou 10 mg/mL) lentamente, geralmente durante 1 a 4 minutos.
- Infusão IV intermitente: dilua a dose prescrita em 50 a 100 mL de soro fisiológico 0,9% ou soro glicosado 5% e infunda ao longo de 15 a 30 minutos.

Considere diluição adicional e uma administração mais lenta para evitar irritação. Proteja a solução da luz e utilize-a dentro de 24 horas após a diluição.

> Escolha da via de administração adequada =
> eficácia e segurança no tratamento.

Dexmedetomidina

A dexmedetomidina é um sedativo utilizado para sedação de pacientes em ventilação mecânica e sedação em procedimentos. Diluir a dexmedetomidina em solução salina (0,9%) ou glicose 5% para uma concentração de 4 mcg/mL. Iniciar com um *bolus* IV de 1 mcg/kg administrado durante 10 minutos, seguido por uma infusão contínua de 0,2 a 0,7 mcg/kg/h, ajustando conforme necessário.

> Diluição correta + infusão controlada = sedação segura e eficaz!

Diazepam

O diazepam é um benzodiazepínico utilizado para sedação e controle de convulsões. Diazepam é geralmente administrado sem diluição por via IV lenta. Administrar a uma taxa de 1 mL/min (5 mg/min) para minimizar o risco de hipotensão ou depressão respiratória. A diluição não é recomendada, mas, se necessária em casos específicos e com indicação clínica, pode ser feita com cloreto de sódio 0,9%, glicose 5%, ringer simples ou ringer lactato, respeitando o tempo e a concentração máxima de 0,25 mg/mL e o tempo (estável por 4h).

> Infusão lenta + compatibilidade correta = sedação segura e eficaz!

Difenidramina

A difenidramina é um anti-histamínico utilizado para prevenir e tratar reações alérgicas, incluindo aquelas relacionadas a transfusões de sangue, e como adjuvante na anafilaxia. Pode ser administrada sem diluição por via IM lenta ou IV diluída em 100 mL de solução salina (0,9%) ou glicose 5%. Administrar lentamente ao longo de 2 a 5 minutos para minimizar o risco de reações adversas.

> Administração correta =
> eficácia e segurança no manejo de reações alérgicas!

Dipirona

A dipirona é indicada para o tratamento da dor aguda e febre. Pode ser administrada sem diluição por via IV lenta ou diluída em 100 mL de cloreto de sódio 0,9% ou glicose 5%. A infusão deve ser feita lentamente ao longo de 5 a 10 minutos para minimizar o risco de hipotensão.

Infusão lenta = segurança e eficácia no alívio da dor e febre!

Dobutamina

A dobutamina é indicada para o tratamento da insuficiência cardíaca descompensada e choque cardiogênico. Para infusão contínua, dilua 250 mg em 250 mL de cloreto de sódio 0,9% ou glicose 5%, obtendo uma concentração de 1.000 mcg/mL. Inicie a infusão a 2-5 mcg/kg/min, ajustando conforme resposta clínica, sem exceder 20 mcg/kg/min. Monitore a pressão arterial e a frequência cardíaca durante a administração.

Diluição adequada + ajuste preciso =
suporte hemodinâmico seguro e eficaz!

Dopamina

A dopamina é indicada para o tratamento de choques e insuficiências cardíacas descompensadas. Para infusão contínua, dilua 200 mg em 250 mL de cloreto de sódio 0,9% ou glicose 5%, obtendo uma concentração de 800 mcg/mL. Inicie uma infusão de 2-5 mcg/kg/min, ajustando conforme necessário, sem exceder 20 mcg/kg/min.

Diluição correta + ajuste preciso =
suporte hemodinâmico eficaz e seguro!

Efedrina

A efedrina é usada para tratar hipotensão induzida por anestesia. A administração pode ser IM, SC ou IV lenta, com diluição opcional em 9 mL SF 0,9% ou SG 5% até uma concentração de 5 mg/mL. Dose habitual: 5 a 25 mg, podendo repetir após 5-10 min, até 150 mg/dia. Em crianças: 0,2 a 0,3 mg/kg/dose. Lavar o acesso antes e após a aplicação. Monitorar PA e FC. Evite uso em pacientes com doenças cardíacas, hipertensão ou hipertireoidismo.

> Velocidade e cautela = suporte hemodinâmico seguro!

Enoxaparina

A enoxaparina é indicada para profilaxia e tratamento de trombose venosa profunda e embolia pulmonar. A administração padrão é subcutânea, sem necessidade de diluição. Para uso intravenoso (*off-label*), é administrada em *bolus* e não deve ser infundida continuamente. Sempre monitore o paciente, especialmente em casos de ajuste de dose conforme função renal.

> Administração correta = anticoagulação segura e eficaz!

Epinefrina

A epinefrina é um agente adrenérgico indicado para anafilaxia, parada cardíaca e broncoespasmo. Para uso IV, diluir em SF 0,9% ou SG 5%. Concentração máxima: 16 mcg/mL (adultos) e 64 mcg/mL (crianças). É um medicamento fotossensível e vesicante; proteger da luz e administrar preferencialmente por cateter venoso central. Após preparo, utilizar imediatamente e descartar o restante.

> Diluição precisa + proteção da luz = segurança na emergência!

Escetamina

A escetamina é indicada para depressão resistente ao tratamento. Administrada por via intranasal, cada dispositivo fornece 28 mg em dois jatos (um por narina). Doses: 56 mg (2 dispositivos) ou 84 mg (3 dispositivos), conforme tolerância. Aplicar sob supervisão médica, com monitoramento por pelo menos 2 horas. Evitar alimentos 2h antes e líquidos 30 min antes da aplicação.

> Supervisão + monitoramento rigoroso =
> segurança no uso da escetamina!

Etomidato

O etomidato é um hipnótico intravenoso de ação curta, indicado para a indução da anestesia geral. A solução é pronta para uso e não requer diluição. Administrar por injeção intravenosa lenta, ao longo de 30 a 60 segundos, na dose de 0,2 a 0,3 mg/kg de peso corporal. Como o etomidato não possui atividade analgésica, é recomendada a administração de 1 a 2 mL de fentanila por via intravenosa, 1 a 2 minutos antes da injeção de etomidato.

> Administração adequada = indução anestésica segura e eficaz!

Fenitoína

A fenitoína é utilizada no tratamento de crises epilépticas e na prevenção de convulsões em neurocirurgias. Em cateter venoso central, deve ser administrada pura, em razão da baixa solubilidade. Para infusão intravenosa, em acesso venoso periférico, dilua uma dose em 100 mL de cloreto de sódio 0,9% para concentração final de 5 mg/mL e verifique se há formação de precipitado. Deve-se filtrar a solução resultante da diluição, utilizando filtro 0,22 micras no equipo. Recomenda-se diluir em razão do potencial irritante. A fenitoína é incompatível com glicose 5% e deve ser administrada a uma taxa de 50 mg/min ou mais lentamente para evitar efeitos adversos graves, como arritmias e hipotensão.

> Diluição correta + infusão lenta =
> segurança no controle das crises convulsivas!

Fenobarbital

O fenobarbital é utilizado no tratamento de crises convulsivas e sedação. Para infusão intravenosa, dilua a dose prescrita em 100 mL de cloreto de sódio 0,9% ou glicose 5%. A administração deve ser lenta, ao longo de 30 minutos, para minimizar o risco de depressão respiratória e hipotensão. Quando administrado IM, a injeção deve ser aplicada em local de grande massa muscular, 5 mL em cada administração.

> Diluição correta + infusão lenta =
> segurança e eficácia no controle das convulsões!

Fentanil

O fentanil é um opioide potente, amplamente utilizado para analgesia e como adjuvante em anestesia durante procedimentos cirúrgicos. Pode ser administrado por via intravenosa direta (sem diluição), de forma lenta, ao longo de 3 a 5 minutos. Para infusão contínua, recomenda-se diluí-lo em cloreto de sódio 0,9% ou glicose 5%, até atingir uma concentração entre 25 e 80 mcg/mL, conforme a resposta clínica e o protocolo da instituição. A taxa de infusão deve ser ajustada individualmente, com monitoramento rigoroso de parâmetros vitais e efeitos adversos.

> Administração lenta + monitoramento adequado =
> analgesia eficaz e segura!

Fluconazol

O fluconazol IV é um antifúngico indicado para candidíase sistêmica e meningite criptocócica. Utilizar a solução pronta a 2 mg/mL ou diluir em SF 0,9%, SG 5% ou ringer lactato, caso necessário, mantendo a concentração entre 2 e 4 mg/mL. Administrar por infusão IV em 60 minutos, com taxa máxima de 10 mL/min.

> Diluição correta + infusão lenta = antifúngico eficaz e seguro!

Furosemida

A furosemida é um diurético potente usado em edemas e emergências hipertensivas. Pode ser administrada sem diluição por IV lenta (1-2 min) ou diluída em SF 0,9%, SG 5%, ringer ou ringer lactato até concentração de 1-2 mg/mL. A infusão IV não deve exceder 4 mg/min.

> Infusão lenta = diurese eficaz e menor risco de ototoxicidade!

Gentamicina

A gentamicina é um antibiótico indicado para o tratamento de infecções graves causadas por bacilos Gram-negativos. Para administração intravenosa, dilua a dose prescrita em 50 a 100 mL de cloreto de sódio 0,9% ou glicose 5%. A infusão deve ser realizada lentamente ao longo de 60 minutos, garantindo melhor tolerância e eficácia.

> Diluição correta + infusão lenta =
> segurança e potência no combate às infecções!

Haloperidol

O haloperidol é um antipsicótico usado em agitação psicomotora e delírios. Pode ser administrado por via IM puro ou IV lenta (*off label*). Para IV, diluir 5 mg em 100 mL de SG 5% e infundir em 2-25 mg/hora (média: 9 mg/h; máx. 40 mg/h). Evitar SF 0,9% se a concentração for ≥ 1 mg/mL, por causa do risco de precipitação.

> Infusão controlada = manejo seguro e eficaz dos sintomas psiquiátricos!

Heparina

A heparina sódica é usada na anticoagulação plena. Para infusão IV contínua, diluir em SF 0,9% ou SG 5%, com concentrações entre 50 a 100 unidades/mL, conforme protocolo. Para *bolus* IV, administrar sem diluição lentamente. Não administrar IM. Monitorar TTPa regularmente. Por via subcutânea, deve ser administrada na região anterolateral do abdome, alternando os lados direito e esquerdo a cada aplicação.

> Diluição correta + monitoramento do TTPa =
> anticoagulação eficaz e segura!

Hidralazina

A hidralazina é indicada para o tratamento de hipertensão severa e emergência hipertensiva. Para administração intravenosa, dilua a dose prescrita em 10 mL de cloreto de sódio 0,9% e infunda lentamente ao longo de 1 a 2 minutos para evitar quedas bruscas da pressão arterial.

> Diluição correta + administração lenta =
> controle seguro da pressão arterial!

Hidrocortisona

A hidrocortisona é um corticosteroide indicado para choque séptico, insuficiência adrenal e reações inflamatórias graves. Reconstituir com 2 mL (100 mg) ou 4 mL (500 mg) de água para injetáveis. Para infusão IV, diluir em 500 a 1000 mL de SF 0,9%, SG 5% ou glicofisiológica. Doses $\leq$ 100 mg: infundir em 2 min; 100-500 mg: em 15-30 min. Após reconstituição, usar em até 24h; após diluição, até 4h.

> Diluição correta + administração lenta =
> segurança e eficácia no controle inflamatório!

Insulina regular

A insulina regular é utilizada para o controle da hiperglicemia em pacientes hospitalizados. Pode ser administrada sem diluição por via subcutânea ou diluída em cloreto de sódio 0,9% para infusão contínua. A taxa de infusão deve ser ajustada de acordo com a glicemia do paciente, garantindo um controle glicêmico seguro e eficaz.

> Administração correta + ajuste preciso =
> controle glicêmico seguro e eficiente!

Levetiracetam

O levetiracetam IV é indicado para crises epilépticas quando a via oral não é viável. Diluir a dose prescrita em 100 mL de SF 0,9%, SG 5% ou ringer lactato, mantendo concentração máxima de 15 mg/mL. Administrar por infusão IV em 15 minutos. Para crianças, ajustar o volume conforme o peso, respeitando a concentração máxima. Utilizar imediatamente após preparo e descartar o restante.

> Diluição correta + infusão precisa = controle eficaz das crises!

Lidocaína

A lidocaína IV é utilizada como antiarrítmico e anestésico local. Para infusão contínua, diluir 1 g em 1 L de SG 5%, obtendo solução a 0,1%. Dose de ataque: 1 a 1,5 mg/kg IV lenta (25-50 mg/min); manutenção: 1 a 4 mg/min. Concentração máxima: 20 mg/mL. Evitar uso em *bolus* não diluído. Monitorar ECG e sinais de toxicidade.

> Diluição adequada + monitoramento contínuo =
> segurança no uso da lidocaína!

Linezolida

A linezolida é indicada para o tratamento de infecções graves causadas por bactérias Gram-positivas resistentes, incluindo MRSA. O medicamento já vem em solução pronta para uso, não sendo necessária diluição. A administração intravenosa deve ser feita ao longo de 30 a 120 minutos, conforme a dose prescrita, garantindo melhor tolerância e eficácia.

> Infusão adequada =
> segurança e eficácia no combate a infecções resistentes!

Meropeném

O meropeném é um antibiótico indicado para infecções bacterianas graves, como pneumonia e infecções intra-abdominais. Reconstituir o pó com 20 mL de cloreto de sódio 0,9% e diluir em 100 mL de cloreto de sódio 0,9% ou glicose 5%. A administração deve ser feita ao longo de 3 horas, garantindo a eficácia do tratamento.

Diluição correta + infusão prolongada =
segurança e potência no combate às infecções!

Metadona

A metadona é utilizada no tratamento da dor crônica e na terapia de manutenção para dependência de opioides. Pode ser administrada por via IV lenta, sem diluição, ou diluída em cloreto de sódio 0,9% para infusão contínua na concentração de 1 mg/mL. Concentração máxima: o medicamento pode ser administrado puro. A administração deve ser feita lentamente, ao longo de 3 a 5 minutos, para minimizar o risco de efeitos adversos. A forma injetável não deve ser utilizada em analgesia obstétrica, pois sua ação longa aumenta o risco de depressão respiratória neonatal.

Infusão lenta = segurança no controle da dor e dependência!

Metilergotamina

A metilergometrina é um uterotônico indicado para controle da hemorragia pós-parto e atonia uterina. Administrar 0,5 a 1 mL (0,1 a 0,2 mg) por via IV lenta (mínimo 60 segundos), preferencialmente IM. Pode-se repetir a dose a cada 2-4 horas, até 5 vezes em 24h. Não diluir antes da administração. Monitorar PA e sinais de isquemia; uso IV reservado para situações de emergência.

Via correta + monitoramento rigoroso =
segurança no manejo da hemorragia obstétrica!

Metilprednisolona

O metilprednisolona succinato é um corticosteroide indicado para o tratamento de condições inflamatórias graves, choque e insuficiência adrenal aguda. Para administração intravenosa, reconstitua o pó com 2 mL de água para injetáveis, obtendo uma concentração de 62,5 mg/mL. A injeção deve ser feita lentamente, ao longo de 3 a 15 minutos, para evitar efeitos adversos.

> Reconstituição correta + infusão lenta =
> eficácia e segurança no controle da inflamação!

Metoclopramida

A metoclopramida é indicada para o tratamento de náuseas, vômitos e para aumentar a motilidade gastrointestinal. Para administração intravenosa, doses de até 10 mg podem ser administradas sem diluição, lentamente, ao longo de 1 a 2 minutos. Doses superiores a 10 mg devem ser diluídas em 50 mL de cloreto de sódio 0,9% e infundidas em 15 a 30 minutos. A administração lenta é essencial para minimizar efeitos adversos, como ansiedade e agitação transitória.

> Administração adequada + monitoramento constante =
> eficácia e segurança no controle de náuseas e vômitos!

Metoprolol

O metoprolol é um betabloqueador indicado para o tratamento de hipertensão, angina e arritmias. Para administração intravenosa, recomenda-se uma dose inicial de 5 mg, administrada lentamente ao longo de 1 a 2 minutos. Se necessário, a dose pode ser repetida em intervalos de 5 minutos, até uma dose total de 15 mg. O metoprolol é geralmente fornecido em solução pronta para uso e não requer diluição. No entanto, caso seja necessária a diluição, pode-se adicionar 40 mL da solução injetável (8 ampolas de 5 mg/mL) a 1.000 mL de soro fisiológico 0,9%, resultando em uma concentração de 0,04 mg/mL. Após a diluição, a solução deve ser utilizada em até 12 horas.

> Administração lenta + monitoramento constante = eficácia e segurança no controle cardiovascular!

Metronidazol

O metronidazol IV é indicado para infecções por bactérias anaeróbias. Administrar 500 mg (100 mL) por infusão IV em 60 minutos, sem necessidade de diluição adicional. Proteger da luz durante a infusão. Evitar administração rápida, IM ou SC. Usar imediatamente após abertura da bolsa.

> Infusão lenta + proteção da luz = eficácia e segurança no tratamento!

Midazolam

O midazolam é um benzodiazepínico utilizado para sedação em procedimentos, indução anestésica e controle de crises convulsivas. Para administração IV, pode ser utilizado sem diluição, injetando lentamente ao longo de 2 a 3 minutos. Para infusão contínua, dilua 15 mg de midazolam em 100 a 1.000 mL de solução de infusão, como cloreto de sódio 0,9%, glicose 5%, glicose 10% ou solução de ringer. A concentração final deve ser ajustada conforme a necessidade clínica. Monitore o paciente continuamente durante a administração.

> Administração adequada + monitoramento constante = sedação segura e eficaz!

Milrinona

A milrinona é indicada para o tratamento da insuficiência cardíaca aguda descompensada. Administre uma dose de ataque de 50 mcg/kg lentamente ao longo de 10 minutos. Para a infusão contínua, dilua a dose necessária em cloreto de sódio 0,9% ou glicose 5%, ajustando a taxa de infusão entre 0,375 a 0,75 mcg/kg/min, conforme a resposta clínica. Monitore parâmetros hemodinâmicos durante a administração.

Dose de ataque seguida de infusão contínua = suporte eficaz na insuficiência cardíaca!

Morfina

A morfina é um opioide potente utilizado no tratamento de dores agudas e crônicas de intensidade moderada a grave. Para administração IV em *bolus*, recomenda-se diluir a morfina em cloreto de sódio 0,9% ou água para injetáveis até uma concentração final de 1 a 2 mg/mL. A injeção deve ser realizada lentamente, ao longo de 4 a 5 minutos, para minimizar o risco de efeitos adversos. Para infusão contínua, dilua a morfina em cloreto de sódio 0,9% ou glicose 5% até uma concentração de 0,1 a 1 mg/mL, ajustando a taxa de infusão conforme a necessidade clínica do paciente.

Diluição adequada + administração lenta = alívio seguro e eficaz da dor!

Nitroglicerina

A nitroglicerina é um vasodilatador indicado no tratamento da angina e da insuficiência cardíaca aguda. Para infusão intravenosa, dilua 50 mg em 250 mL de cloreto de sódio 0,9% ou glicose 5%, obtendo uma concentração de 200 mcg/mL. A infusão deve ser iniciada a 5 mcg/min, podendo ser ajustada gradualmente conforme a resposta clínica. O monitoramento contínuo da pressão arterial é essencial durante a administração.

Diluição precisa + ajuste controlado = perfusão segura e eficaz!

Nitroprusseto

O nitroprusseto de sódio é um potente vasodilatador utilizado no tratamento de crises hipertensivas e insuficiência cardíaca aguda. Para administração, dilua 50 mg do fármaco em 250 mL de soro glicosado 5% ou cloreto de sódio 0,9%, resultando em uma concentração de 200 mcg/mL. Inicie a infusão intravenosa contínua a uma taxa de 0,3 mcg/kg/min, ajustando conforme a resposta clínica, sem exceder 10 mcg/kg/min. Proteja a solução da luz durante a infusão.

> Diluição adequada + proteção da luz =
> eficácia e segurança no controle da pressão arterial!

Norepinefrina

A noradrenalina é um vasopressor utilizado no tratamento do choque séptico e outras formas de choque. Para infusão intravenosa, dilua 4 mg em 250 mL de cloreto de sódio 0,9% ou glicose 5%, resultando em uma concentração de 16 mcg/mL. Inicie a infusão a 0,1-0,5 mcg/kg/min, ajustando conforme a resposta clínica. A administração deve ser contínua e monitorada rigorosamente para evitar efeitos adversos.

> Diluição correta + infusão contínua =
> suporte hemodinâmico seguro e eficaz!

Omeprazol

O omeprazol é um inibidor da bomba de prótons indicado para o tratamento de úlceras gástricas, esofagite erosiva e síndrome de Zollinger-Ellison. Reconstituir o pó com diluente próprio. Diluir em 100 mL de cloreto de sódio 0,9% e administrar por infusão lenta ao longo de 20 a 30 minutos.

> Diluição correta + infusão lenta =
> proteção gástrica com segurança e eficácia!

Ondansetrona

A ondansetrona é um antiemético indicado para a prevenção de náuseas e vômitos. Para administração intravenosa, dilua a dose prescrita em 50 mL de cloreto de sódio 0,9% ou glicose 5%. A infusão deve ser realizada lentamente, ao longo de 15 a 30 minutos, garantindo melhor tolerância e eficácia.

> Diluição adequada + infusão lenta =
> controle eficaz de náuseas com segurança!

Pantoprazol

O pantoprazol é indicado para o tratamento da esofagite erosiva, síndrome de Zollinger-Ellison e úlcera péptica. Reconstitua o pó com 10 mL de cloreto do diluente, depois dilua em 100 mL de cloreto de sódio 0,9% ou glicose 5%. A infusão deve ser administrada ao longo de 15 minutos.

> Diluição correta + infusão controlada =
> eficácia e segurança no tratamento ácido-péptico!

Piperacilina + tazobactam

A piperacilina + tazobactam é indicada para o tratamento de infecções graves, como infecções intra-abdominais e pneumonia hospitalar. Reconstituir o pó com 10-20 mL de cloreto de sódio 0,9% e diluir em 50-100 mL de cloreto de sódio 0,9% ou glicose 5%. A infusão deve ser administrada ao longo de 3 a 4 horas, garantindo eficácia e menor risco de irritação venosa.

> Diluição correta + infusão prolongada =
> segurança e eficácia no combate às infecções graves!

Polimixina

A polimixina B é um antibiótico utilizado no tratamento de infecções graves por bactérias Gram-negativas resistentes. Para administração intravenosa, reconstituir o pó com 1 a 2 mL de água para injetáveis e diluir em 50 a 100 mL de cloreto de sódio 0,9%. A infusão deve ser realizada lentamente, ao longo de 60 a 90 minutos, para reduzir o risco de toxicidade renal e neuromuscular.

> Diluição correta + infusão controlada =
> eficácia contra infecções graves com segurança!

Prometazina

A prometazina é um anti-histamínico utilizado no tratamento de náuseas, vômitos e reações alérgicas. A administração intravenosa não é recomendada devido aos riscos associados. A via intramuscular é preferível, devendo ser realizada profundamente em músculos de grande massa. A dosagem habitual para adultos é de 25 a 50 mg, ajustada conforme a resposta clínica. A administração subcutânea e/ou intra-arterial não deve ser utilizada.

> Escolha da via adequada =
> eficácia e segurança no manejo de sintomas alérgicos e náuseas!

Propofol

O propofol é um agente anestésico intravenoso utilizado para indução e manutenção da anestesia geral. Para indução em adultos saudáveis, administra-se aproximadamente 40 mg a cada 10 segundos até o início da anestesia, totalizando geralmente 1,5 a 2,5 mg/kg. Para manutenção, recomenda-se uma infusão contínua de 4 a 12 mg/kg/h, ajustando conforme a resposta clínica. A administração deve ser realizada sem diluição, utilizando-se a emulsão pronta para uso. Monitore constantemente os sinais vitais durante o procedimento.

> Administração adequada + monitoramento constante =
> anestesia segura e eficaz!

Rocurônio

O rocurônio é um bloqueador neuromuscular não despolarizante utilizado para promover relaxamento muscular durante cirurgias ou facilitar a ventilação mecânica. Pode ser administrado por via IV em *bolus* puro ou por infusão contínua. Para infusão contínua, dilua o rocurônio em cloreto de sódio 0,9%, glicose 5% ou ringer lactato, até uma concentração entre 0,5 mg/mL e 2 mg/mL. A taxa de infusão deve ser ajustada de acordo com a resposta clínica do paciente, geralmente entre 4 a 16 mcg/kg/min. Monitore continuamente a função neuromuscular e os sinais vitais durante a administração.

Diluição adequada + monitoramento constante =
segurança e eficácia no relaxamento muscular!

Salbutamol

O salbutamol é um broncodilatador indicado para o alívio do broncoespasmo em asma e DPOC. Para nebulização intermitente, diluir 0,5 a 1,0 mL (2,5 a 5,0 mg) em SF 0,9% até o volume final de 2,0 a 2,5 mL. Para administração contínua, diluir 1 a 2 mL em 100 mL de SF 0,9%, obtendo concentração de 50 a 100 mcg/mL, com infusão de 1 a 2 mg/hora. Utilizar nebulizador adequado e proteger da luz.

Diluição correta + nebulização adequada =
broncodilatação eficaz e segura!

Sulfametoxazol + trimetoprima

O sulfametoxazol + trimetoprima é um antibiótico indicado para infecções bacterianas, incluindo infecções urinárias e pneumonia por *Pneumocystis jirovecii*. Para administração intravenosa, dilua a dose calculada em 125 mL de cloreto de sódio 0,9% ou glicose 5%. A infusão deve ser realizada lentamente, ao longo de 60 a 90 minutos, para garantir segurança e eficácia.

Diluição correta + infusão lenta =
tratamento eficaz e seguro contra infecções!

Suxametônio

O suxametônio é um bloqueador neuromuscular usado na intubação. Pode ser administrado sem diluição por IV lenta (10-30 s) ou diluído em SF 0,9% ou SG 5% (1-2 mg/mL) para infusão contínua a 2,5-4,3 mg/min. A solução diluída é estável por até 24h. Monitorar sinais vitais e evitar em pacientes com risco de hipercalemia ou hipertermia maligna.

Velocidade + vigilância = segurança na indução anestésica!

Tenoxicam

O tenoxicam é um anti-inflamatório indicado para o tratamento da dor e inflamação em condições musculoesqueléticas. Para administração intravenosa, reconstitua o pó com 2 mL de água para injetáveis. A administração deve ser lenta, ao longo de 10 segundos. Não necessita de diluição adicional para infusão contínua.

> Administração correta = alívio eficaz da dor com segurança!

Terbutalina

A terbutalina é um β2-agonista utilizado como broncodilatador e tocolítico. Para infusão IV, diluir 5 mg (10 ampolas de 0,5 mg/mL) em 1.000 mL de SG 5%, obtendo solução a 5 mcg/mL. Administrar a 20-30 gotas/min (aproximadamente 60-90 mL/h). Evitar diluição em soluções alcalinas. Monitorar frequência cardíaca e pressão arterial durante a infusão.

> Diluição correta + monitoramento constante =
> eficácia e segurança no uso da terbutalina!

Tramadol

O tramadol é um analgésico indicado para o alívio de dores moderadas a intensas. Para administração intravenosa, pode ser utilizado sem diluição, injetando lentamente ao longo de 2 a 3 minutos. Alternativamente, pode ser diluído em cloreto de sódio 0,9% ou glicose 5% para infusão contínua, respeitando uma concentração máxima de 1 mg/mL e infundido ao longo de 30 a 60 minutos. A dose usual para adultos é de 50 a 100 mg a cada 4 a 6 horas, não excedendo 400 mg por dia.

> Administração lenta + diluição adequada = alívio eficaz e seguro da dor.

Vancomicina

A vancomicina é indicada para o tratamento de infecções graves causadas por organismos Gram-positivos, incluindo MRSA. Para administração intravenosa, reconstitua o pó com 10 mL de água para injetáveis e dilua em 250-500 mL de cloreto de sódio 0,9% ou glicose 5%. A infusão deve ser realizada ao longo de 1 a 2 horas (15 mg/min), conforme a dose e tolerância do paciente, para minimizar o risco de flebite e síndrome do "homem vermelho".

> Diluição correta + infusão lenta =
> maior eficácia e menor risco de reações adversas!

Vasopressina

A vasopressina é utilizada no tratamento do choque séptico e durante a parada cardíaca. Para infusão contínua em choque séptico, dilua a dose prescrita em 100 mL de solução salina 0,9% ou glicose 5%. A taxa de infusão recomendada é de 0,01 a 0,04 unidades por minuto, ajustando conforme a resposta clínica. Durante a administração, monitore atentamente os sinais vitais e a perfusão periférica.

> Diluição adequada + monitoramento constante =
> suporte hemodinâmico eficaz!

Conduta mediante extravasamento

As soluções injetáveis têm propriedades que oferecem risco de lesão nos tecidos moles, favorecendo ou sendo decorrente de extravasamento, quando a substância causa dano ao endotélio vascular e invade os tecidos circundantes, ou ocorre reposicionamento do cateter vascular, liberando a substância fora do vaso sanguíneo. O peso molecular, a alta osmolaridade, e o pH ácido ou alcalino são fatores relacionados ao medicamento que contribuem para que a solução seja irritante ou vesicante.

O modo de preparo e a administração também influenciam na ocorrência de extravasamento, e fatores controláveis, como alta concentração, volume, velocidade de infusão, escolha do local e calibre do acesso venoso também podem contribuir com a incidência desse evento adverso.

Ao iniciar a infusão de qualquer medicamento, é importante observar os primeiros minutos e ficar atento a sinais flogísticos, como dor, vermelhidão, inchaço e calor, assim como a resistência na infusão. Deve-se evitar o uso de medicamentos irritantes ou vesicantes em acessos venosos periféricos ou em regiões vulneráveis, como a fossa cubital e outros locais cuja articulação possa promover o reposicionamento inadequado do cateter. Ao perceber a ocorrência de extravasamento, recomenda-se implementar as etapas a seguir:

1. Interromper a infusão.
2. Elevar o membro.
3. Se possível, aspirar o líquido extravasado.
4. Remover o cateter e demarcar a área atingida.
5. Quando disponível e indicado, administrar o antídoto.
6. Aplicar compressa seca, quente ou fria.

São diversos os antídotos recomendados na literatura científica, especialmente para extravasamento de substâncias vasopressoras, em que é necessária a aplicação local de vasodilatadores para ajudar a dispersar o líquido vesicante; no entanto, poucas alternativas estão disponíveis e acessíveis no Brasil. A Tabela 1 lista os medicamentos vesicantes e irritantes da nossa seleção e sugere a aplicação de dois antídotos comercialmente disponíveis.

A terbutalina é um agonista alfa-adrenérgico que promove vasodilatação e fluxo sanguíneo capilar, reduzindo o acúmulo do fármaco vasopressor no local do extravasamento. Recomenda-se para o extravasamento de substâncias com efeito vasopressor, a prescrição de **terbutalina 0,5mg/mL** – 2 ampolas (1 mg) diluídas em 8 mL de cloreto de sódio 0,9%, infundir lentamente por via subcutânea no local do extravasamento.

A hialuronidase é a primeira linha de tratamento das flebites químicas, indicada como antídoto da maioria das substâncias vesicantes. Seu mecanismo de ação consiste em hidrolisar o ácido hialurônico no tecido conjuntivo, possivelmente levando a diluição e difusão do fármaco extravasado. Recomenda-se a prescrição de **hialuronidase 2.000 UTR** – pó liófilo – reconstituir 1 frasco-ampola em 5 mL de cloreto de sódio a 0,9%. Com uma seringa de 1 mL, retirar 0,04 mL dessa solução e completar o volume para 1 mL com cloreto de sódio a 0,9%, aplicar via subcutânea no local.

TABELA 1 Medicamentos vesicantes e irritantes, tipo de compressa e antídotos comercialmente disponíveis

Medicamento	Mecanismo	Tipo de compressa	Antídotos
Amiodarona	Vesicante; ácido (pH 3,5-4,5)	Fria ou quente	Hialuronidase
Anfotericina	Vesicante; ácido (pH 5-7)	Fria	Hialuronidase
Dobutamina	Vesicante; vasopressor	Quente	Terbutalina
Dopamina	Vesicante; vasopressor	Quente	Terbutalina
Epinefrina	Vesicante; vasopressor	Quente	Terbutalina
Etomidato	Irritante e vesicante; hiperosmolar	Quente	Hialuronidase
Fenitoína	Vesicante; alcalino (pH 10-12)	Quente	Hialuronidase
Fenobarbital	Vesicante; alcalino (pH 9-10,5)	Fria	Hialuronidase
Furosemida	Alcalino	Fria	Hialuronidase
Gentamicina	Ácido	Fria	Hialuronidase
Metronidazol	Vesicante; ácido (pH 5,5)	Fria	Hialuronidase
Nitroglicerina	Vesicante; hiperosmolar	Fria ou quente	Hialuronidase
Norepinefrina	Vesicante; vasopressor	Quente	Terbutalina
Prometazina	Ácido	Fria ou quente	Hialuronidase
Propofol	Químico	Fria	Hialuronidase
Vancomicina	Irritante e vesicante; ácido	Fria ou quente	Hialuronidase
Vasopressina	Vesicante; vasopressor	Quente	Terbutalina

Referências

1. Beatriz J. O guia completo para utilizar medicamentos injetáveis de forma correta. 3. ed. Florianópolis: DILUIMED Publicações; 2025.
2. DILUIMED. Sistema de diluição e incompatibilidade de medicamentos. Florianópolis: Diluimed, [2025]. Disponível em: https://www.diluimed.com. Acesso em: 15 abr. 2025.
3. Agência Nacional de Vigilância Sanitária (ANVISA). Vocabulário controlado de formas farmacêuticas, vias de administração e embalagens de medicamentos. Brasília: Anvisa; 2011.
4. Brasil, MS. Anexo 03: Protocolo de Segurança na Prescrição, Uso e Administração de Medicamentos. Protocolo coordenado pelo Ministério da Saúde e ANVISA em parceria com FIOCRUZ e FHEMIG; 2013.
5. David V, Christou N, Etienne P, Almeida M, Roux A, Taibi A, Mathonnet M. Extravasation of Noncytotoxic Drugs. Ann Pharmacother. 2020;54(8):804-814.
6. Tarpey A, Narechania S, Malesker M. What is the optimal approach to infiltration and extravasation of nonchemotherapy medications? Cleve Clin J Med. 2023;90(5):292-296.
7. Santos PRA, Rocha FLR, Sampaio CSJC. Ações para segurança na prescrição, uso e administração de medicamentos em unidades de pronto atendimento. Rev Gaúcha Enferm. 40:e20180347, 2019.
8. Chaves CMP, Bezerra CM, Lima FET, Cardoso MVLML, Fonseca SGC, Silva VM. Residual volume in vials of antibiotics used in pediatrics. Rev Esc Enferm USP. 2017;51:e03234.
9. Capucho HC, Mascarenhas CM, Lima AMA, NunesMS. Reações adversas e de hipersensibilidade relacionadas a medicamentos em Unidade de Terapia Intensiva. In: Felipe Dal-Pizzol; Fábio Ferreira Amorim. (Org.). PROAMI Programa de Atualização em Medicina Intensiva. 1ed. Porto Alegre: Artmed Panamericana, 2021, v. 3, p. 39-76.
10. Novaes MRCG, Moraes HMRO, Souza NNR, Silva MJS, Pires MAS, Nunes MS. Farmacotécnica hospitalar. In: Novaes MRCG, Nunes MS, Bezerra VS (Org.). Guia de boas práticas em farmácia hospitalar e serviços de saúde. 2.ed. Barueri: Manole; 2020. p. 251-320.
11. Omeprazole - an overview | sciencedirect topics. Disponível em: https://www.sciencedirect.com/topics/medicine-and-dentistry/omeprazole
12. Hussain Y, Cui J, Dormocara A, Khan H. The most recent advances in liquisolid technology: Perspectives in the pharmaceutical industry. Pharmaceutical Science Advances. 2024;2:100038. Disponível em: https://www.sciencedirect.com/science/article/pii/S2773216924000047.

3

Carros de emergência em terapia intensiva

Isabella do Vale de Souza

"Na UTI as luzes não se apagam,
nela geramos a esperança"
Douglas Ferrari, médico humanista e intensivista

Introdução

Os carros de emergência são equipamentos que se apresentam como "armários móveis" e que devem conter medicamentos e demais produtos para a saúde utilizados no suporte de vida emergencial de pacientes. A primeira normatização brasileira que propôs a organização desse equipamento foi publicada há pouco mais de 20 anos pela Sociedade Brasileira de Cardiologia (SBC) e visou homogeneizar o conteúdo de medicamentos e materiais disponíveis a fim de agilizar o tempo de resposta ao atendimento e evitar o acúmulo. Idealmente, ao abrir o carro de emergência deve-se ter um panorama geral de todos os itens dispostos para que a seleção seja feita em poucos segundos.

Os carros de emergência devem apresentar organização sistematizada, que permita uma rápida intervenção durante a emergência clínica, sem provocar iatrogenias ao paciente e, ao final do atendimento, a organização do carro também deve contemplar sua reposição imediata, com conferência dos itens para manutenção do equipamento. A organização do carro de emergência facilita o atendimento rápido e adequado, principalmente em pacientes críticos e em instabilidade hemodinâmica como os presentes nas Unidades de Terapia Intensiva (UTI), nos quais atrasos ou dificuldades em um atendimento imediato pode implicar no fracasso ou no prolongamento da internação.

A existência do carro de emergência visa a disponibilização de medicamentos e materiais essenciais em emergências clínicas, necessários para o manejo dessas situações. Caso a padronização do carro não seja adequada por não conter medicamentos que contemplem situações de emergência ou por organização equivocada com excesso de itens, pode haver atraso no tempo de resposta da equipe, o que pode contribuir para o agravamento do quadro. Os carros, quando devidamente organizados, fornecem estrutura que propicia a economia de tempo e diminui possíveis limitações durante o atendimento, que requer agilidade e atenção dos profissionais.

Panorama brasileiro

A Agência Nacional de Vigilância Sanitária (Anvisa) determina, na Resolução da Diretoria Colegiada (RDC) n. 7 de 24 de fevereiro de 2010, os requisitos mínimos para funcionamento de UTIs, incluindo a necessidade de existência em UTI adulto de "kit ('carrinho') contendo medicamentos e materiais para atendimento às emergências: 01 (um) para cada 05 (cinco) leitos ou fração". Para a habilitação de leitos de terapia intensiva no Sistema Único de Saúde (SUS), a Anvisa também exige que haja "material, medicamentos e equipamentos para reanimação" para Unidades de Cuidado Intermediário (UCI) adulto na proporção de 1 para cada 15 leitos ou fração e na razão de 1 para cada 5 leitos de Unidades de Terapia Intensiva Coronariana (UCO) e de UTIs de Tipo II e III. Ambas as legislações, contudo, não definem o uso dos carros de emergência como equipamento-padrão. A exigência de "material e equipamento para reanimação" em detrimento do uso dos carros de emergência e sua organização também é observada na mais recente normativa do Ministério da Saúde acerca dos serviços de Terapia Intensiva do SUS.

Embora a composição e organização de um carro de emergência seja variável conforme a realidade dos diferentes serviços de saúde, deve apresentar materiais médico-hospitalares e medicamentos necessários para manejo imediato de condições ameaçadoras à vida, podendo incluir:

- Monitor/desfibrilador, dispositivos de sucção e unidades manuais de respiração artificial (*artificial manual breathing unit* – AMBU) de tamanhos diferentes.

- Medicamentos para suporte avançado de vida cardíaca (*Advanced Cardiovascular Life Support* – ACLS), como epinefrina, atropina, amiodarona, lidocaína, bicarbonato de sódio, dopamina e vasopressina.
- Medicamentos de primeira linha para tratamento de intercorrências, como: adenosina, glicose, epinefrina para uso intramuscular, naloxona, nitroglicerina e outros.
- Medicamentos para sequência rápida de intubação: succinilcolina ou outro bloqueador neuromuscular e um hipnótico ou sedativo – como etomidato ou midazolam –, tubos endotraqueais e outros equipamentos de intubação.
- Materiais para acesso venoso periférico e central.
- Outros medicamentos e materiais escolhidos pela instituição.

Com base no *The Code Cart Statement – American Heart Association Scientific Statement*, o conteúdo dos carros deve ser dividido em níveis de prioridade considerando atendimento de emergência envolvendo eventos cardiovasculares. Destaca-se que os medicamentos e materiais classificados como nível II, que não possam estar disponíveis na unidade de intercorrência para acesso em até 15 minutos, devem permanecer nos carros de emergência:

- Nível I: itens essenciais, que devem estar disponíveis imediatamente.
- Nível II: itens altamente recomendados, que devem estar disponíveis, no máximo, em 15 minutos.
- Nível III: itens recomendados, mas opcionais.

A normatização brasileira existente, elaborada pela SBC, conta com padronização semelhante para as unidades de pronto-socorro e UTIs desde sua primeira publicação, em 2003. Além de adotar a classificação dos itens dos carros de emergência conforme prioridade, permite que a quantidade de medicamentos e equipamentos seja estipulada conforme necessidade da área e rotina institucional e é apresentada no Quadro 1.

QUADRO 1 Padronização sugerida pela Sociedade Brasileira de Cardiologia para carros de emergência de UTIs

Nível de prioridade I	Nível de prioridade II	Nível de prioridade III
Avaliação e diagnóstico		
» Desfibrilador externo automático » Material de proteção individual: luvas, máscaras e óculos » Monitor/desfibrilador com marca-passo externo, com monitorização nas pás com, no mínimo, três derivações e onda bifásica » Oxímetro de pulso	» Glicosímetro capilar	» Gerador de marca-passo
Controle de vias aéreas		
» Bolsa-válvula-máscara com reservatório de oxigênio » Cânula de aspiração flexível: nº 12 e 10 » Cânula nasal, tipo óculos » Cânula orofaríngea: nº 3 e 4 » Cânula para traqueostomia: nº 6,0 a 9,0 » Extensão de PVC para oxigênio » Fixador de cânula orotraqueal » Laringoscópio com lâmina curva: nº 3 e 4 » Máscara de oxigênio com reservatório » Máscara facial tamanho adulto » Nebulizador e extensão para nebulizador » Tubo endotraqueal: nº 6,0 a 9,0 » Umidificador	» Capnógrafo » Sonda nasogástrica: nº 16 e 18	» Máscara laríngea adulto » Via aérea alternativa (um ou mais dos seguintes itens: agulha para cricotireostomia e conjunto para traqueostomia percutânea)

(continua)

QUADRO 1 Padronização sugerida pela Sociedade Brasileira de Cardiologia para carros de emergência de UTIs *(continuação)*

Nível de prioridade I	Nível de prioridade II	Nível de prioridade III
Acesso vascular e controle circulatório		
» Agulha de cateter intravenoso central (para caso de tamponamento e/ou pneumotórax hipertensivo) » Agulhas: 40 × 12 ou 25 × 12, para aspiração » Bureta » Cateter intravenoso periférico: nº 14, 16, 18, 20 e 22 » Equipo macrogotas » Equipo para hemoderivados » Fita microporosa » Gaze » Ringer lactato 1000 mL » Seringas: 3 mL, 5 mL, 10 mL e 20 mL » Soro fisiológico 1000 mL » Soro glicosado 5% 500 mL » Torneirinha	-	-

(continua)

QUADRO 1 Padronização sugerida pela Sociedade Brasileira de Cardiologia para carros de emergência de UTIs *(continuação)*

Nível de prioridade I	Nível de prioridade II	Nível de prioridade III
Medicamentos		
» Adenosina » Adrenalina 1 mg » Água destilada 10 mL e 250 mL » Água destilada 500 mL (para nitroglicerina) » Amiodarona » Aspirina 175 a 325 mg » Atropina 0,5 mg » Betabloqueador: metoprolol » Bicarbonato de sódio » Broncodilatador: fenoterol e salbutamol » Cloreto de cálcio » Furosemida » Glicose 50% » Gluconato de cálcio » Lidocaína » Nitroglicerina » Nitroprussiato de sódio » Sulfato de magnésio	» Diazepan, midazolan, fentanil (sedação em geral) » Dobutamina » Dopamina » Morfina » Norepinefrina	» Bloqueador de canal de cálcio: diltiazém e verapamil » Manitol » Naloxona » Pancurônio » Rocurônio

Fonte: adaptado de BERNOCHE et al., 2019.

Realidade de atendimento e adequação da padronização

Embora a sugestão de uma padronização única possa favorecer a uniformidade das práticas de cuidado entre diferentes serviços, o conteúdo dos carros de emergência deve considerar também o perfil de atendimento da UTI, sendo possível considerar as particularidades da população atendida. UTIs especializadas podem direcionar a composição de seus carros para as situações ameaçadoras à vida de seus públicos-alvo – por exemplo, unidades coronarianas podem, em suas padronizações, prever a existência de medicamentos e agentes hemostáticos específicos. Já as UTIs gerais, cujo público-alvo é variado, pode incluir artigos para atendimento de emergências a parcelas restritas de pacientes críticos, como gestantes – a existência de itens que permitam a realização de *cesariana perimortem* e reanimação neonatal podem proporcionar atendimento direcionado mesmo que não se esteja em uma UTI materna. Contudo, tais especificações devem ser fruto da discussão entre profissionais que estejam no cenário real de atendimento, a fim de garantir que o carro de emergência apresente efetividade e usabilidade adequadas à UTI de interesse.

Tal debate deve ser sistematizado, para permitir sua reprodutibilidade para novas aplicações, bem como proporcionar uma padronização que considere as particularidades das unidades, e pode ser norteado pelos seguintes passos:

- Avaliação do panorama de documentos institucionais vigentes que regulam o uso de carros de emergência na Instituição: Procedimento Operacional Padrão (POP) para gestão do Carro de Emergência e anexos de conferência dos carros devem ser verificados a fim de identificar inadequações e oportunidades de melhoria nos processos de gestão registrados. Idealmente as atribuições, competências e responsabilidades de cada categoria profissional frente à gestão dos carros de emergência deve ser descrita.
- Diagnóstico situacional dos carros de emergência da instituição: com o auxílio de visitas *in loco* nas unidades com verificação das condições dos carros de emergência, mesmo que por meio de amostra de conveniência. Tal ação permite a verificação da razão real de leitos/carro de emergência existente nas unidades visitadas, disponibilidade e validade de medicamentos e materiais, constatação da logística executada de reposições dos carros de emergência e da localização física destes nas unidades assistenciais, a fim de identificar acesso e mobilidade.
- Identificação da visão da equipe assistencial acerca dos carros de emergência: por meio da condução de discussões em grupos focais ou mesmo a

submissão de questionário aberto à comunidade assistencial, permite-se o envolvimento dos trabalhadores de diversas formações e atuações. Assim, há favorecimento ao surgimento de ideias e melhorias, obtenção de devolutivas acerca dos processos vigentes e promoção da integração e contribuição com a Instituição.

- Avaliação da padronização proposta pela Sociedade Brasileira de Cardiologia para carros de emergência de UTIs, para adoção integral ou com alterações da composição-base dos carros: todos os elementos previamente obtidos permitem, então, discussões bem embasadas acerca da indicação do conteúdo a ser eleito de acordo com as características dos pacientes e das unidades visitadas. Ainda, é possível a inclusão de itens para atendimento fora a composição-base a ser adotada, segundo peculiaridades de atendimento.

Contudo, é necessária atenção para que medicamentos de alta vigilância (MAVi) não sejam incluídos na padronização sem justificativas de seu uso em situações de emergência. A inclusão indiscriminada de MAVis pode aumentar o risco de eventos adversos graves, especialmente em cenários onde a administração deve ser monitorada de maneira cuidadosa. O cloreto de potássio (KCl 19,1%), por exemplo, não é indicado para uso imediato em situações típicas de ressuscitação cardiopulmonar ou estabilização hemodinâmica inicial, além de sua administração exigir monitorização contínua.

A determinação do quantitativo de cada item, apesar de livre, deve considerar a necessidade de estoque mínimo para atendimento, a fim de que não haja excesso e tampouco, falta. Ambas as situações podem ser decisivas para a falha no atendimento de emergência ao paciente crítico e é possível ponderar acerca das quantidades necessárias em função do perfil de dispensação de medicamentos disponível. UTIs contempladas com a dispensação de medicamentos por meio de uma farmácia-satélite podem estruturar o processo de dispensação dos materiais e medicamentos de nível de prioridade II e III através desse serviço. Além de possibilitar a otimização da organização interna do carro de emergência devido à diminuição de itens, a dispensação pelo fluxo rápido de atendimento pode garantir a disponibilidade de itens em condições adequadas de uso – por exemplo, a padronização proposta para UTIs conta com manitol, item com grande propensão à cristalização, e medicamentos com necessidade de refrigeração, como rocurônio e pancurônio.

O uso de medicamentos também pode ser incrementado por meio da adoção de *kits* padronizados para diluição. Tais *kits* podem contar com diluente, solução de grande volume pré-estabelecida de acordo com a compatibilidade química e até mesmo com os materiais necessários ao preparo, como agulhas e seringas. Seu conteúdo deve ser considerado como integrante da padronização, ou seja, não necessariamente implica aumento no número de itens. Embora simples, tal estratégia permite a otimização do tempo de preparo e previne a ocorrência de erros de medicação durante o atendimento de emergência.

Organização dos carros de emergência

A organização dos carros de emergência deve seguir uma padronização visual e funcional que facilite o acesso rápido e seguro aos insumos durante situações ameaçadoras à vida. A utilização de etiquetas adesivas aliada à codificação por cores é altamente recomendada e, embora simples, pode contribuir para maior agilidade na identificação dos itens padronizados em relação à finalidade de uso e para a redução de eventos adversos. A seguir, apresenta-se a proposta de organização por gavetas, com suas respectivas cores e conteúdo (Figura 1).

- GAVETA 1: MEDICAMENTOS
  - Identificação: etiqueta vermelha.
  - Conteúdo: medicamentos.

- GAVETA 2: ACESSO VASCULAR
  - Identificação: etiqueta verde.
  - Conteúdo: cateteres periféricos, equipos, seringas, agulhas, buretas, torneirinhas, fita microporosa e outros materiais necessários à punção venosa e início de infusão.

- GAVETA 3: VIAS AÉREAS
  - Identificação: etiqueta azul.
  - Conteúdo: materiais destinados ao manejo das vias aéreas, incluindo cânulas orofaríngeas, tubos endotraqueais, máscaras, laringoscópio, entre outros. Essa gaveta deve conter ainda uma **caixa de intubação**, igualmente identificada pela cor azul, com o objetivo de concentrar os materiais indispensáveis à sequência rápida de intubação (SRI). Sugere-se que os medicamentos utilizados na SRI – como bloqueadores neuromusculares, hipnóticos, sedativos e analgésicos – também sejam armazenados nessa mesma caixa, facilitando o acesso conjunto dos itens.

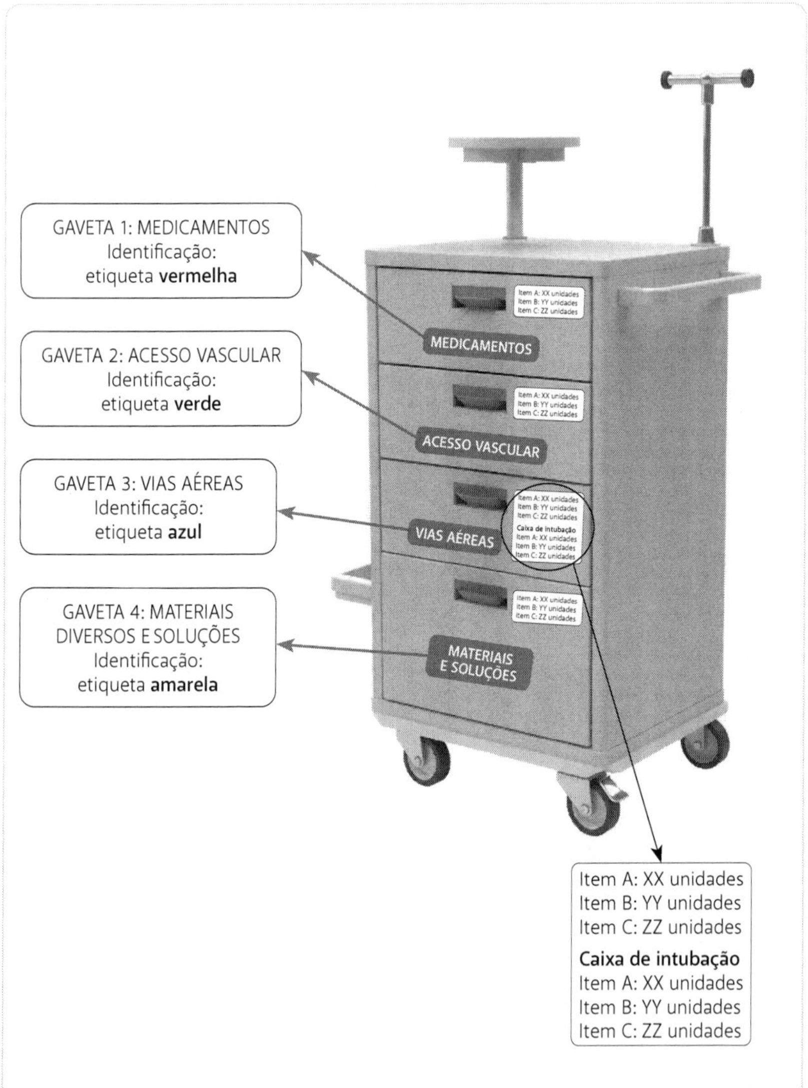

FIGURA 1 Organização das gavetas dos carros de emergência em função da finalidade de uso.

Fonte: autoria própria.

- GAVETA 4: MATERIAIS DIVERSOS E SOLUÇÕES
  - Identificação: etiqueta amarela.
  - Conteúdo: materiais complementares, como sondas, extensões, dispositivos de oxigenoterapia, compressas, umidificadores, entre outros itens de suporte. Caso haja adoção da estratégia de *kits* de administração de medicamentos, estes podem ser armazenados nessa gaveta, devendo permanecer com identificação de seu conteúdo e medicamento alvo da diluição.

Além da codificação por cor, recomenda-se a fixação de etiquetas descritivas com a relação dos itens contidos em cada gaveta ou caixa, incluindo a quantidade padronizada por item. Essa medida visa facilitar o controle de estoque, a reposição após uso e a conferência periódica do conteúdo, garantindo a prontidão do carro de emergência a qualquer momento.

A gaveta destinada aos medicamentos deve ser organizada de forma metodizada e, para isso, recomenda-se a adoção das seguintes estratégias (Figura 2).

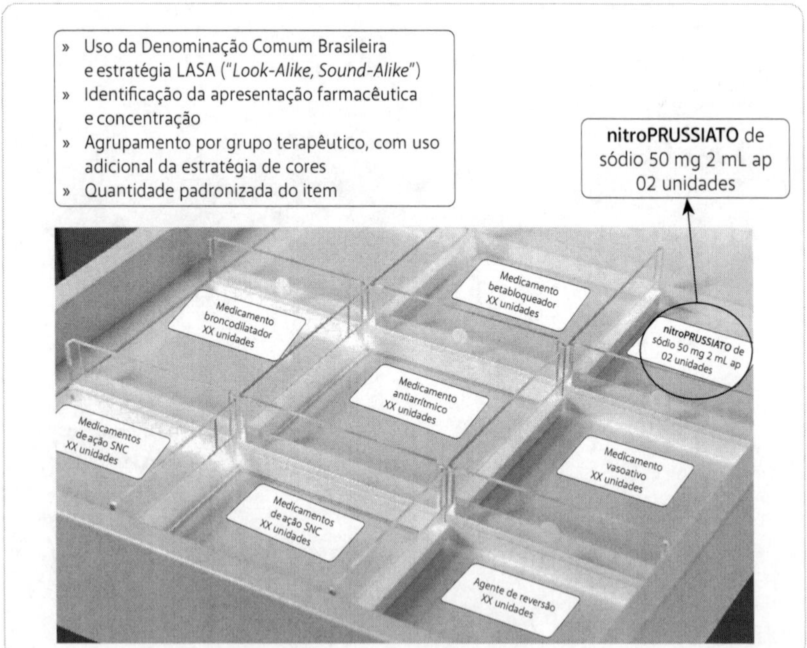

FIGURA 2 Organização da gaveta de medicamentos dos carros de emergência.
Fonte: autoria própria.

Compartimentos individualizados e identificados: cada medicamento deve ser alocado em um compartimento próprio, com identificação clara pela Denominação Comum Brasileira (DCB) com uso da estratégia LASA (*Look-Alike, Sound-Alike*) a fim de evitar erros de medicação devido grafias ou sonoridades similares. As informações de apresentação farmacêutica e concentração também devem estar disponíveis, de forma a evitar trocas e minimizar o risco de erros durante o atendimento.

Classificação por grupos terapêuticos: a disposição dos medicamentos pode seguir uma ordem alfabética secundária, mas a organização preferencial deve ser por grupos farmacológicos, o que favorece a racionalização no uso durante situações clínicas específicas. Recomenda-se utilizar um código de cores secundário nas divisórias internas para sinalizar diferentes classes terapêuticas, por exemplo:

- Azul: fármacos de ação sobre o sistema nervoso central (hipnóticos, sedativos, anticonvulsivantes, analgésicos opioides).
- Vermelho: fármacos de ação vasoativa e antiarrítmica.
- Verde: agentes de reversão e eletrólitos.
- Amarelo: broncodilatadores e agentes para suporte respiratório.

A adoção de uma padronização funcional e segura dos carros de emergência é uma medida essencial para garantir o atendimento de situações ameaçadoras à vida nas UTIs. Ao considerar as especificidades do perfil assistencial de cada unidade, o sistema de dispensação de medicamentos disponível e a necessidade de organização do conteúdo de forma sistematizada, é possível assegurar que o carro de emergência esteja sempre pronto para uso com efetividade e segurança.

Referências

1. Advanced Cardiovascular Life Support Training Center. Crash Cart — Recently Asked Questions. Disponível em: https://www.acls.net/acls-crash-cart-faq. Acesso em: 12 abr. 2025.
2. Bernoche C, Timerman S, Polastri TF, Giannetti NS, Siqueira AWS, Piscopo A, et al. Atualização da Diretriz de Ressuscitação Cardiopulmonar e Cuidados Cardiovasculares de Emergência da Sociedade Brasileira de Cardiologia – 2019. Arq. Bras. Cardiol. 2019;113(3):449-663.

3. Brasil. Ministério da Saúde. Portaria GM/MS n. 2.862, de 29 de dezembro de 2023. Altera a Portaria de Consolidação GM/MS n. 3, de 28 de setembro de 2017, para dispor sobre as Unidades de Terapia Intensiva - UTI e as Unidades de Cuidado Intermediário - UCI no âmbito do SUS. Diário Oficial da União. 2023. Disponível em: https://bvsms.saude.gov.br/bvs/saudelegis/gm/2023/prt2862_29_12_2023.html. Acesso em: 11 de abr. de 2025.
4. Brasil. Ministério da Saúde. Portaria n. 895, de 31 de março de 2017. Institui o cuidado progressivo ao paciente crítico ou grave com os critérios de elegibilidade para admissão e alta, de classificação e de habilitação de leitos de Terapia Intensiva Adulto, Pediátrico, Unidade Coronariana, Queimados e Cuidados Intermediários Adulto e Pediátrico no âmbito do SUS. Diário Oficial da União. 2017. Disponível em: https://bvsms.saude.gov.br/bvs/saudelegis/gm/2017/prt0895_26_04_2017.html. Acesso em: 11 de abr. de 2025.
5. Brasil. Agência Nacional de Vigilância Sanitária. Resolução n. 7, de 24 de fevereiro de 2010. Dispõe sobre os requisitos mínimos para funcionamento de Unidades de Terapia Intensiva e dá outras providências. Diário Oficial da União. 2010. Disponível em: https://bvsms.saude.gov.br/bvs/saudelegis/anvisa/2010/res0007_24_02_2010.html. Acesso em: 11 de abr. de 2025.
6. Crimlisk JT, Doherty MM, Fernandes E, Leblanc E, Guarino R, Costello KV. Adult code cart redesign: Clinical implications. Nursing. 2018;48(7):58-61. Disponível em: https://journals.lww.com/00152193-201807000-00015. Acesso em: 11 abr. 2025.
7. Fierro Rosón J, Ruiz Bailén M, Peinado Rodríguez J, Ramos Cuadra JA, Cárdenas Cruz A, Díaz Castellanos MA. Evaluación Del Contenido y Funcionamiento de Los Carros de Reanimación Cardiopulmonar de Un Hospital. Medicina Intensiva (English Edition). 2003 Jun 1;27(6):399–403. Disponível em: http://www.medintensiva.org/en-evaluacion-del-contenido-funcionamiento-los-articulo- 13049935. Acesso em: 11 abr. 2025.
8. Gonzalez MM, Timerman S, Gianotto-Oliveira R, Polastri TF, Canesin MF, Schimidt A, et al. I Diretriz de Ressuscitação Cardiopulmonar e Cuidados Cardiovasculares de Emergência da Sociedade Brasileira de Cardiologia. Arq Bras Cardiol. 2013;101(2):1–221. Disponível em: http://www.gnresearch.org/doi/10.5935/abc.2013S006. Acesso em: 12 abr. 2025.
9. Guimarães JI, coordenador. Diretriz de Apoio Ao Suporte Avançado de Vida Em Cardiologia - Código Azul - Registro de Ressuscitação Normatização Do Carro de Emergência. Arq Bras Cardiol. 2003;81. Disponível em: http://www.scielo.br/scielo.php?script=sci_arttext&pid=S0066-782X2003001800001&lng=pt&nrm=iso&tlng=pt. Acesso em: 11 abr. 2025.
10. Heidmann A, Trindade LF, Schmidt CR, Loro MM, Fontana RT, Kolankiewicz ACB. Fatores contribuintes para consolidação da cultura de segurança do paciente no âmbito hospitalar. Escola Anna Nery. 2019;24:e20190153. Disponível em: https://www.scielo.br/j/ean/a/7yVPCnBj TG66pLxn7xfPjzN/?lang=pt. Acesso em: 12 abr. 2025.

11. Hunie M, Desse T, Fenta E, Teshome D, Gelaw M, Gashaw A. Availability of Emergency Drugs and Essential Equipment in Intensive Care Units in Hospitals of Ethiopia: A Multicenter Cross-Sectional Study. Open Access Emerg Med. 2020;12:435-440.
12. Jacquet GA, Hamade B, Diab KA, Sawaya R, Dagher GA, Hitti E, Bayram JD. The Emergency Department Crash Cart: A systematic review and suggested contents. World J Emerg Med. 2018;9(2):93-98. Disponível em: http://wjem.com.cn/EN/10.5847/wjem.j.1920-8642.2018.02.002. Acesso em: 12 abr. 2025.
13. Milloy S, Bubric K. A Four-Stage Method for Optimizing and Standardizing a Crash Cart Configuration. IISE Transactions on Occupational Ergonomics and Human Factors. 2018;6(3–4):157–164. Disponível em: https://www.tandfonline.com/doi/full/10.1080/24725838.2018.1434574. Acesso em: 12 abr. 2025.
14. Seligman KM, Abir G. Emergency Resources in Obstetrics. Anesthesiol Clin. 2021 Dec;39(4):631-647. Disponível em: https://linkinghub.elsevier.com/retrieve/pii/S1932227521000653. Acesso em: 12 abr. 2025.
15. Silva SCD, Padilha KG. Parada cardiorrespiratória na unidade de terapia intensiva: considerações teóricas sobre os fatores relacionados às ocorrências iatrogênicas. Rev Esc Enferm USP. 2001Dec;35(4):361–365. Disponível em: http://www.scielo.br/scielo.php?script=sci_arttext&pid=S0080-62342001000400008&l ng=pt&tlng=pt. Acesso em: 11 abr. 2025.

4

Incompatibilidades medicamentosas

Jéssica Beatriz de Oliveira
Michelle Silva Nunes

"Na natureza nada se cria,
nada se perde, tudo se transforma".
Antoine Laurent de Lavoisier, químico

Incompatibilidades medicamentosas são alterações de ordem física, química ou físico-química, decorrente da associação de dois ou mais medicamentos, *in vitro*, ou da reação com compostos do recipiente. Podem resultar em precipitação ou turvação de uma solução, liberação de gás, formação de espuma, mudança de coloração e até degradação do fármaco, inativando seu efeito terapêutico e podendo torná-lo tóxico. Os testes vão desde a simples observação ocular até a aplicação de técnicas analíticas de alto nível tecnológico, como a cromatografia líquida de alta eficiência, conhecida por sua sigla em inglês, HPLC, capaz de identificar reações invisíveis a olho nu.

Os estudos de compatibilidade entre medicamentos intravenosos são realizados sob condições específicas de concentração, temperatura, recipiente de armazenamento e tempo de contato, portanto, esses parâmetros devem ser rigorosamente considerados ao se optar pela mistura de soluções medicamentosas *in vitro*. De modo geral, recomenda-se fortemente que os medicamentos sejam administrados separadamente, não obstante, é comum a necessidade de infundir diversos medicamentos em um mesmo acesso vascular, utilizando-se o equipo duas vias, especialmente em pacientes pediátricos, neonatais e muito idosos, cujas alternativas de acesso venoso e o acesso a cateteres multilúmens sejam escassas. Por vezes, também se faz necessário preparar mais de um medicamento na mesma solução, com o intuito de reduzir o volume de líquidos infundidos em pacientes com restrição hídrica.

Os quadros a seguir orientam em relação às principais condutas e formas de classificação das incompatibilidades medicamentosas e indicam as incompatibilidades entre os medicamentos mais utilizados em UTI e emergências.

INCOMPATIBILIDADES MEDICAMENTOSAS

Classificadas por
» Tipo » Física, química ou físico-química » Principais alterações » Precipitação » Mudança de coloração » Separação de fases » Adsorção
Principais bases de pesquisa
» Diluimed® » Lexcomp® » Micromedex® » Stabilis®
Considerações
» Todas as incompatibilidades medicamentosas são evitáveis » Os serviços de saúde devem utilizar barreiras de segurança para evitar incompatibilidades, seja por meio da tecnologia da informação ou da disponibilidade de manuais e guias com instruções de preparo e administração das misturas intravenosas
Condutas aplicadas
» Evitar a associação de medicamentos na mesma solução » A associação só é justificada em condições que limitem o volume infundido. Para tanto, o farmacêutico deve ser consultado » É mandatório proceder com a lavagem do cateter com soro fisiológico antes e depois de cada administração em *bolus* » Administrar medicamentos incompatíveis em horários diferentes, quando a infusão não for contínua » Considerar interromper a infusão para fazer a administração em *bolus*, quando um dos medicamentos estiver em infusão contínua e na indisponibilidade de outro acesso venoso » Separar os acessos por meio de cateteres multilúmen ou punções em locais diferentes, quando ambos os medicamentos incompatíveis estiverem em infusão contínua ou infusão estendida

Fonte: Adaptado do Guia de Boas Práticas em Farmácia Hospitalar Sbrafh.

INCOMPATIBILIDADES MEDICAMENTOSAS

Substância	É INCOMPATÍVEL com
Ácido tranexâmico	Ampicilina, piperacilina + tazobactam, midazolam, morfina
Adenosina	Amiodarona, dobutamina, furosemida, heparina, metoprolol, propofol
Amicacina	Anfotericina B, dexametasona, heparina, fenitoína, propofol, furosemida, ceftriaxona, cefepima, pantoprazol, salbutamol
Amiodarona	Furosemida, heparina, pantoprazol, prometazina, difenidramina, ceftriaxona
Anidulafungina	Anfotericina B, diazepam, fenitoína
Anfotericina B (desoxicolato)	Amicacina, anidulafungina, cefepima, dexmedetomidina, dopamina, fluconazol, gentamicina, linezolida, meropeném, ondansetrona, propofol
Anfotericina B (lipossomal)	Cefepima, diazepam, dobutamina, dopamina, fenitoína, gentamicina, meropeném, metoclopramida, metronidazol, midazolam, morfina, ondansetrona, vancomicina
Atropina	Anfotericina B, diazepam, fenitoína, haloperidol, hidralazina, propofol, sulfametoxazol + trimetoprima, fenobarbital, pantoprazol, prometazina
Cefepima	Amicacina, anfotericina B, diazepam, dobutamina, dopamina, fenitoína, fenobarbital, haloperidol, metronidazol, metoclopramida, midazolam, morfina, ondansetrona, prometazina, propofol, vancomicina, furosemida, gentamicina
Ceftriaxona	Anfotericina B, clindamicina, diazepam, fenitoína, fenobarbital, fluconazol, haloperidol, ondansetrona, prometazina, sulfametoxazol + trimetoprima, vancomicina
Cisatracúrio	Anfotericina B, propofol
Cetamina	Diazepam, metilprednisolona
Cetorolaco	Anfotericina B, diazepam, dobutamina, fenobarbital, fenitoína, haloperidol, hidralazina, midazolam, morfina, prometazina, rocurônio, sulfametoxazol + trimetoprima, vancomicina
Clindamicina	Anfotericina B, ceftriaxona, diazepam, dobutamina, fenitoína, fenobarbital, fluconazol, haloperidol, hidralazina, metronidazol, midazolam, prometazina, tramadol, salbutamol

(continua)

INCOMPATIBILIDADES MEDICAMENTOSAS *(continuação)*

Substância	É INCOMPATÍVEL com
Dexametasona	Anfotericina B, diazepam, fenitoína, gentamicina, haloperidol, midazolam, prometazina, polimixina B, sulfametoxazol + trimetoprima
Dexmedetomidina	Anfotericina B, diazepam, fenitoína
Diazepam	Amicacina, anfotericina B, atropina, cefepima, clindamicina, dexametasona, dopamina, efedrina, epinefrina, fenitoína, fenobarbital, fluconazol, furosemida, gentamicina, haloperidol, heparina, insulina regular, linezolida, meropeném, metadona, metilprednisolona, metoclopramida, metronidazol, midazolam, milrinona, morfina, nitroglicerina, ondansetrona, prometazina, propofol, vancomicina, vasopressina
Difenidramina	Anfotericina B, ceftriaxona, dexametasona, diazepam, fenobarbital, fenitoína, haloperidol, hidrocortisona, metoclopramida, milrinona, sulfametoxazol + trimetoprima
Dipirona	Não administrar com outros medicamentos. Em razão da escassez de dados sobre compatibilidade, recomenda-se que a dipirona seja administrada isoladamente, utilizando um acesso venoso exclusivo
Dobutamina	Anfotericina B, cefepima, ceftriaxona, clindamicina, diazepam, fenitoína, fenobarbital, furosemida, haloperidol, heparina, hidrocortisona, midazolam, nitroglicerina, sulfametoxazol + trimetoprima, pantoprazol
Dopamina	Anfotericina B, cefepima, ceftriaxona, clindamicina, diazepam, fenitoína, fenobarbital, furosemida, haloperidol, heparina, hidrocortisona, midazolam, nitroglicerina, sulfametoxazol + trimetoprima, pantoprazol
Efedrina	Não administrar com outros medicamentos. Em razão da escassez de dados sobre compatibilidade, recomenda-se que a efedrina seja administrada isoladamente, utilizando um acesso venoso exclusivo
Epinefrina	Metoprolol, prometazina
Etomidato	Não administrar com outros medicamentos. Em razão da escassez de dados sobre compatibilidade, recomenda-se que o etomidato seja administrado isoladamente, utilizando um acesso venoso exclusivo

(continua)

INCOMPATIBILIDADES MEDICAMENTOSAS *(continuação)*

Substância	É INCOMPATÍVEL com
Fenitoína	Amicacina, anfotericina B, anidulafungina, atropina, ceftriaxona, clindamicina, dexametasona, diazepam, dopamina, fenobarbital, fentanil, fluconazol, furosemida, gentamicina, haloperidol, heparina, linezolida, metadona, metilprednisolona, metronidazol, midazolam, milrinona, morfina, nitroglicerina, ondansetrona, propofol, vasopressina, prometazina, sulfametoxazol + trimetoprima, vancomicina, salbutamol
Fenobarbital	Anfotericina B, clindamicina, dobutamina, fenitoína, haloperidol, hidralazina, hidrocortisona, midazolam, morfina, ondansetrona, prometazina, vancomicina, fentanil
Fentanil	Anfotericina B, diazepam, haloperidol, sulfametoxazol + trimetoprima, fenitoína, fenobarbital
Fluconazol	Anfotericina B, ceftriaxona, clindamicina, diazepam, fenitoína, furosemida, haloperidol, sulfametoxazol + trimetoprima
Furosemida	Anfotericina B, diazepam, dobutamina, dopamina, fenitoína, fluconazol, gentamicina, haloperidol, hidralazina, metoclopramida, midazolam, milrinona, ondansetrona, sulfametoxazol + trimetoprima, vancomicina
Gentamicina	Anfotericina B, cefepima, ceftriaxona, clindamicina, dexametasona, diazepam, fenitoína, fenobarbital, furosemida, heparina, hidrocortisona, metronidazol, propofol, sulfametoxazol + trimetoprima
Haloperidol	Amicacina, anfotericina B, ceftriaxona, clindamicina, dexametasona, diazepam, dobutamina, dopamina, fenitoína, fenobarbital, fentanil, fluconazol, furosemida, gentamicina, heparina, hidrocortisona, insulina regular, metilprednisolona, metoclopramida, midazolam, morfina, nitroglicerina, ondansetrona, prometazina, sulfametoxazol + trimetoprima, vancomicina, difenidramina
Heparina	Amicacina, amiodarona, anfotericina B, diazepam, dobutamina, fenitoína, fentanil, gentamicina, haloperidol, metilprednisolona, morfina, prometazina, sulfametoxazol + trimetoprima, tramadol, vancomicina, midazolam

(continua)

INCOMPATIBILIDADES MEDICAMENTOSAS *(continuação)*

Substância	É INCOMPATÍVEL com
Hidralazina	Amicacina, anfotericina B, atropina, ceftriaxona, clindamicina, dexametasona, diazepam, dobutamina, dopamina, efedrina, fenitoína, fenobarbital, fentanil, fluconazol, furosemida, gentamicina, haloperidol, heparina, insulina regular, linezolida, metilprednisolona, metoclopramida, midazolam, morfina, nitroglicerina, ondansetrona, prometazina, sulfametoxazol + trimetoprima, vancomicina, pantoprazol
Hidrocortisona	Anfotericina B, diazepam, dobutamina, fenitoína, fenobarbital, gentamicina, haloperidol, metilprednisolona, midazolam, prometazina, rocurônio, sulfametoxazol + trimetoprima, vancomicina
Insulina regular	Amicacina, anfotericina B, diazepam, dopamina, fenitoína, gentamicina, haloperidol, hidralazina, midazolam, rocurônio, sulfametoxazol + trimetoprima
Lidocaína	Anfotericina B, fenitoína, fenobarbital, haloperidol, hidralazina, milrinona, sulfametoxazol + trimetoprima, ceftriaxona
Linezolida	Anfotericina B, amicacina, ceftriaxona, diazepam, fenitoína, hidrocortisona, metilprednisolona, sulfametoxazol + trimetoprima
Meropeném	Anfotericina B, diazepam, ondansetrona
Metadona	Fenitoína, fenobarbital, heparina
Metilergotamina	Não administrar com outros medicamentos. Em razão da escassez de dados sobre compatibilidade, recomenda-se que a metilergotamina seja administrada isoladamente, utilizando um acesso venoso exclusivo
Metilprednisolona	Anfotericina B, cetamina, diazepam, fenitoína, haloperidol, heparina, hidralazina, hidrocortisona, insulina regular, midazolam, morfina, ondansetrona, propofol, prometazina, sulfametoxazol + trimetoprima, salbutamol
Metoclopramida	Anfotericina B, dexametasona, diazepam, fenitoína, furosemida, haloperidol, hidralazina, propofol, sulfametoxazol + trimetoprima, morfina
Metoprolol	Anfotericina B, diazepam, fenitoína, haloperidol, hidralazina, nitroglicerina, sulfametoxazol + trimetoprima

(continua)

INCOMPATIBILIDADES MEDICAMENTOSAS *(continuação)*

Substância	É INCOMPATÍVEL com
Metronidazol	Amicacina, anfotericina B, diazepam, dopamina, fenitoína, gentamicina, hidrocortisona, meropeném
Midazolam	Anfotericina B, clindamicina, dexametasona, dobutamina, fenitoína, fenobarbital, furosemida, haloperidol, hidralazina, insulina regular, metilprednisolona, omeprazol, piperacilina + tazobactam, propofol, morfina
Milrinona	Anfotericina B, diazepam, fenitoína, furosemida, ondansetrona
Morfina	Fenitoína, furosemida, haloperidol, metoclopramida, midazolam, metilprednisolona
Nitroglicerina	Anfotericina B, diazepam, dobutamina, fenitoína, furosemida, haloperidol, hidralazina, sulfametoxazol + trimetoprima, salbutamol
Nitroprusseto	Amiodarona, anfotericina B, diazepam, difenidramina, dobutamina, fenitoína, haloperidol, hidralazina, nitroglicerina, prometazina, sulfametoxazol + trimetoprima
Norepinefrina	Atropina, furosemida, insulina regular
Omeprazol	Midazolam, vancomicina
Ondansetrona	Anfotericina B, ceftriaxona, dexametasona, diazepam, fenitoína, fenobarbital, furosemida, haloperidol, hidralazina, insulina regular, meropeném, milrinona, sulfametoxazol + trimetoprima
Pantoprazol	Amiodarona, diazepam, difenidramina, dobutamina, efedrina, fenitoína, fentanil, fluconazol, haloperidol, hidralazina, linezolida, metilprednisolona, metronidazol, midazolam, milrinona, morfina, nitroglicerina, ondansetrona, prometazina, vancomicina
Piperacilina + tazobactam	Amiodarona, anfotericina B, dobutamina, fenitoína, gentamicina, haloperidol, hidralazina, insulina regular, midazolam, prometazina, vancomicina, pantoprazol, salbutamol
Polimixina B	Anfotericina B, dexametasona, diazepam, fenitoína, furosemida, hidrocortisona, pantoprazol, sulfametoxazol + trimetoprima

(continua)

INCOMPATIBILIDADES MEDICAMENTOSAS *(continuação)*

Substância	É INCOMPATÍVEL com
Prometazina	Anfotericina B, ceftriaxona, clindamicina, dexametasona, diazepam, fenobarbital, fenitoína, furosemida, metilprednisolona, sulfametoxazol + trimetoprima, haloperidol, hidrocortisona
Propofol	Clindamicina, dexametasona, dobutamina, epinefrina, fenitoína, furosemida, gentamicina, heparina, midazolam, morfina, ondansetrona, pantoprazol
Rocurônio	Anfotericina B, dexametasona, diazepam, fenitoína, furosemida, hidrocortisona, insulina regular, metilprednisolona, pantoprazol, sulfametoxazol + trimetoprima, vancomicina, propofol
Salbutamol	Cetamina, amicacina, anfotericina B, clindamicina, diazepam, fenitoína, insulina regular, metilprednisolona, nitroglicerina, pantoprazol, prometazina, sulfametoxazol + trimetoprima, vancomicina
Sulfametoxazol + trimetoprima	Amicacina, ceftriaxona, clindamicina, dexametasona, diazepam, dobutamina, dopamina, fenitoína, fenobarbital, fentanil, fluconazol, furosemida, gentamicina, haloperidol, hidralazina, hidrocortisona, insulina regular, lidocaína, linezolida, metilprednisolona, metoclopramida, midazolam, morfina, nitroglicerina, ondansetrona, prometazina, rocurônio, vancomicina, pantoprazol, salbutamol
Suxametônio	Anfotericina B, diazepam, fenitoína, fenobarbital, propofol, sulfametoxazol + trimetoprima
Tenoxicam	Não administrar com outros medicamentos. Em razão da escassez de dados sobre compatibilidade, recomenda-se que o tenoxicam seja administrado isoladamente, utilizando um acesso venoso exclusivo
Terbutalina	Não administrar com outros medicamentos. Em razão da escassez de dados sobre compatibilidade, recomenda-se que a terbutalina seja administrada isoladamente, utilizando um acesso venoso exclusivo
Tramadol	Clindamicina, diazepam, heparina, midazolam

(continua)

INCOMPATIBILIDADES MEDICAMENTOSAS *(continuação)*

Substância	É INCOMPATÍVEL com
Vancomicina	Anfotericina B, ceftriaxona, diazepam, fenitoína, furosemida, haloperidol, hidralazina, omeprazol, pantoprazol, propofol, rocurônio, sulfametoxazol + trimetoprima, dexametasona, hidrocortisona
Vasopressina	Anfotericina B, diazepam, fenitoína, fenobarbital, furosemida, haloperidol, hidralazina, insulina regular, sulfametoxazol + trimetoprima

Referências

1. DILUIMED. Sistema de diluição e incompatibilidade de medicamentos. Florianópolis: Diluimed, [2025]. Disponível em: https://www.diluimed.com. Acesso em: 15 abr. 2025.
2. Marsilio NR, Silva DD, Bueno D. Drug incompatibilities in the adult intensive care unit of a university hospital. Revista Brasileira de Terapia Intensiva [Internet]. 2016 [citado 18 de abril de 2025];28(2). Disponível em: http://criticalcarescience.org.br/artigo/detalhes/0103507X-28-2-9
3. Novaes MRCG, Nunes MS, Bezerra VS. Guia de boas práticas em farmácia hospitalar e serviços de saúde. 2ª edição. Barueri: Manole, 2020.

5

Interações medicamentosas

Michelle Silva Nunes
Kamila Maria Maranhão Sidney
Camile Moreira Mascarenhas
Kelly Helena Kühn

"Nunca saberemos tudo sobre interações medicamentosas, mas tudo o que precisamos saber é como monitorar e quando contraindicar as interações conhecidas."
Michelle Silva, farmacêutica clínica intensivista

Uma interação medicamentosa acontece quando o efeito de um medicamento é alterado em função da associação com outros medicamentos, nutrientes e outras substâncias químicas, administradas simultaneamente ou não. As interações podem ser de ordem farmacodinâmica, quando as substâncias interagem por meio do mecanismo de ação promovendo sinergismo ou antagonismo dos efeitos, ou de ordem farmacocinética, quando uma substância interfere na liberação, absorção, metabolismo ou excreção de outra. Existem diversas formas de classificar as interações medicamentosas, tais como índice de risco, confiabilidade, qualidade da documentação e gravidade, sempre com o intuito de sinalizar sua potencialidade e as respectivas condutas clínicas diante da sua ocorrência, no entanto, em sua maioria, são maneiras didáticas de sistematizar a informação, uma vez que as bases de dados alertam sobre muitos modelos teóricos que não se elucidam na prática clínica.

Neste capítulo, serão apresentadas as interações medicamentosas entre medicamentos mais utilizados em UTI e emergência, a partir da base de dados Interdrugs®, um sistema de suporte à decisão clínica que integra informações sobre interações medicamentosas clinicamente significativas à prescrição eletrônica, com direcionamento racional aos parâmetros de monitorização e à conduta indicada. O quadro a seguir esclarece as classificações utilizadas pela plataforma Interdrugs®, em que optou-se por avaliar estudos de cenário real para classificar a probabilidade das interações ocorrerem na prática, contribuindo para a melhor decisão sobre a conduta sugerida pela equipe de especialistas que escrevem a plataforma. Foram analisados estudos clínicos randomizados (ECR), estudos observacionais, relatos de casos, informações contidas na bula do medicamento, estudos experimentais *in vitro* e estudos *in silico*.

CLASSIFICAÇÃO DAS INTERAÇÕES MEDICAMENTOSAS NO INTERDRUGS®

Aplicabilidade			
Sistêmica	**Parenteral**	**Enteral**	**Local**
Quando a interação ocorre em nível farmacodinâmico, independente da via de administração ou forma farmacêutica	Quando a interação ocorre apenas quando um ou ambos os medicamentos é administrado por via parenteral	Quando a interação ocorre em nível de absorção somente pela via enteral	Quando a interação ocorre apenas em nível local, geralmente tópico
Probabilidade			
Alta	**Média**	**Baixa**	
Existe mais de um ECR, estudos observacionais e/ou relatos de casos na população	Existe pelo menos um ECR, estudo observacional, relato de caso e/ou informação bula com referência de estudo clínico	Não há estudos ou relato de ocorrência clínica na população. Há apenas previsão por modelo experimental ou informação na bula sem observância em estudo clínico	

(continua)

CLASSIFICAÇÃO DAS INTERAÇÕES MEDICAMENTOSAS NO INTERDRUGS®
(continuação)

Gravidade		
Maior	**Moderada**	**Menor**
Pode causar fracasso terapêutico, hospitalização, sequela ou óbito. Deve-se evitar ou suspender a combinação	Pode ser necessária intervenção para tratar os efeitos da interação	Não requer qualquer intervenção
Qualidade da documentação		
Excelente	**Boa**	**Regular**
Múltiplos ECR ou ECR + de 2 relatos de casos	1 ECR + 2 ou menos relatos de casos	Relatos de casos ou informação na bula do medicamento

De modo geral, a conduta mediante as interações medicamentosas sucede às orientações a seguir.

Medicamento-medicamento

- Ajustar a dose de um dos medicamentos
  - Quando uma interação aumentar a toxicidade de um dos fármacos e houver estudos farmacocinéticos que fundamentem a redução da dose.
  - Quando uma interação reduzir o efeito de um dos fármacos e houver fundamento farmacocinético para aumentar a dose.
- Substituir um dos medicamentos
  - Quando houver alternativa terapêutica com o mesmo efeito farmacológico e sem interação, com menos interações ou interações com menor índice de gravidade.
- Suspender um ou ambos os medicamentos
  - Quando não houver alternativas terapêutica e o paciente apresentar sinais ou sintomas da interação.
- Monitorar a terapia
  - Conduta mais frequente. Interação medicamentosa potencial sem que haja evidência de sinais ou sintomas relativos aos seus efeitos na avalia-

ção do paciente e não for possível ou necessário implementar nenhuma das condutas anteriores.

Medicamento-alimento

- Dieta por via oral
  - Administrar longe das refeições – 1h antes ou 2h depois.
- Dieta via sonda de nutrição enteral ou ostomias
  - Considerar a substituição do medicamento, quando houver alternativa.
  - Aumentar a dose do medicamento, quando houver estudos farmacocinéticos que fundamente.
  - Fazer intervalo na dieta para administração em jejum (desligar 1h antes e retomar a infusão 2h depois).
    - Essa conduta só é recomendada para única administração diária e quando não for possível nenhuma das condutas anteriores.
    - A decisão é multiprofissional e interfere nos processos de trabalho da nutrição e da enfermagem.

Medicamento-exame laboratorial

- Quando o resultado do exame for incoerente com o quadro clínico, verificar se há interação com algum medicamento prescrito.

Interações medicamentosas entre os medicamentos mais utilizados em UTI e Emergência

Para localizar cada interação em que um medicamento específico está envolvido, pesquise pelo índice remissivo.

Agentes associados à hiperglicemia / Antidiabéticos

Medicamentos do grupo Agentes associados à hiperglicemia: ácido nicotínico, alclometasona, dipropionato de alclometasona, alfaestradiol, amissulprida, aripiprazol, BASILiximabe, beclometasona, dipropionato de beclometasona, BETAmetasona, acetato de BETAmetasona, acibutato de BETAmetasona, benzoato de BETAmetasona, dipropionato de BETAmetasona, fosfato dissódico de BETAmetasona, valerato de BETAmetasona, ciproterona, acetato de ciproterona, cloroprednisona, ClorproMAZINA, cloridrato de Clorpro-

MAZINA, embonato de ClorproMAZINA, clortalidona, cloxestradiol, CloZAPina, cormetasona, acetato de cormetasona, cortisona, acetato de cortisona, danazol, deflazacorte, desogestrel, desoxiepinefrina, desoximetasona, DEXAmetasona, acefurato de DEXAmetasona, acetato de DEXAmetasona, femproprionato de DEXAmetasona, fosfato dissódico de DEXAmetasona, isonicotinato de DEXAmetasona, metanossulfobenzoato sódico de DEXAmetasona, pivalato de DEXAmetasona, sulfato sódico de DEXAmetasona sim, diazóxido, didrogesterona, dienogeste, dietilestilbestrol, difosfato de dietilestilbestrol dissódico, difosfato de dietilestilbestrol tetrassódico, dipropionato de dietilestilbestrol, epiestriol, EPINEFrina, cloridrato de EPINEFrina, estradiol, acetato de estradiol, benzoato de estradiol, cipionato de estradiol, dipropionato de estradiol, enantato de estradiol, estradiol hemi-hidratado, fempropionato de estradiol, hemissuccinato de estradiol, hexaidrobenzoato de estradiol, pivalato de estradiol, sulfato sódico de estradiol, undecilato de estradiol, valerato de estradiol, etinilestradiol, etonogestrel, everolimo, fludrocortisona, acetato de fludrocortisona, flumetasona, pivalato de flumetasona, fluprednisolona, acetato de fluprednisolona, fosamprenavir, fosamprenavir cálcico, fosfato de poliestradiol, difosfato de dietilestilbestrol, furosemida, glucagon, gosserrelina, acetato de gosserrelina, halometasona, haloprogesterona, hidroclorotiazida, hidrocortisona, aceponato de hidrocortisona, acetato de hidrocortisona, buteprato de hidrocortisona, butirato de hidrocortisona, fosfato dissódico de hidrocortisona, hemissuccinato de hidrocortisona, succinato sódico de hidrocortisona, valerato de hidrocortisona, hidroxiprogesterona, acetato de hidroxiprogesterona, caproato de hidroxiprogesterona, enantato de hidroxiprogesterona, indapamida, indinavir, sulfato de indinavir, lanreotida, acetato de lanreotida, leuprorrelina, acetato de leuprorrelina, levomepromazina, cloridrato de levomepromazina, maleato de levomepromazina, levonorgestrel, levossulpirida, lopinavir, medroxiprogesterona, acetato de medroxiprogesterona, megestrol, acetato de megestrol, acetato de meprednisona, metilestradiol, metilprednisolona, aceponato de metilprednisolona, acetato de metilprednisolona, fosfato sódico de metilprednisolona, succinato sódico de metilprednisolona, suleptanato de metilprednisolona, midostaurina, mometasona, furoato de mometasona, nelfinavir, mesilato de nelfinavir, nilestriol, noretisterona, acetato de noretisterona, enantato de noretisterona, octreotida, acetato de octreotida, olanzapina, paliperidona, parametasona, acetato de parametasona, isetionato de pentamidina, periciazina, prednisolona, acetato de prednisolona, caproato de prednisolona, esteaglato de prednisolona, fosfato sódico de prednisolona, hemissuccinato de prednisolona, succinato sódico de prednisolona, valerato de prednisolona, prednisona, acetato de prednisona, progesterona, quetiapina, hemifumarato de quetiapina, risperidona, ritonavir, saquinavir, mesilato de saquinavir, sirolimo, somatropina, succinato de estriol, sulfato de atazanavir, sulpirida, tacrolimo, terbutalina, sulfato de terbutalina, tibolona, tipranavir, triancinolona, triancinolona acetonida, diacetato de triancinolona, triancinolona hexacetonida, triancinolona benetonida, triancinolona furetonida, triptorrelina, acetato de triptorrelina, embonato de triptorrelina, ziprasidona, cloridrato de ziprasidona, mesilato de ziprasidona, estrogênios conjugados, cloridrato de ziprasidona monoidratado, estriol, atazanavir, darunavir, nilotinibe, trióxido de arsênio, tensirolimo, embonato de olanzapina monoidratado, cloridrato de nilotinibe monoidratado, palmitato de paliperidona, tacrolimo monoidratado, diaspartato de pasireotida, pasireotida, dabrafenibe, mesilato de dabrafenibe, furoato de mometasona monoidratado, clatrato de etinilestradiol betaciclodextrina, aripiprazol monoidratado, cloridrato de lurasidona, lurasidona, acetato de DEXAmetasona monoidratado, aripiprazol cavoxila, aripiprazol lauroxila, fosamprenavir sódico, pamoato de pasireotida, prednisolona sesqui-hidratada, tipranavir dissódico, hemissuccinato de metilprednisolona, venetoclax, etanolato de darunavir

Medicamentos do grupo Antidiabéticos: acarbose, BromoCRIPTINA, mesilato de BromoCRIPTINA, ClorproPAMIDA, glibenclamida, gliclazida, glimepirida, glipizida, insulina, insulina argina, insulina asparte, insulina bifásica, insulina dalanatada, insulina defalana, insulina detemir, insulina glargina, insulina zíncica globina, insulina glulisina, insulina humana, insulina isofana, insulina lispro, insulina neutra, insulina zíncica protamina, insulina zíncica, metformina, cloridrato de metformina, embonato de metformina, nateglinida, pioglitazona, cloridrato de pioglitazona, repaglinida, rosiglitazona, maleato de rosiglitazona, fosfato de sitagliptina, insulina asparte protamina, vildagliptina, saxagliptina, saxagliptina monoidratada, liraglutida, linagliptina, dapagliflozina, alogliptina, insulina (125 i), insulina (131 i), benzoato de alogliptina, insulina degludeca, lixisenatida, canagliflozina, canagliflozina hemi-hidratada, empagliflozina, dulaglutida, semaglutida, cloridrato de saxagliptina di-hidratada, ridinilazol hidratado

Resultado da interação: Podem diminuir o efeito terapêutico dos antidiabéticos, resultando em hiperglicemia ou difícil controle glicêmico.

Probabilidade: Baixa

Gravidade: Moderada

Sugestão de conduta: Monitorar a terapia. Caso necessário, aumentar as doses do antidiabético ou associar outros medicamentos com a mesma finalidade.

Parâmetros de monitorização: Glicemia (↑), diurese (↑), sensação de sede (↑), peso corporal (↓), acuidade visual

Referências

1. Amaryl® [Bula de remédio]. São Paulo: Sanofi Medley Farmacêutica Ltda. 2019.
2. Novorapid® [Bula de remédio]. São Paulo: Novo Nordisk Farmacêutica do Brasil Ltda; 2000.

Agentes associados à hipoglicemia / Agentes associados à hipoglicemia

Medicamentos do grupo Agentes associados à hipoglicemia: cloroquina, dicloridrato de cloroquina, difosfato de cloroquina, sulfato de cloroquina, ClorproPAMIDA, glibenclamida, gliclazida, glimepirida, glipizida, hidroxicloroquina, sulfato de hidroxicloroquina, insulina asparte, insulina detemir, insulina glargina, insulina glulisina, insulina humana, insulina isofana, insulina lispro, lanreotida, acetato de lanreotida, nateglinida, octreotida, acetato de octreotida, isetionato de pentamidina, quinina, bissulfato de quinina, cloridrato de quinina, dicloridrato de quinina, formato de quinina, sulfato de quinina, repaglinida, somatostatina, acetato de somatostatina, sulfadiazina, sulfadiazina sódica, sulfametoxazol, tramadol, cloridrato de tramadol, malato de sunitinibe, insulina asparte protamina, diaspartato de pasireotida, pasireotida, insulina degludeca, pamoato de pasireotida, sulfato de quinina di-hidratado, cloridrato de quinina di-hidratado

Resultado da interação: Pode ocorrer potencialização do efeito hipoglicêmico dos agentes associados à hipoglicemia devido a efeitos aditivos dos medicamentos sobre a glicose.

Probabilidade: Média

Gravidade: Moderada

Sugestão de conduta: Monitorar a terapia. Observar o aparecimento de hipoglicemia e, se necessário, considerar reduções na dose de um ou ambos os agentes associados à hipoglicemia.

Parâmetros de monitorização: Glicemia (↓), sinais e sintomas de hipoglicemia, tais como sudorese, confusão mental, tontura, fome, dor de cabeça, tremor, palidez, perda de consciência e alteração visual, redução da coordenação motora e concentração.

Referências

1. Apidra® [Bula de remédio]. São Paulo: Sanofi Medley Farmacêutica Ltda; 2019.

2. Lantus® [Bula de remédio]. São Paulo: Sanofi Medley Farmacêutica Ltda; 2019.
3. Negishi M, Shimomura K, Proks P, Mori M, Shimomura Y. Mechanism of disopyramide-induced hypoglycaemia in a patient with Type 2 diabetes. Diabet Med. 2009;26(1):76-8.
4. Seltzer HS. Drug-induced hypoglycemia. A review of 1418 cases. Endocrinol Metab Clin North Am. 1989;18(1):163-83.

Agentes associados à metemoglobinemia / Anestésicos locais

Medicamentos do grupo Agentes associados à metemoglobinemia: benzocaína, cloridrato de benzocaína, celecoxibe, cloroquina, dicloridrato de cloroquina, difosfato de cloroquina, sulfato de cloroquina, dapsona, fenazopiridina, cloridrato de fenazopiridina, fenitoína, fenitoína sódica, fenobarbital, fenobarbital cálcico, fenobarbital sódico, flutamida, dinitrato de isossorbida, mononitrato de isossorbida, lidocaína, cloridrato de lidocaína, metoclopramida, cloridrato de metoclopramida, nitrofurantoína, nitrofurantoína sódica, nitroglicerina, nitroprusseto de sódio, paracetamol, difosfato de primaquina, oxalato de primaquina, quinina, bissulfato de quinina, cloridrato de quinina, dicloridrato de quinina, formato de quinina, sulfato de quinina, rasburicase, sulfadiazina, sulfadiazina sódica, sulfametoxazol, sulfassalazina, zopiclona, nitroprusseto de sódio di-hidratado, cloridrato de metoclopramida monoidratado, dicloridrato de metoclopramida, dicloridrato de metoclopramida monoidratado, sulfato de quinina di-hidratado, cloridrato de quinina di-hidratado, cloridrato de lidocaína monoidratada cloridrato de lidocaína monoidratado, nitrofurantoína monoidratada

Medicamentos do grupo Anestésicos locais: benzidamina, cloridrato de benzidamina, benzocaína, cloridrato de benzocaína, BUpivacaína, cloridrato de BUpivacaína, cloridrato de LEVOBupivacaína, hidroxitetracaína, LEVOBupivacaína, cloridrato de lidocaína, mepivacaína, cloridrato de mepivacaína, oxibuprocaína, cloridrato de oxibuprocaína, proximetacaína, cloridrato de proximetacaína, ROpivacaína, cloridrato de ROpivacaína, tetracaína, cloridrato de tetracaína, cloridrato de dextrobupivacaína, cloridrato de BUpivacaína monoidratado, cloridrato de lidocaína monoidratada cloridrato de lidocaína monoidratado, cloridrato de ROpivacaína monoidratado

Resultado da interação: Pode potencializar os efeitos adversos e tóxicos dos anestésicos locais, principalmente, aumento da ocorrência de metemoglobinemia devido ao sinergismo desses medicamentos.

Probabilidade: Média

Gravidade: Moderada

Sugestão de conduta: Monitorar a terapia observando sinais de metemoglobinemia. Podem ser necessários ajustes de posologia dos anestésicos locais para a menor dose terapêutica possível.

Parâmetros de monitorização: Monitorar metemoglobina (↑), hemograma completo, cianose, saturação de oxigênio (↓) e sintomas como: dor de cabeça, falta de ar, náusea, aceleração dos batimentos cardíacos, fadiga, letargia, confusão mental e perda da consciência.

Referências

1. Pliaglis® [Bula de remédio]. São Paulo: Galderma Brasil Ltda; 2013.
2. Lardieri AB, Crew PE, McCulley L, Kim IE, Waldron P, Diak I-L. Cases of benzocaine-associated methemoglobinemia identified in the fda adverse event reporting system and the literature. Ann Pharmacother. 2019;53(4):437-8.

Agentes que podem causar bradicardia / Agentes que podem causar bradicardia

Medicamentos do grupo Agentes que podem causar bradicardia: adenosina, fosfato de adenosina, ALfentanila, cloridrato de ALfentanila, AmioDARONA, cloridrato de AmioDARONA, atenolol, beractanto, betaxolol, cloridrato de betaxolol, bisoprolol, hemifumarato de bisoprolol, CarVEDilol, CloNIDina, cloridrato de CloNIDina, dexmedetomidina, cloridrato de dexmedetomidina, dexpropranolol, cloridrato de dexpropranolol, digoxina, diltiazem, cloridrato de diltiazem, donepezila, cloridrato de donepezila, esmolol, cloridrato de esmolol, FentaNILA, citrato de FentaNILA, galantamina, bromidrato de galantamina, labetalol, cloridrato de labetalol, lanreotida, acetato de lanreotida, levobunolol, cloridrato de levobunolol, metildopa, metoprolol, fumarato de metoprolol, succinato de metoprolol, tartarato de metoprolol, nebivolol, octreotida, acetato de octreotida, pindolol, propafenona, cloridrato de propafenona, propranolol, cloridrato de propranolol, remifentanila, cloridrato de remifentanila, rilmenidina, di-hidrogenofosfato de rilmenidina, rivastigmina, sotalol, cloridrato de sotalol, SUFentanila, citrato de SUFentanila, timolol, maleato de timolol, tizanidina, cloridrato de tizanidina, verapamil, cloridrato de verapamil, hemitartarato de rivastigmina, metildopa sesqui-hidratada, cloridrato de ivabradina, ivabradina, cloridrato de ALfentanila monoidratada, cloridrato de nebivolol, cloridrato de fingolimode, fingolimode, alfaporactanto, diaspartato de pasireotida, pasireotida, crizotinibe, pamoato de pasireotida, cloridrato de alectinibe, alectinibe

Resultado da interação: Pode ocorrer potencialização do efeito bradicárdico dos agentes que podem causar bradicardia devido a efeitos aditivos dos medicamentos.

Probabilidade: Alta

Gravidade: Moderada

Sugestão de conduta: Monitorar a terapia

Parâmetros de monitorização: Frequência cardíaca (↓), pressão arterial (↓), síncope, cansaço, fraqueza, tontura e falta de ar.

Referências

1. Somatuline® Autogel® [Bula de remédio]. São Paulo: Beaufour Ipsen Farmacêutica Ltda; 2009.
2. Berkenbosch JW, Tobias JD. Development of bradycardia during sedation with dexmedetomidine in an infant concurrently receiving digoxin. Pediatr Crit Care Med. 2003;4(2):203-5.
3. Kinoshita H, Taniguchi T, Nishiguchi M, Ouchi H, Minami T, Utsumi T, et al. An autopsy case of combined drug intoxication involving verapamil, metoprolol and digoxin. Forensic Sci Int. 2003;133(1-2):107-12.
4. Paulison B, Léos CL. Potential cardiotoxic reaction involving rivastigmine and beta-blockers: a case report and review of the literature. Cardiovasc Toxicol. 2010;10(4):306-10.
5. Strauss WE, Parisi AF. Combined use of calcium-channel and beta-adrenergic blockers for the treatment of chronic stable angina. Rationale, efficacy, and adverse effects. Ann Intern Med. 1988;109(7):570-81.
6. Tavassoli N, Sommet A, Lapeyre-Mestre M, Bagheri H, Montrastruc J-L. Drug interactions with cholinesterase inhibitors: an analysis of the French pharmacovigilance database and a comparison of two national drug formularies (Vidal, British National Formulary). Drug Saf. 2007;30(11):1063-71.

Agentes que podem causar hipotensão / Agentes redutores da pressão arterial

Medicamentos do grupo Agentes que podem causar hipotensão: AmioDARONA, cloridrato de AmioDARONA, anfotericina B, benserazida, cloridrato de benserazida, bortezomibe, BromoCRIPTINA, mesilato de BromoCRIPTINA, BUpivacaína, cloridrato de BUpivacaína, carbidopa, cetimipramina, ClomiPRAMINA, cloridrato de ClomiPRAMINA, cloridrato de LEVOBupivacaína, ClorproMAZINA, cloridrato de ClorproMAZINA, embonato de ClorproMAZINA, CloZAPina, desflurano, dexmedetomidina, cloridrato de dexmedetomidina, enflurano, EstreptoQUINASE, iloprosta, imipramina, cloridrato de imipramina, embonato de imipramina, isoflurano, dinitrato de isossorbida, LEVOBupivacaína, levodopa, morfina, acetato de morfina, bromidrato de morfina, cloridrato de morfina, metilbrometo de morfina, mucato de morfina, óxido de morfina, sulfato de morfina, tartarato de morfina, nicomorfina, cloridrato de nicomorfina, nitroglicerina, normorfina, cloridrato de normorfina, PACLitaxel, pramipexol, dicloridrato de pramipexol, propofol, rasagilina, remifentanila, cloridrato de remifentanila, ROpivacaína, cloridrato de ROpivacaína, rotigotina, selegilina, cloridrato de selegilina, sevoflurano, sotalol, cloridrato de sotalol, SUFentanila, citrato de SUFentanila, talidomida, tansulosina, cloridrato de tansulosina, tioridazina, cloridrato de tioridazina, tizanidina, cloridrato de tizanidina, tocoferila de tretinoína, tolcapona, tranilcipromina, sulfato de tranilcipromina, tretinoína, trimipramina, maleato de trimipramina, sulfato de morfina pentaidratada, di-hidromorfina, mesilato de rasagilina, trióxido de arsênio, riociguate, obinutuzumabe, dicloridrato de pramipexol monoidratado, benzoato de morfina, carbidopa monoidratada, morfina glicoronida, cloridrato de BUpivacaína monoidratado, cloridrato de ROpivacaína monoidratado

Medicamentos do grupo Agentes redutores da pressão arterial: alisquireno, AmioDARONA, cloridrato de AmioDARONA, anfotericina B, anlodipino, besilato de anlodipino, maleato de anlodipino, atenolol, benazepril, cloridrato de benazepril, benazeprilate, benserazida, cloridrato de benserazida, betaxolol, cloridrato de betaxolol, bisoprolol, hemifumarato de bisoprolol, bortezomibe, BromoCRIPTINA, mesilato de BromoCRIPTINA, BUpivacaína, cloridrato de BUpivacaína, candesartana, candesartana cilexetila, captopril, carbidopa, CarVEDilol, cilazapril, ClomiPRAMINA, cloridrato de ClomiPRAMINA, CloNIDina, cloridrato de CloNIDina, cloridrato de LEVOBupivacaína, ClorproMAZINA, cloridrato de ClorproMAZINA, embonato de ClorproMAZINA, clortalidona, CloZAPina, desflurano, dexmedetomidina, cloridrato de dexmedetomidina, dexpropranolol, cloridrato de dexpropranolol, di-hidralazina, sulfato de di-hidralazina, diltiazem, cloridrato de diltiazem, doxazosina, mesilato de doxazosina, enalapril, maleato de enalapril, enalaprilate, esmolol, cloridrato de esmolol, espironolactona, EstreptoQUINASE, felodipino, furosemida, hidralazina, cloridrato de hidralazina, hidroclorotiazida, iloprosta, imipramina, cloridrato de imipramina, embonato de imipramina, indapamida, irbesartana, isoflurano, dinitrato de isossorbida, labetalol, cloridrato de labetalol, lacidipino, lercanidipino, cloridrato de lercanidipino, LEVOBupivacaína, levodopa, levosimendana, lisinopril, losartana, losartana potássica, manidipino, metildopa, metoprolol, fumarato de metoprolol, succinato de metoprolol, tartarato de metoprolol, minoxidil, morfina, acetato de morfina, bromidrato de morfina, cloridrato de morfina, metilbrometo de morfina, mucato de morfina, óxido de morfina, sulfato de morfina, tartarato de morfina, nebivolol, nicomorfina, cloridrato de nicomorfina, nifedipino, nimodipino, nitrendipino, nitroglicerina, nitroprusseto de sódio, normorfina, cloridrato de normorfina, olmesartana, olmesartana medoxomila, PACLitaxel, perindopril, perindopril erbumina, perindoprilate, pindolol, pramipexol, dicloridrato de pramipexol, propofol, propranolol, cloridrato de propranolol, ramipril, ramiprilate, rasagilina, remifentanila, cloridrato de remifentanila, rilmenidina, di-hidrogenofosfato de rilmenidina, ROpivacaína, cloridrato de ROpivacaína, rotigotina, selegilina, cloridrato de selegilina, sevoflurano, sotalol, cloridrato de sotalol, SUFentanila, citrato de SUFentanila, talidomida, tansulosina, cloridrato de tansulosina, telmisartana, timolol, maleato de timolol, tioridazina, cloridrato de tioridazina, tizanidina, cloridrato de tizanidina, tocoferila de tretinoína, tolcapona, trandolapril, trandolaprilate, tranilcipromina, sulfato de tranilcipromina, tretinoína, valsartana, verapamil, cloridrato de verapamil, dicloridrato de manidipino, lisinopril di-hidratado, metildopa sesqui-hidratada, sacarato de hidróxido férrico, sulfato de morfina pentaidratada, di-hidromorfina, hemifumarato de alisquireno, mesilato de rasagilina, trióxido de arsênio, cloridrato de nebivolol, sulfato de minoxidil, levanlodipino, cilazapril monoidratado, nitroprusseto de sódio di-hidratado, besilato de levanlodipino, cansilato de anlodipino, riociguate, obinutuzumabe, dicloridrato de pramipexol monoidratado, benzoato de morfina, carbidopa monoidratada, morfina glicoronida, cloridrato de BUpivacaína monoidratado, sacubitril valsartana sódica hidratada, valsartana sódica, cloridrato de ROpivacaína monoidratado, besilato de levanlodipino hemipentaidratado, foscarbidopa hidratada, foslevodopa

Resultado da interação: Pode ocorrer potencialização dos efeitos hipotensores devido a efeitos aditivos dos medicamentos.

Probabilidade: Baixa

Gravidade: Moderada

Sugestão de conduta: Monitorar a terapia observando o aparecimento de hipotensão.

Parâmetros de monitorização: Pressão arterial (↓), fraqueza, tontura, vertigem, alterações visuais, confusão mental e desmaios.

Referências

1. Norvasc® [Bula de remédio]. São Paulo: Laboratórios Pfizer Ltda; 2019.
2. Abelcet® [Bula de remédio]. São Paulo: Teva Farmacêutica Ltda; 2015.

Agentes que prolongam o intervalo QT (alto risco) / Agentes que prolongam o intervalo QT (risco indeterminado-cuidado)

Medicamentos do grupo Agentes que prolongam o intervalo QT (alto risco): AmioDARONA, cloridrato de AmioDARONA, ClorproMAZINA, cloridrato de ClorproMAZINA, embonato de ClorproMAZINA, metadona, bromidrato de metadona, cloridrato de metadona, quinina, bissulfato de quinina, cloridrato de quinina, dicloridrato de quinina, formato de quinina, sulfato de quinina, sotalol, cloridrato de sotalol, ziprasidona, cloridrato de ziprasidona, mesilato de ziprasidona, cloridrato de ziprasidona monoidratado, trióxido de arsênio, vandetanibe, lenvatinibe, mesilato de lenvatinibe, sulfato de quinina di-hidratado, cloridrato de quinina di-hidratado, formalinum

Medicamentos do grupo Agentes que prolongam o intervalo QT (risco indeterminado – cuidado): alfuzosina, cloridrato de alfuzosina, amissulprida, AmiTRIPtilina, cloridrato de AmiTRIPtilina, embonato de AmiTRIPtilina, arteméter, capecitabina, carbonato de lítio, cloridrato de granisetrona, desflurano, donepezila, cloridrato de donepezila, efavirenz, flufenazina, decanoato de flufenazina, dicloridrato de flufenazina, enantato de flufenazina, fluoruracila, FLUoxetina, cloridrato de FLUoxetina, formoterol, fumarato de formoterol di-hidratado, gosserrelina, acetato de gosserrelina, granisetrona, hidroxizina, dicloridrato de hidroxizina, embonato de hidroxizina, isoflurano, itraconazol, lacidipino, leuprorrelina, acetato de leuprorrelina, levomepromazina, cloridrato de levomepromazina, maleato de levomepromazina, mirtazapina, NORTriptilina, cloridrato de NORTriptilina, ocitocina, citrato de ocitocina, periciazina, difosfato de primaquina, oxalato de primaquina, propofol, ranolazina, dicloridrato de ranolazina, salbutamol, sulfato de salbutamol, salmeterol, xinafoato de salmeterol, sertralina, cloridrato de sertralina, sevoflurano, solifenacina, tacrolimo, tamoxifeno, citrato de tamoxifeno, terbutalina, sulfato de terbutalina, terlipressina, acetato de terlipressina, trazodona, cloridrato de trazodona, triptorrelina, acetato de triptorrelina, embonato de triptorrelina, malato de sunitinibe, succinato de solifenacina, tosilato de sorafenibe, fumarato de formoterol, ditosilato de LAPAtinibe, degarrelix, indacaterol, maleato de indacaterol, cloridrato de pazopanibe, tacrolimo monoidratado, acetato de degarrelix, eribulina, mesilato de eribulina, diaspartato de pasireotida, pasireotida, dabrafenibe, mesilato de dabrafenibe, cloridrato de olodaterol, olodaterol, pamoato de pasireotida

Resultado da interação: Podem elevar o risco de prolongamento do intervalo QT, arritmias e torsades de pointes por potencializar o efeito adverso dos medicamentos que prolongam o intervalo QT. Pacientes com idade avançada, sexo feminino, bradicardia, hipocalemia, hipomagnesemia ou doença cardíaca possuem maior probabilidade de apresentar toxicidade potencialmente fatal.

Probabilidade: Baixa

Gravidade: Maior

Sugestão de conduta: Monitorar a terapia. Suspender ou substituir um dos medicamentos em pacientes com fatores de risco associados.

Parâmetros de monitorização: Monitorar o intervalo QT, arritmias e torsades de pointes por meio de eletrocardiograma. Monitorar concentração sérica de magnésio (↓) e potássio (↓).

Referências

1. Meid AD, Bighelli I, Mächler S, Mikus G, Carrà G, Castelazzi M, et al. Combinations of QTc-prolonging drugs: towards disentangling pharmacokinetic and pharmacodynamic effects in their potentially additive nature. Ther Adv Psychopharmacol. 2017;7(12):251-64.
2. Meid AD, von Medem A, Heider D, Adler JB, Günster C, Seidling HM, et al. Investigating the additive interaction of QT-prolonging drugs in older people using claims data. Drug Saf. 2017;40(2):133-44.
3. Meyer-Massetti C, Cheng CM, Sharpe BA, Meier CR, Guglielmo BJ. The FDA extended warning for intravenous haloperidol and torsades de pointes: how should institutions respond? J Hosp Med. 2010; 5(4):E8-16.
4. Tisdale JE, Jaynes HA, Kingery JR, Mourad NA, Trujillo TN, Overholser BR, et al. Development and validation of a risk score to predict QT interval prolongation in hospitalized patients. Circ Cardiovasc Qual Outcomes. 2013;6(4):479-87.
5. van der Sijs H, Kowlesar R, Klootwijk AP, Nelwan SP, Vulto AG, van Gelder T. Clinically relevant QTc prolongation due to overridden drug-drug interaction alerts: a retrospective cohort study. Br J Clin Pharmacol. 2009;67(3):347-54.
6. Vandael E, Vandenberk B, Vandenberghe J, Spriet I, Willems R, Foulon V. Development of a risk score for QTc-prolongation: the RISQ-PATH study. Int J Clin Pharm. 2017;39(2):424-32.
7. Vandael E, Vandenberk B, Willems R, Reyntens J, Vandenberghe J, Foulon V. Risk management of hospitalized psychiatric patients taking multiple QTc-prolonging drugs. J Clin Psychopharmacol. 2017;37(5):540-5.

Agentes que prolongam o intervalo QT (alto risco) / Agentes que prolongam o intervalo QT (risco indeterminado-evitar)

Medicamentos do grupo Agentes que prolongam o intervalo QT (alto risco): AmioDARONA, cloridrato de AmioDARONA, ClorproMAZINA, cloridrato de ClorproMAZINA, embonato de ClorproMAZINA, metadona, bromidrato de metadona, cloridrato de metadona, quinina, bissulfato de quinina, cloridrato de quinina, dicloridrato de quinina, formato de quinina, sulfato de quinina, sotalol, cloridrato de sotalol, ziprasidona, cloridrato de ziprasidona, mesilato de ziprasidona, cloridrato de ziprasidona monoidratado, trióxido de arsênio, vandetanibe, lenvatinibe, mesilato de lenvatinibe, sulfato de quinina di-hidratado, cloridrato de quinina di-hidratado, formalinum

Medicamentos do grupo Agentes que prolongam o intervalo QT (risco indeterminado – evitar): anagrelida, cloridrato de anagrelida, buprenorfina, cloridrato de buprenorfina, ciprofloxacino, cloridrato de ciprofloxacino, lactato de ciprofloxacino, hidroxicloroquina, sulfato de hidroxicloroquina, loperamida, cloridrato de loperamida, óxido de loperamida, lopinavir, norfloxacino, succinilnorfloxacino, ofloxacino, OXALiplatina, paliperidona, sulpirida, vardenafila, zuclopentixol, acetato de zuclopentixol, decanoato de zuclopentixol, dicloridrato de zuclopentixol, cloridrato de vardenafila, cloridrato de vardenafila tri-hidratado, dicloridrato de vardenafila, cloridrato de ciprofloxacino monoidratado, palmitato de paliperidona, cloridrato de pazopanibe, bitartarato de vinflunina, hemitartarato de eliglustate, vinflunina

Resultado da interação: Podem elevar o risco de prolongamento do intervalo QT, arritmias e torsades de pointes por potencializar o efeito adverso dos medicamentos que prolongam o intervalo QT. Pacientes com idade avançada, sexo feminino, bradicardia, hipocalemia, hipomagnesemia ou doença cardíaca possuem maior probabilidade de apresentar toxicidade potencialmente fatal.

Probabilidade: Baixa

Gravidade: Maior

Sugestão de conduta: Monitorar a terapia. Suspender ou substituir um dos medicamentos, principalmente em pacientes com fatores de risco associados.

Parâmetros de monitorização: Monitorar o intervalo QT, arritmias e torsades de pointes por meio de eletrocardiograma. Monitorar concentração sérica de magnésio (↓) e potássio (↓).

Referências

1. Meid AD, Bighelli I, Mächler S, Mikus G, Carrà G, Castelazzi M, et al. Combinations of QTc-prolonging drugs: towards disentangling pharmacokinetic and pharmacodynamic effects in their potentially additive nature. Ther Adv Psychopharmacol. 2017;7(12):251-64.
2. Meid AD, von Medem A, Heider D, Adler JB, Günster C, Seidling HM, et al. Investigating the additive interaction of QT-prolonging drugs in older people using claims data. Drug Saf. 2017;40(2):133-44.

3. Meyer-Massetti C, Cheng CM, Sharpe BA, Meier CR, Guglielmo BJ. The FDA extended warning for intravenous haloperidol and torsades de pointes: how should institutions respond? J Hosp Med. 2010; 5(4):E8-16.
4. Tisdale JE, Jaynes HA, Kingery JR, Mourad NA, Trujillo TN, Overholser BR, et al. Development and validation of a risk score to predict QT interval prolongation in hospitalized patients. Circ Cardiovasc Qual Outcomes. 2013;6(4):479-87.
5. van der Sijs H, Kowlesar R, Klootwijk AP, Nelwan SP, Vulto AG, van Gelder T. Clinically relevant QTc prolongation due to overridden drug-drug interaction alerts: a retrospective cohort study. Br J Clin Pharmacol. 2009;67(3):347-54.
6. Vandael E, Vandenberk B, Vandenberghe J, Spriet I, Willems R, Foulon V. Development of a risk score for QTc-prolongation: the RISQ-PATH study. Int J Clin Pharm. 2017;39(2):424-32.
7. Vandael E, Vandenberk B, Willems R, Reyntens J, Vandenberghe J, Foulon V. Risk management of hospitalized psychiatric patients taking multiple QTc-prolonging drugs. J Clin Psychopharmacol. 2017;37(5):540-5.

Agentes que prolongam o intervalo QT (alto risco) / Ondansetrona

Medicamentos do grupo Agentes que prolongam o intervalo QT (alto risco): AmioDARONA, cloridrato de AmioDARONA, ClorproMAZINA, cloridrato de ClorproMAZINA, embonato de ClorproMAZINA, metadona, bromidrato de metadona, cloridrato de metadona, quinina, bissulfato de quinina, cloridrato de quinina, dicloridrato de quinina, formato de quinina, sulfato de quinina, sotalol, cloridrato de sotalol, ziprasidona, cloridrato de ziprasidona, mesilato de ziprasidona, cloridrato de ziprasidona monoidratado, trióxido de arsênio, vandetanibe, lenvatinibe, mesilato de lenvatinibe, sulfato de quinina di-hidratado, cloridrato de quinina di-hidratado, formalinum

Resultado da interação: Podem potencializar o prolongamento do intervalo QT provocado pela ondansetrona. Pacientes com idade avançada, sexo feminino, bradicardia, hipocalemia, hipomagnesemia ou doença cardíaca possuem maior probabilidade de apresentar toxicidade potencialmente fatal. Exceção: ajmalina, amiodarona, disopiramida, dofetilida, dronedarona, ibutilida, procainamida, sotalol, vernakalant.

Probabilidade: Baixa

Gravidade: Maior

Sugestão de conduta: Monitorar a terapia. Verificar a possibilidade de substituir o agente que prolonga o intervalo QT (alto risco) por ajmalina, amiodarona, disopiramida, dofetilida, dronedarona, ibutilida, procainamida, sotalol, vernakalant ou suspender um dos medicamentos em pacientes com fatores de risco associados.

Parâmetros de monitorização: Monitorar o intervalo QT, arritmias e torsades de pointes por meio de eletrocardiograma. Monitorar concentração sérica de magnésio (↓) e potássio (↓).

Referências

1. Freedman SB, Uleryk E, Rumantir M, Finkelstein Y. Ondansetron and the risk of cardiac arrhythmias: a systematic review and postmarketing analysis. Ann Emerg Med. 2014;64(1):19-25.
2. Hafermann MJ, Namdar R, Seibold GE, Page RL 2nd. Effect of intravenous ondansetron on QT interval prolongation in patients with cardiovascular disease and additional risk factors for torsades: a prospective, observational study. Drug Healthc Patient Saf. 2011;3:53-8.
3. Meid AD, Bighelli I, Mächler S, Mikus G, Carrà G, Castelazzi M, et al. Combinations of QTc-prolonging drugs: towards disentangling pharmacokinetic and pharmacodynamic effects in their potentially additive nature. Ther Adv Psychopharmacol. 2017;7(12):251-64.
4. Meid AD, von Medem A, Heider D, Adler JB, Günster C, Seidling HM, et al. Investigating the additive interaction of QT-prolonging drugs in older people using claims data. Drug Saf. 2017;40(2):133-44.
5. Meyer-Massetti C, Cheng CM, Sharpe BA, Meier CR, Guglielmo BJ. The FDA extended warning for intravenous haloperidol and torsades de pointes: how should institutions respond? J Hosp Med. 2010; 5(4):E8-16.
6. Moffett PM, Cartwright L, Grossart EA, O'Keefe D, Kang CS. Intravenous ondansetron and the QT interval in adult emergency department patients: an observational study. Acad Emerg Med. 2016;23(1):102-5.
7. Obal D, Yang D, Sessler DI. Perioperative doses of ondansetron or dolasetron do not lengthen the QT interval. Mayo Clin Proc. 2014;89(1):69-80.
8. Tisdale JE, Jaynes HA, Kingery JR, Mourad NA, Trujillo TN, Overholser BR, et al. Development and validation of a risk score to predict QT interval prolongation in hospitalized patients. Circ Cardiovasc Qual Outcomes. 2013;6(4):479-87.
9. Tracz K, Owczuk R. Small doses of droperidol do not present relevant torsadogenic actions: a double-blind, ondansetron-controlled study. Br J Clin Pharmacol. 2015;79(4):669-76.
10. van der Sijs H, Kowlesar R, Klootwijk AP, Nelwan SP, Vulto AG, van Gelder T. Clinically relevant QTc prolongation due to overridden drug-drug interaction alerts: a retrospective cohort study. Br J Clin Pharmacol. 2009;67(3):347-54.
11. Vandael E, Vandenberk B, Vandenberghe J, Spriet I, Willems R, Foulon V. Development of a risk score for QTc-prolongation: the RISQ-PATH study. Int J Clin Pharm. 2017;39(2):424-32.

12. Vandael E, Vandenberk B, Willems R, Reyntens J, Vandenberghe J, Foulon V. Risk management of hospitalized psychiatric patients taking multiple QTc-prolonging drugs. J Clin Psychopharmacol. 2017;37(5):540-5.

Agentes que prolongam o intervalo QT (risco indeterminado-evitar) / HaloPERidol

Medicamentos do grupo Agentes que prolongam o intervalo QT (risco indeterminado – evitar): anagrelida, cloridrato de anagrelida, buprenorfina, cloridrato de buprenorfina, ciprofloxacino, cloridrato de ciprofloxacino, lactato de ciprofloxacino, hidroxicloroquina, sulfato de hidroxicloroquina, loperamida, cloridrato de loperamida, óxido de loperamida, lopinavir, norfloxacino, succinilnorfloxacino, ofloxacino, OXALiplatina, paliperidona, sulpirida, vardenafila, zuclopentixol, acetato de zuclopentixol, decanoato de zuclopentixol, dicloridrato de zuclopentixol, cloridrato de vardenafila, cloridrato de vardenafila tri-hidratado, dicloridrato de vardenafila, cloridrato de ciprofloxacino monoidratado, palmitato de paliperidona, cloridrato de pazopanibe, bitartarato de vinflunina, hemitartarato de eliglustate, vinflunina

Resultado da interação: Pode resultar em potencialização do efeito de prolongamento do intervalo QT do HaloPERidol por meio de mecanismos aditivos.

Probabilidade: Baixa

Gravidade: Moderada

Sugestão de conduta: Monitorar a terapia. O aumento do monitoramento de ECG pode ser considerado em pacientes com alto risco de prolongamento do intervalo QT (idade avançada, sexo feminino, bradicardia, hipocalemia, hipomagnesemia e doença cardíaca).

Parâmetros de monitorização: Magnésio (↓). Potássio (↓). Monitorar o aumento de eventos cardíacos graves, como prolongamento do intervalo QT, batimentos cardíacos irregulares (arritmia ventricular, torsades de pointes) e taquicardia ventricular, por meio de ECG.

Referências

1. Blom MT, Bardai A, van Munster BC, Nieuwland M-I, de Jong H, van Heijen DA, et al. Differential changes in QTc duration during in-hospital haloperidol use. PLoS One. 2011;6(9):e23728.
2. Meid AD, Bighelli I, Mächler S, Mikus G, Carrà G, Castelazzi M, et al. Combinations of QTc-prolonging drugs: towards disentangling pharmacokinetic and pharmacodynamic effects in their potentially additive nature. Ther Adv Psychopharmacol. 2017;7(12):251-64.

3. Meid AD, von Medem A, Heider D, Adler JB, Günster C, Seidling HM, et al. Investigating the additive interaction of QT-prolonging drugs in older people using claims data. Drug Saf. 2017;40(2):133-44.
4. Meyer-Massetti C, Cheng CM, Sharpe BA, Meier CR, Guglielmo BJ. The FDA extended warning for intravenous haloperidol and torsades de pointes: how should institutions respond? J Hosp Med. 2010; 5(4):E8-16.
5. Raschi E, Poluzzi E, Godman B, Koci A, Moretti U, Kalaba M, et al. Torsadogenic risk of antipsychotics: combining adverse event reports with drug utilization data across Europe. PLoS One. 2013;8(11):e81208.
6. Tisdale JE, Jaynes HA, Kingery JR, Mourad NA, Trujillo TN, Overholser BR, et al. Development and validation of a risk score to predict QT interval prolongation in hospitalized patients. Circ Cardiovasc Qual Outcomes. 2013;6(4):479-87.
7. van der Sijs H, Kowlesar R, Klootwijk AP, Nelwan SP, Vulto AG, van Gelder T. Clinically relevant QTc prolongation due to overridden drug-drug interaction alerts: a retrospective cohort study. Br J Clin Pharmacol. 2009;67(3):347-54.
8. Vandael E, Vandenberk B, Vandenberghe J, Spriet I, Willems R, Foulon V. Development of a risk score for QTc-prolongation: the RISQ-PATH study. Int J Clin Pharm. 2017;39(2):424-32.
9. Vandael E, Vandenberk B, Willems R, Reyntens J, Vandenberghe J, Foulon V. Risk management of hospitalized psychiatric patients taking multiple QTc-prolonging drugs. J Clin Psychopharmacol. 2017;37(5):540-5.

Agentes que prolongam o intervalo QT (risco indeterminado-evitar) / Ondansetrona

Medicamentos do grupo Agentes que prolongam o intervalo QT (risco indeterminado – evitar): anagrelida, cloridrato de anagrelida, buprenorfina, cloridrato de buprenorfina, ciprofloxacino, cloridrato de ciprofloxacino, lactato de ciprofloxacino, hidroxicloroquina, sulfato de hidroxicloroquina, loperamida, cloridrato de loperamida, óxido de loperamida, lopinavir, norfloxacino, succinilnorfloxacino, ofloxacino, OXALiplatina, paliperidona, sulpirida, vardenafila, zuclopentixol, acetato de zuclopentixol, decanoato de zuclopentixol, dicloridrato de zuclopentixol, cloridrato de vardenafila, cloridrato de vardenafila tri-hidratado, dicloridrato de vardenafila, cloridrato de ciprofloxacino monoidratado, palmitato de paliperidona, cloridrato de pazopanibe, bitartarato de vinflunina, hemitartarato de eliglustate, vinflunina

Resultado da interação: Pode ocorrer efeito adverso aditivo de prolongamento do intervalo QT. Pacientes com idade avançada, sexo feminino, bradicardia, hipocalemia, hipomagnesemia ou doença cardíaca possuem maior probabilidade de apresentar toxicidade potencialmente fatal.

Probabilidade: Baixa

Gravidade: Moderada

Sugestão de conduta: Monitorar a terapia e considerar suspender ou substituir um dos medicamentos em pacientes com fatores de risco associados.

Parâmetros de monitorização: Intervalo QT, arritmias e torsades de pointes por meio de eletrocardiograma. Magnésio sérico (↓). Potássio sérico (↓).

Referências

1. Freedman SB, Uleryk E, Rumantir M, Finkelstein Y. Ondansetron and the risk of cardiac arrhythmias: a systematic review and postmarketing analysis. Ann Emerg Med. 2014;64(1):19-25.
2. Hafermann MJ, Namdar R, Seibold GE, Page RL 2nd. Effect of intravenous ondansetron on QT interval prolongation in patients with cardiovascular disease and additional risk factors for torsades: a prospective, observational study. Drug Healthc Patient Saf. 2011;3:53-8.
3. Meid AD, Bighelli I, Mächler S, Mikus G, Carrà G, Castelazzi M, et al. Combinations of QTc-prolonging drugs: towards disentangling pharmacokinetic and pharmacodynamic effects in their potentially additive nature. Ther Adv Psychopharmacol. 2017;7(12):251-64.
4. Meyer-Massetti C, Cheng CM, Sharpe BA, Meier CR, Guglielmo BJ. The FDA extended warning for intravenous haloperidol and torsades de pointes: how should institutions respond? J Hosp Med. 2010; 5(4):E8-16.
5. Moffett PM, Cartwright L, Grossart EA, O'Keefe D, Kang CS. Intravenous ondansetron and the QT interval in adult emergency department patients: an observational study. Acad Emerg Med. 2016;23(1):102-5.
6. Obal D, Yang D, Sessler DI. Perioperative doses of ondansetron or dolasetron do not lengthen the QT interval. Mayo Clin Proc. 2014;89(1):69-80.
7. Tisdale JE, Jaynes HA, Kingery JR, Mourad NA, Trujillo TN, Overholser BR, et al. Development and validation of a risk score to predict QT interval prolongation in hospitalized patients. Circ Cardiovasc Qual Outcomes. 2013;6(4):479-87.
8. Tracz K, Owczuk R. Small doses of droperidol do not present relevant torsadogenic actions: a double-blind, ondansetron-controlled study. Br J Clin Pharmacol. 2015;79(4):669-76.
9. van der Sijs H, Kowlesar R, Klootwijk AP, Nelwan SP, Vulto AG, van Gelder T. Clinically relevant QTc prolongation due to overridden drug-drug interaction alerts: a retrospective cohort study. Br J Clin Pharmacol. 2009;67(3):347-54.
10. Vandael E, Vandenberk B, Vandenberghe J, Spriet I, Willems R, Foulon V. Development of a risk score for QTc-prolongation: the RISQ-PATH study. Int J Clin Pharm. 2017;39(2):424-32.

11. Vandael E, Vandenberk B, Willems R, Reyntens J, Vandenberghe J, Foulon V. Risk management of hospitalized psychiatric patients taking multiple QTc-prolonging drugs. J Clin Psychopharmacol. 2017;37(5):540-5.
12. Meid AD, von Medem A, Heider D, Adler J-B, Günster C, Seidling HM, et al. Investigating the additive interaction of QT-prolonging drugs in older people using claims data. Drug Saf. 2017;40(2):133-44.

Agentes que prolongam o intervalo QT (risco moderado) / Agentes que prolongam o intervalo QT (risco indeterminado-cuidado)

Medicamentos do grupo Agentes que prolongam o intervalo QT (risco indeterminado - cuidado): alfuzosina, cloridrato de alfuzosina, amissulprida, AmiTRIPtilina, cloridrato de AmiTRIPtilina, embonato de AmiTRIPtilina, arteméter, capecitabina, carbonato de lítio, cloridrato de granisetrona, desflurano, donepezila, cloridrato de donepezila, efavirenz, flufenazina, decanoato de flufenazina, dicloridrato de flufenazina, enantato de flufenazina, fluoruracila, FLUoxetina, cloridrato de FLUoxetina, formoterol, fumarato de formoterol di-hidratado, gosserrelina, acetato de gosserrelina, granisetrona, hidroxizina, dicloridrato de hidroxizina, embonato de hidroxizina, isoflurano, itraconazol, lacidipino, leuprorrelina, acetato de leuprorrelina, levomepromazina, cloridrato de levomepromazina, maleato de levomepromazina, mirtazapina, NORTriptilina, cloridrato de NORTriptilina, ocitocina, citrato de ocitocina, periciazina, difosfato de primaquina, oxalato de primaquina, propofol, ranolazina, dicloridrato de ranolazina, salbutamol, sulfato de salbutamol, salmeterol, xinafoato de salmeterol, sertralina, cloridrato de sertralina, sevoflurano, solifenacina, tacrolimo, tamoxifeno, citrato de tamoxifeno, terbutalina, sulfato de terbutalina, terlipressina, acetato de terlipressina, trazodona, cloridrato de trazodona, triptorrelina, acetato de triptorrelina, embonato de triptorrelina, malato de sunitinibe, succinato de solifenacina, tosilato de sorafenibe, fumarato de formoterol, ditosilato de LAPAtinibe, degarrelix, indacaterol, maleato de indacaterol, cloridrato de pazopanibe, tacrolimo monoidratado, acetato de degarrelix, eribulina, mesilato de eribulina, diaspartato de pasireotida, pasireotida, dabrafenibe, mesilato de dabrafenibe, cloridrato de olodaterol, olodaterol, pamoato de pasireotida

Medicamentos do grupo Outros agentes que prolongam o intervalo QT (risco moderado): AZITromicina, AZITromicina di-hidratada, cloroquina, dicloridrato de cloroquina, difosfato de cloroquina, sulfato de cloroquina, domperidona, maleato de domperidona, hidroxicloroquina, sulfato de hidroxicloroquina, midostaurina, AZITromicina monoidratada, inotuzumabe ozogamicina

Resultado da interação: "Podem elevar o risco de prolongamento do intervalo QT, arritmias e torsades de pointes por potencializar o efeito adverso dos medicamentos que prolongam o intervalo QT. Pacientes com idade avançada, sexo feminino, bradicardia, hipocalemia, hipomagnesemia ou doença cardíaca possuem maior probabilidade de apresentar toxicidade potencialmente fatal.

Probabilidade: Baixa

Gravidade: Maior

Sugestão de conduta: Monitorar a terapia e considerar suspender ou substituir um dos medicamentos em pacientes com fatores de risco associados.

Parâmetros de monitorização: Monitorar o intervalo QT, arritmias e *torsades de pointes* por meio de eletrocardiograma. Monitorar concentração sérica de magnésio (↓) e potássio (↓).

Referências

1. Digby G, Machaalany J, Malik P, Methot M, Simpson CS, Redfearn D, et al. Multifactorial QT interval prolongation. Cardiol J. 2010;17(2):184-8.
2. Djeddi D, Kongolo G, Lefaix C, Mounard J, Léké A. Effect of domperidone on QT interval in neonates. J Pediatr. 2008;153(5):663-6.
3. Motilium® [Bula de remédio]. São Paulo: Janssen-Cilag Farmacêutica Ltda; 2002.
4. Fais P, Vermiglio E, Laposata C, Lockwood R, Gottardo R, De Leo D. A case of sudden cardiac death following Domperidone self-medication. Forensic Sci Int. 2015;254:e1-e3.
5. Johannes CB, Varas-Lorenzo C, McQuay LJ, Midkiff KD, Fife D. Risk of serious ventricular arrhythmia and sudden cardiac death in a cohort of users of domperidone: a nested case-control study. Pharmacoepidemiol Drug Saf. 2010;19(9):881-8.
6. Meid AD, Bighelli I, Mächler S, Mikus G, Carrà G, Castelazzi M, et al. Combinations of QTc-prolonging drugs: towards disentangling pharmacokinetic and pharmacodynamic effects in their potentially additive nature. Ther Adv Psychopharmacol. 2017;7(12):251-64.
7. Meid AD, von Medem A, Heider D, Adler JB, Günster C, Seidling HM, et al. Investigating the additive interaction of QT-prolonging drugs in older people using claims data. Drug Saf. 2017;40(2):133-44.
8. Rocha CM, Barbosa MM. QT interval prolongation associated with the oral use of domperidone in an infant. Pediatr Cardiol. 2005;26(5):720-3.
9. Tisdale JE, Jaynes HA, Kingery JR, Mourad NA, Trujillo TN, Overholser BR, et al. Development and validation of a risk score to predict QT interval prolongation in hospitalized patients. Circ Cardiovasc Qual Outcomes. 2013;6(4):479-87.

10. van der Sijs H, Kowlesar R, Klootwijk AP, Nelwan SP, Vulto AG, van Gelder T. Clinically relevant QTc prolongation due to overridden drug-drug interaction alerts: a retrospective cohort study. Br J Clin Pharmacol. 2009;67(3):347-54.
11. van Noord C, Dieleman JP, van Herpen G, Verhamme K, Sturkenboom MCJM. Domperidone and ventricular arrhythmia or sudden cardiac death: a population-based case-control study in the Netherlands. Drug Saf. 2010;33(11):1003-14.
12. Vandael E, Vandenberk B, Vandenberghe J, Spriet I, Willems R, Foulon V. Development of a risk score for QTc-prolongation: the RISQ-PATH study. Int J Clin Pharm. 2017;39(2):424-32.
13. Vandael E, Vandenberk B, Willems R, Reyntens J, Vandenberghe J, Foulon V. Risk management of hospitalized psychiatric patients taking multiple QTc-prolonging drugs. J Clin Psychopharmacol. 2017;37(5):540-5.
14. Vieira MC, Miyague NI, Van Steen K, Salvatore S, Vandenplas Y. Effects of domperidone on QTc interval in infants. Acta Paediatr. 2012;101(5):494-6.
15. Xatral® OD [Bula de remédio]. São Paulo: Sanofi-Aventis Farmacêutica Ltda; 2020.

Agentes que prolongam o intervalo QT (risco moderado) / Agentes que prolongam o intervalo QT (risco indeterminado-evitar)

Medicamentos do grupo Agentes que prolongam o intervalo QT (risco indeterminado – evitar): anagrelida, cloridrato de anagrelida, buprenorfina, cloridrato de buprenorfina, ciprofloxacino, cloridrato de ciprofloxacino, lactato de ciprofloxacino, hidroxicloroquina, sulfato de hidroxicloroquina, loperamida, cloridrato de loperamida, óxido de loperamida, lopinavir, norfloxacino, succinilnorfloxacino, ofloxacino, OXALiplatina, paliperidona, sulpirida, vardenafila, zuclopentixol, acetato de zuclopentixol, decanoato de zuclopentixol, dicloridrato de zuclopentixol, cloridrato de vardenafila, cloridrato de vardenafila tri-hidratado, dicloridrato de vardenafila, cloridrato de ciprofloxacino monoidratado, palmitato de paliperidona, cloridrato de pazopanibe, bitartarato de vinflunina, hemitartarato de eliglustate, vinflunina

Medicamentos do grupo Agentes que prolongam o intervalo QT (risco moderado): gadopentetato de dimeglumina, amissulprida, AZITromicina, AZITromicina di-hidratada, Citalopram, bromidrato de Citalopram, cloridrato de Citalopram, claritromicina, clofazimina, cloroquina, dicloridrato de cloroquina, difosfato de cloroquina, sulfato de cloroquina, CloZAPina, domperidona, maleato de domperidona, droperidol, eritromicina, acistrato de eritromicina, estearato de eritromicina, estinoprato de eritromicina, estolato de eritromicina, etilsuccinato de eritromicina, lactobionato de eritromicina, tiocianato de eritromicina, ESCitalopram, oxalato de ESCitalopram, fluconazol, gemifloxacino, levofloxacino, midostaurina, moxifloxacino, cloridrato de moxifloxacino, olanzapina, propafenona, cloridrato de propafenona, quetiapina, hemifumarato de quetiapina, risperidona, saquinavir, mesilato de saquinavir, tioridazina, cloridrato de tioridazina, voriconazol, lactobionato de claritromicina, mesilato de gemifloxacino, DASAtinibe, DASAtinibe monoidratado, nilotinibe, embonato de olanzapina monoidratado, fosaprepitanto dimeglumina, cloridrato de nilotinibe monoidratado, gadobenato de dimeglumina, AZITromicina monoidratada, levofloxacino hemi-hidratado, crizotinibe, cloridrato de moxifloxacino monoidratado, mesilato de osimertinibe, osimertinibe, succinato de ribociclibe, inotuzumabe ozogamicina

Resultado da interação: Podem elevar o risco de prolongamento do intervalo QT, arritmias e *torsades de pointes* por potencializar o efeito adverso dos medicamentos que prolongam o intervalo QT. Pacientes com idade avançada, sexo feminino, bradicardia, hipocalemia, hipomagnesemia ou doença cardíaca possuem maior probabilidade de apresentar toxicidade potencialmente fatal.

Probabilidade: Baixa

Gravidade: Maior

Sugestão de conduta: Monitorar a terapia. Suspender ou substituir um dos medicamentos em pacientes com fatores de risco associados.

Parâmetros de monitorização: Monitorar o intervalo QT, arritmias e *torsades de pointes* por meio de eletrocardiograma. Monitorar concentração sérica de magnésio (↓) e potássio (↓).

Referências

1. Meid AD, Bighelli I, Mächler S, Mikus G, Carrà G, Castelazzi M, et al. Combinations of QTc-prolonging drugs: towards disentangling pharmacokinetic and pharmacodynamic effects in their potentially additive nature. Ther Adv Psychopharmacol. 2017;7(12):251-64.
2. Meyer-Massetti C, Cheng CM, Sharpe BA, Meier CR, Guglielmo BJ. The FDA extended warning for intravenous haloperidol and torsades de pointes: how should institutions respond? J Hosp Med. 2010; 5(4):E8-16.
3. Tisdale JE, Jaynes HA, Kingery JR, Mourad NA, Trujillo TN, Overholser BR, et al. Development and validation of a risk score to predict QT interval prolongation in hospitalized patients. Circ Cardiovasc Qual Outcomes. 2013;6(4):479-87.
4. van der Sijs H, Kowlesar R, Klootwijk AP, Nelwan SP, Vulto AG, van Gelder T. Clinically relevant QTc prolongation due to overridden drug-drug interaction alerts: a retrospective cohort study. Br J Clin Pharmacol. 2009;67(3):347-54.
5. Vandael E, Vandenberk B, Vandenberghe J, Spriet I, Willems R, Foulon V. Development of a risk score for QTc-prolongation: the RISQ-PATH study. Int J Clin Pharm. 2017;39(2):424-32.

6. Vandael E, Vandenberk B, Willems R, Reyntens J, Vandenberghe J, Foulon V. Risk management of hospitalized psychiatric patients taking multiple QTc-prolonging drugs. J Clin Psychopharmacol. 2017;37(5):540-5.

Agentes redutores da glicose no sangue / Inibidores da monoamina oxidase

Medicamentos do grupo Agentes redutores da glicose no sangue: acarbose, ClorproPAMIDA, gliclazida, glimepirida, glipizida, insulina argina, insulina asparte, insulina bifásica, insulina dalanatada, insulina defalana, insulina detemir, insulina glargina, insulina zíncica globina, insulina glulisina, insulina humana, insulina isofana, insulina lispro, insulina neutra, insulina zíncica protamina, insulina zíncica, lanreotida, acetato de lanreotida, pioglitazona, cloridrato de pioglitazona, repaglinida, rosiglitazona, maleato de rosiglitazona, somatostatina, acetato de somatostatina, sulfadiazina, sulfadiazina sódica, sulfadiazina de prata, sulfametoxazol, malato de sunitinibe, fosfato de sitagliptina, insulina asparte protamina, vildagliptina, saxagliptina, saxagliptina monoidratada, liraglutida, linagliptina, dapagliflozina, alogliptina, insulina (125 i), insulina (131 i), benzoato de alogliptina, insulina degludeca, lixisenatida, canagliflozina, canagliflozina hemi-hidratada, empagliflozina, dulaglutida, semaglutida, cloridrato de saxagliptina di-hidratada, ridinilazol hidratado

Medicamentos do grupo Inibidores da monoamina oxidase: linezolida, rasagilina, safinamida, selegilina, cloridrato de selegilina, tranilcipromina, sulfato de tranilcipromina, mesilato de rasagilina, mesilato de safinamida

Resultado da interação: Os inibidores da monoamina oxidase podem potencializar o efeito de agentes hipoglicemiantes por aumentar a secreção de insulina ou por inibição crônica da MAO, que leva à liberação de um neurotransmissor ineficaz e à diminuição da resposta adrenérgica à hipoglicemia induzida por insulina.

Probabilidade: Alta

Gravidade: Moderada

Sugestão de conduta: Monitorar a terapia. Considerar a redução da dose de um dos medicamentos.

Parâmetros de monitorização: Glicemia (↓). Sintomas de hipoglicemia: transpiração; fraqueza; taquicardia; palpitações; tremor; nervosismo; fome; parestesias; irritabilidade; confusão; comportamento atípico; convulsão; perda de consciência; distúrbio visual.

Referências

1. Amaryl® [Bula de remédio]. São Paulo: Sanofi Medley Farmacêutica Ltda. 2019.
2. Bodnar T, Starr K, Halter JB. Linezolid-associated hypoglycemia in a 64-year-old man with type 2 diabetes. Am J Geriatr Pharmacother. 2011;9(1):88-92.
3. Cooper AJ, Ashcroft G. Potentiation of insulin hypoglycaemia by M.A.O.I. antidepressant drugs. Lancet. 1966;1(7434):407-9.
4. Feldman JM, Chapman B. Monoamine oxidase inhibitors: nature of their interaction with rabbit pancreatic islets to alter insluin secretion. Diabetologia. 1975;11(6):487-94.
5. Rowland MJ, Bransome Jr ED, Hendry LB. Hypoglycemia caused by selegiline, an anti-parkinsonian drug: can such side effects be predicted? J Clin Pharmacol. 1994;34(1):80-5.
6. Wickstrom L, Pettersson K. Treatment of diabetics with monoamine-oxidase inhibitors. Lancet. 1964;2(7367):995-7.

Agentes redutores da pressão arterial / Barbitúricos

Medicamentos do grupo Barbitúricos: fenobarbital, fenobarbital cálcico, fenobarbital sódico, primidona, tiopental, tiopental sódico

Medicamentos do grupo Agentes redutores da pressão arterial: alisquireno, AmioDARONA, cloridrato de AmioDARONA, anfotericina B, anlodipino, besilato de anlodipino, maleato de anlodipino, atenolol, benazepril, cloridrato de benazepril, benazeprilate, benserazida, cloridrato de benserazida, betaxolol, cloridrato de betaxolol, bisoprolol, hemifumarato de bisoprolol, bortezomibe, BromoCRIPTINA, mesilato de BromoCRIPTINA, BUpivacaína, cloridrato de BUpivacaína, candesartana, candesartana cilexetila, captopril, carbidopa, CarVEDilol, cilazapril, ClomiPRAMINA, cloridrato de ClomiPRAMINA, CloNIDina, cloridrato de CloNIDina, cloridrato de LEVOBupivacaína, ClorproMAZINA, cloridrato de ClorproMAZINA, embonato de ClorproMAZINA, clortalidona, CloZAPina, desflurano, dexmedetomidina, cloridrato de dexmedetomidina, dexpropranolol, cloridrato de dexpropranolol, di-hidralazina, sulfato de di-hidralazina, diltiazem, cloridrato de diltiazem, doxazosina, mesilato de doxazosina, enalapril, maleato de enalapril, enalaprilate, esmolol, cloridrato de esmolol, espironolactona, EstreptoQUINASE, felodipino, furosemida, hidralazina, cloridrato de hidralazina, hidroclorotiazida, iloprosta, imipramina, cloridrato de imipramina, embonato de imipramina, indapamida, irbesartana, isoflurano, dinitrato de isossorbida, labetalol, cloridrato de labetalol, lacidipino, lercanidipino, cloridrato de lercanidipino, LEVOBupivacaína, levodopa, levosimendana, lisinopril, losartana, losartana potássica, manidipino, metildopa, metoprolol, fumarato de metoprolol, succinato de metoprolol, tartarato de metoprolol, minoxidil, morfina, acetato de morfina, bromidrato de morfina, cloridrato de morfina, metilbrometo de morfina, mucato de morfina, óxido de morfina, sulfato de morfina, tartarato de morfina, nebivolol, nicomorfina, cloridrato de nicomorfina, nifedipino, nimodipino, nitrendipino, nitroglicerina, nitroprusseto de sódio, normorfina, cloridrato de normorfina, olmesartana, olmesartana medoxomila, PACLitaxel, perindopril, perindopril erbumina, perindoprilate, pindolol, pramipexol, dicloridrato de pramipexol, propofol, propranolol, cloridrato de propranolol, ramipril, ramiprilate, rasagilina, remifentanila, cloridrato de remifentanila, rilmenidina, di-hidrogenofosfato de rilmenidina, ROpivacaína, cloridrato de ROpivacaína, rotigotina, selegilina, cloridrato de selegilina, sevoflurano, sotalol, cloridrato de sotalol, SUFentanila, citrato de SUFentanila, talidomida, tansulosina, cloridrato de tansulosina, telmisartana, timolol, maleato de timolol, tioridazina, cloridrato de tioridazina, tizanidina, cloridrato de tizanidina, tocoferila de tretinoína, tolcapona, trandolapril, trandolaprilate, tranilcipromina, sulfato de tranilcipromina, tretinoína, valsartana, verapamil, cloridrato de verapamil, dicloridrato de manidipino, lisinopril di-hidratado, metildopa sesqui-hidratada, sacarato de hidróxido férrico, sulfato de morfina pentaidratada, di-hidromorfina, hemifumarato de alisquireno, mesilato de rasagilina, trióxido de arsênio, cloridrato de nebivolol, sulfato de minoxidil, levanlodipino, cilazapril monoidratado, nitroprusseto de sódio di-hidratado, besilato de levanlodipino, cansilato de anlodipino, riociguate, obinutuzumabe, dicloridrato de pramipexol monoidratado, benzoato de morfina, carbidopa monoidratada, morfina glicoronida, cloridrato de BUpivacaína monoidratado, sacubitril valsartana sódica hidratada, valsartana sódica, cloridrato de ROpivacaína monoidratado, besilato de levanlodipino hemipentaidratado, foscarbidopa hidratada, foslevodopa

Resultado da interação: Pode ocorrer potencialização dos efeitos hipotensores dos agentes que podem causar hipotensão devido a efeitos aditivos dos medicamentos.

Probabilidade: Média

Gravidade: Moderada

Sugestão de conduta: Monitorar a terapia.

Parâmetros de monitorização: Pressão arterial (↓), fraqueza, tontura, vertigem, alterações visuais, confusão mental, desmaios e alterações hemodinâmicas.

Referências

1. Mets B. Management of hypotension associated with angiotensin-axis blockade and general anesthesia administration. J Cardiothorac Vasc Anesth. 2013;27(1):156-67.

2. Roberts I, Sydenham E. Barbiturates for acute traumatic brain injury. Cochrane Database Syst Rev. 2012;12:CD000033.

Agentes redutores da pressão arterial / Nitroprusseto de sódio

Medicamentos do grupo Agentes redutores da pressão arterial: alisquireno, AmioDARONA, cloridrato de AmioDARONA, anfotericina B, anlodipino, besilato de anlodipino, maleato de anlodipino, atenolol, benazepril, cloridrato de benazepril, benazeprilate, benserazida, cloridrato de benserazida, betaxolol, cloridrato de betaxolol, bisoprolol, hemifumarato de bisoprolol, bortezomibe, BromoCRIPTINA, mesilato de BromoCRIPTINA, BUpivacaína, cloridrato de BUpivacaína, candesartana, candesartana cilexetila, captopril, carbidopa, CarVEDilol, cilazapril, ClomiPRAMINA, cloridrato de ClomiPRAMINA, CloNIDina, cloridrato de CloNIDina, cloridrato de LEVOBupivacaína, ClorproMAZINA, cloridrato de ClorproMAZINA, embonato de ClorproMAZINA, clortalidona, CloZAPina, desflurano, dexmedetomidina, cloridrato de dexmedetomidina, dexpropranolol, cloridrato de dexpropranolol, di-hidralazina, sulfato de di-hidralazina, diltiazem, cloridrato de diltiazem, doxazosina, mesilato de doxazosina, enalapril, maleato de enalapril, enalaprilate, esmolol, cloridrato de esmolol, espironolactona, EstreptoQUINASE, felodipino, furosemida, hidralazina, cloridrato de hidralazina, hidroclorotiazida, iloprosta, imipramina, cloridrato de imipramina, embonato de imipramina, indapamida, irbesartana, isoflurano, dinitrato de isossorbida, labetalol, cloridrato de labetalol, lacidipino, lercanidipino, cloridrato de lercanidipino, LEVOBupivacaína, levodopa, levosimendana, lisinopril, losartana, losartana potássica, manidipino, metildopa, metoprolol, fumarato de metoprolol, succinato de metoprolol, tartarato de metoprolol, minoxidil, morfina, acetato de morfina, bromidrato de morfina, cloridrato de morfina, metilbrometo de morfina, mucato de morfina, óxido de morfina, sulfato de morfina, tartarato de morfina, nebivolol, nicomorfina, cloridrato de nicomorfina, nifedipino, nimodipino, nitrendipino, nitroglicerina, nitroprusseto de sódio, normorfina, cloridrato de normorfina, olmesartana, olmesartana medoxomila, PACLitaxel, perindopril, perindopril erbumina, perindoprilate, pindolol, pramipexol, dicloridrato de pramipexol, propofol, propranolol, cloridrato de propranolol, ramipril, ramiprilate, rasagilina, remifentanila, cloridrato de remifentanila, rilmenidina, di-hidrogenofosfato de rilmenidina, ROpivacaína, cloridrato de ROpivacaína, rotigotina, selegilina, cloridrato de selegilina, sevoflurano, sotalol, cloridrato de sotalol, SUFentanila, citrato de SUFentanila, talidomida, tansulosina, cloridrato de tansulosina, telmisartana, timolol, maleato de timolol, tioridazina, cloridrato de tioridazina, tizanidina, cloridrato de tizanidina, tocoferila de tretinoína, tolcapona, trandolapril, trandolaprilate, tranilcipromina, sulfato de tranilcipromina, tretinoína, valsartana, verapamil, cloridrato de verapamil, dicloridrato de manidipino, lisinopril di-hidratado, metildopa sesqui-hidratada, sacarato de hidróxido férrico, sulfato de morfina pentaidratada, di-hidromorfina, hemifumarato de alisquireno, mesilato de rasagilina, trióxido de arsênio, cloridrato de nebivolol, sulfato de minoxidil, levanlodipino, cilazapril monoidratado, nitroprusseto de sódio di-hidratado, besilato de levanlodipino, cansilato de anlodipino, riociguate, obinutuzumabe, dicloridrato de pramipexol monoidratado, benzoato de morfina, carbidopa monoidratada, morfina glicoronida, cloridrato de BUpivacaína monoidratado, sacubitril valsartana sódica hidratada, valsartana sódica, cloridrato de ROpivacaína monoidratado, besilato de levanlodipino hemipentaidratado, foscarbidopa hidratada, foslevodopa

Resultado da interação: Pode ocorrer potencialização dos efeitos hipotensores do nitroprusseto de sódio devido a efeitos vasodilatadores aditivos dos medicamentos.

Probabilidade: Baixa

Gravidade: Moderada

Sugestão de conduta: Monitorar a terapia.

Parâmetros de monitorização: Pressão arterial (↓), fraqueza, tontura, vertigem, alterações visuais, confusão mental e desmaios.

Referências

1. Nitroprus® [Bula de remédio]. São Paulo: Cristália Produtos Químicos Farmacêuticos Ltda; 1998.

Agentes serotoninérgicos (alto risco) / Derivados do ergot

Medicamentos do grupo Agentes serotoninérgicos (alto risco): AmiTRIPtilina, cloridrato de AmiTRIPtilina, embonato de AmiTRIPtilina, carbonato de lítio, Citalopram, bromidrato de Citalopram, cloridrato de Citalopram, ClomiPRAMINA, cloridrato de ClomiPRAMINA, DULoxetina, cloridrato de DULoxetina, ESCitalopram, oxalato de ESCitalopram, FentaNILA, citrato de FentaNILA, FLUoxetina, cloridrato de FLUoxetina, fluvoxamina, maleato de fluvoxamina, imipramina, cloridrato de imipramina, embonato de imipramina, linezolida, mirtazapina, NORTriptilina, cloridrato de NORTriptilina, paroxetina, cloridrato de paroxetina, sertralina, cloridrato de sertralina, sibutramina, cloridrato de sibutramina, tramadol, cloridrato de tramadol, tranilcipromina, sulfato de tranilcipromina, trazodona, cloridrato de trazodona, venlafaxina, cloridrato de venlafaxina, vilazodona, cloridrato de sibutramina monoidratado, succinato de desvenlafaxina monoidratado, cloridrato de paroxetina hemi-hidratado, bromidrato de vortioxetina, vortioxetina, cloridrato de vilazodona, desvenlafaxina, acetato de paroxetina, maleato de paroxetina, hemibenzenometanolato de bromidrato de vortioxetina

Medicamentos do grupo Derivados do Ergot: BromoCRIPTINA, mesilato de BromoCRIPTINA, cabergolina, codergocrina, mesilato de codergocrina, metilergometrina, maleato de metilergometrina, tartarato de metilergometrina, nicergolina

Resultado da interação: Pode ocorrer potencialização dos efeitos serotoninérgicos em virtude de sinergismo entre os medicamentos. Pacientes com altas doses de um dos fármacos ou combinação com maior número de agentes serotoninérgicos, têm maior risco de toxicidade potencialmente fatal.

Probabilidade: Alta

Gravidade: Moderada

Sugestão de conduta: Monitorar a terapia.

Parâmetros de monitorização: Monitorar sinais e sintomas de síndrome serotoninérgica, tais como: ansiedade, agitação, hiperreflexia, clônus, hipertermia, diaforese, tremor, instabilidade autonômica, alterações do estado mental, sudorese, calafrios, vômito e diarreia.

Referências

1. Boyer EW, Shannon M. The serotonin syndrome. N Engl J Med. 2005;352(11):1112-20.
2. Jang SH, Nam J-H, Lee J, Chang MC. Takotsubo cardiomyopathy associated with serotonin syndrome in a patient with stroke: A case report. Medicine (Baltimore). 2019;98(13):e15057.
3. Mathew NT, Tietjen GE, Lucker C. Serotonin syndrome complicating migraine pharmacotherapy. Cephalalgia. 1996;16(5):323-7.
4. Ozkardesler S, Gurpinar T, Akan M, Koca U, Sarikaya H, Olmez T, et al. A possible perianesthetic serotonin syndrome related to intrathecal fentanyl. J Clin Anesth. 2008;20(2):143-5.

Agentes serotoninérgicos (alto risco) / Ondansetrona

Medicamentos do grupo Agentes serotoninérgicos (alto risco): AmiTRIPtilina, cloridrato de AmiTRIPtilina, embonato de AmiTRIPtilina, carbonato de lítio, Citalopram, bromidrato de Citalopram, cloridrato de Citalopram, ClomiPRAMINA, cloridrato de ClomiPRAMINA, DULoxetina, cloridrato de DULoxetina, ESCitalopram, oxalato de ESCitalopram, FentaNILA, citrato de

FentaNILA, FLUoxetina, cloridrato de FLUoxetina, fluvoxamina, maleato de fluvoxamina, imipramina, cloridrato de imipramina, embonato de imipramina, linezolida, mirtazapina, NORTriptilina, cloridrato de NORTriptilina, paroxetina, cloridrato de paroxetina, sertralina, cloridrato de sertralina, sibutramina, cloridrato de sibutramina, tramadol, cloridrato de tramadol, tranilcipromina, sulfato de tranilcipromina, trazodona, cloridrato de trazodona, venlafaxina, cloridrato de venlafaxina, vilazodona, cloridrato de sibutramina monoidratado, succinato de desvenlafaxina monoidratado, cloridrato de paroxetina hemi-hidratado, bromidrato de vortioxetina, vortioxetina, cloridrato de vilazodona, desvenlafaxina, acetato de paroxetina, maleato de paroxetina, hemibenzenometanolato de bromidrato de vortioxetina

Resultado da interação: Pode ocorrer potencialização dos efeitos serotoninérgicos em virtude do sinergismo dos medicamentos no bloqueio dos receptores da serotonina. Pacientes em uso de altas doses de um dos medicamentos e/ou combinação com outros agentes serotoninérgicos possuem maior risco de toxicidade potencialmente fatal.

Probabilidade: Alta

Gravidade: Moderada

Sugestão de conduta: Monitorar a terapia.

Parâmetros de monitorização: Monitorar sinais e sintomas de síndrome serotoninérgica, tais como: ansiedade, agitação, hiperreflexia, clônus, hipertermia, diaforese, tremor, instabilidade autonômica, alterações do estado mental, sudorese, calafrios, vômito e diarreia.

Referências

1. Boyer EW, Shannon M. The serotonin syndrome. N Engl J Med. 2005;352(11):1112-20.
2. Altman CS, Jahangiri MF. Serotonin syndrome in the perioperative period. Anesth Analg. 2010;110(2):526-8.
3. Gener B, Burns JM, Griffin S, Boyer EW. Administration of ondansetron is associated with lethal outcome. Pediatrics. 2010;125(6):e1514-7.
4. Gollapudy S, Kumar V, Dhamee MS. A case of serotonin syndrome precipitated by fentanyl and ondansetron in a patient receiving paroxetine, duloxetine, and bupropion. J Clin Anesth. 2012;24(3):251-2.
5. Turkel SB, Nadala JG, Wincor MZ. Possible serotonin syndrome in association with 5-HT(3) antagonist agents. Psychosomatics. 2001;42(3):258-60.

Agonistas opioides / Anticolinérgicos

Medicamentos do grupo Agonistas opioides: ALfentanila, cloridrato de ALfentanila, buprenorfina, cloridrato de buprenorfina, codeína, acetato de codeína, bromidrato de codeína, canfossulfonato de codeína, citrato de codeína, cloridrato de codeína, fosfato de codeína, metilbrometo de codeína, óxido de codeína, salicilato de codeína, sulfato de codeína, di-hidrocodeína, hemitartarato de di-hidrocodeína, cloridrato de di-hidrocodeína, fosfato de di-hidrocodeína, tiocianato de di-hidrocodeína, FentaNILA, citrato de FentaNILA, metadona, bromidrato de metadona, cloridrato de metadona, oxicodona, cloridrato de oxicodona, pectinato de oxicodona, tereftalato de oxicodona, tramadol, cloridrato de tramadol, cloridrato de ALfentanila monoidratada, tapentadol, cloridrato de tapentadol, fosfato de codeína hemi-hidratado, fosfato de codeína sesqui-hidratado, codeína monoidratada

Medicamentos do grupo Anticolinérgicos: AmiTRIPtilina, cloridrato de AmiTRIPtilina, embonato de AmiTRIPtilina, atropina, metilbrometo de atropina, metonitrato de atropina, óxido de atropina, sulfato de atropina, bilastina, biperideno, cloridrato de biperideno, lactato de biperideno, brometo de ipratrópio, brometo de tiotrópio, buclizina, dicloridrato de buclizina, cetirizina, dicloridrato de cetirizina, cetotifeno, fumarato de cetotifeno, ciclobenzaprina, cloridrato de ciclobenzaprina, ciclopentolato, cloridrato de ciclopentolato, ClomiPRAMINA, cloridrato de ClomiPRAMINA, clorfeniramina, cloridrato de clorfeniramina, maleato de clorfeniramina, ClorproMAZINA, cloridrato de ClorproMAZINA, embonato de ClorproMAZINA, CloZAPina, darifenacina, desloratadina, dexclorfeniramina, maleato de dexclorfeniramina, difenidramina, cloridrato de difenidramina, metilsulfato de difenidramina, dimenidrinato, droperidol, ebastina, escopolamina, bromidrato de escopolamina, bromidrato de escopolamina tri-hidratado, butilbrometo de escopolamina, metilbrometo de escopolamina, fexofenadina, cloridrato de fexofenadina, flufenazina, decanoato de flufenazina, dicloridrato de flufenazina, enantato de flufenazina, HaloPERidol, cloridrato de HaloPERidol, decanoato de HaloPERidol, hidroxizina, dicloridrato de hidroxizina, embonato de hidroxizina, homatropina, bromidrato de homatropina, metilbrometo de homatropina, metonitrato de homatropina, imipramina, cloridrato de imipramina, embonato de imipramina, levocetirizina, dicloridrato de levocetirizina, levomepromazina, cloridrato de levomepromazina, maleato de levomepromazina, loratadina, meclozina, cloridrato de meclozina, NORTriptilina, cloridrato de NORTriptilina, olanzapina, olopatadina, cloridrato de olopatadina, oxibutinina, cloridrato de oxibutinina, periciazina, prometazina, cloridrato de prometazina, teoclato de prometazina, quetiapina, hemifumarato de quetiapina, risperidona, rupatadina, fumarato de rupatadina, solifenacina, tioridazina, cloridrato de tioridazina, tolterodina, tartarato de tolterodina, tranilcipromina, sulfato de tranilcipromina, triexifenidil, cloridrato de triexifenidil, trifluomeprazina, trifluoperazina, dicloridrato de trifluoperazina, zuclopentixol, acetato de zuclopentixol, decanoato de zuclopentixol, dicloridrato de zuclopentixol, succinato de solifenacina, bromidrato de darifenacina, embonato de olanzapina monoidratado, atropa belladonna l., atropa belladonna, brometo de umeclidínio, dicloridrato de meclozina monoidratada dicloridrato de meclozina monoidratado, citrato de difenidramina, brometo de ipratrópio monoidratado, sulfato de atropina monoidratado, brometo de tiotrópio monoidratado

Resultado da interação: Pode potencializar o efeito tóxico/adverso dos agonistas opioides, especialmente o risco de constipação e retenção urinária. O mecanismo provável dessa interação são os efeitos aditivos ou sinérgicos no trato gastrointestinal e urinário.

Probabilidade: Média

Gravidade: Moderada

Sugestão de conduta: Monitorar a terapia.

Parâmetros de monitorização: Presença de constipação e retenção urinária; balanço hídrico (↑); depressão respiratória. Sinais e sintomas neurológicos como tontura, estado sedado, sonolência, dor de cabeça.

Referências

1. Clark K, Lam LT, Agar M, Chye R, Currow DC. The impact of opioids, anticholinergic medications and disease progression on the prescription of laxatives in hospitalized palliative care patients: a retrospective analysis. Palliat Med. 2010;24(4):410-8.
2. Verhamme KMC, Sturkenboom MCJM, Stricker BHC, Bosch R. Drug-induced urinary retention: incidence, management and prevention. Drug Saf. 2008;31(5):373-88.

Agonistas opioides / Depressores do sistema nervoso central

Medicamentos do grupo Agonistas opioides: ALfentanila, cloridrato de ALfentanila, buprenorfina, cloridrato de buprenorfina, codeína, acetato de codeína, bromidrato de codeína, canfossulfonato de codeína, citrato de codeína, cloridrato de codeína, fosfato de codeína, metilbrometo de codeína, óxido de codeína, salicilato de codeína, sulfato de codeína, di-hidrocodeína, hemitartarato de di-hidrocodeína, cloridrato de di-hidrocodeína, fosfato de di-hidrocodeína, tiocianato de di-hidrocodeína, FentaNILA, citrato de FentaNILA, metadona, bromidrato de metadona, cloridrato de metadona, oxicodona, cloridrato de oxicodona, pectinato de oxicodona, tereftalato de oxicodona, tramadol, cloridrato de tramadol, cloridrato de ALfentanila monoidratada, tapentadol, cloridrato de tapentadol, fosfato de codeína hemi-hidratado, fosfato de codeína sesqui-hidratado, codeína monoidratada

Medicamentos do grupo Depressores do sistema nervoso central: divalproato de sódio, valproato de sódio, ALfentanila, cloridrato de ALfentanila, alprazolam, amissulprida, AmiTRIPtilina, cloridrato de AmiTRIPtilina, embonato de AmiTRIPtilina, aripiprazol, baclofeno, bilastina, brimonidina, dextrotartarato de brimonidina, bromazepam, buclizina, dicloridrato de buclizina, buprenorfina, cloridrato de buprenorfina, cetamina, cloridrato de cetamina, cetirizina, dicloridrato de cetirizina, ciclobenzaprina, cloridrato de ciclobenzaprina, cinarizina, clofibrato de cinarizina, clobazam, ClomiPRAMINA, cloridrato de ClomiPRAMINA, clonazepam, CloNIDina, cloridrato de CloNIDina, ClorproMAZINA, cloridrato de ClorproMAZINA, embonato de ClorproMAZINA, CloZAPina, codeína, acetato de codeína, bromidrato de codeína, canfossulfonato de codeína, citrato de codeína, cloridrato de codeína, fosfato de codeína, metilbrometo de codeína, óxido de codeína, salicilato de codeína, sulfato de codeína, desflurano, desloratadina, dexclorfeniramina, maleato de dexclorfeniramina, difenidramina, cloridrato de difenidramina, metilsulfato de difenidramina, di-hidrocodeína, hemitartarato de di-hidrocodeína, cloridrato de di-hidrocodeína, fosfato de di-hidrocodeína, tiocianato de di-hidrocodeína, dimenidrinato, entacapona, escopolamina, bromidrato de escopolamina, bromidrato de escopolamina tri-hidratado, butilbrometo de escopolamina, metilbrometo de escopolamina, estazolam, etossuximida, fexofenadina, cloridrato de fexofenadina, HaloPERidol, cloridrato de HaloPERidol, decanoato de HaloPERidol, hidroxizina, dicloridrato de hidroxizina, embonato de hidroxizina, imipramina, cloridrato de imipramina, embonato de imipramina, lamotrigina, levocetirizina, dicloridrato de levocetirizina, levossulpirida, loratadina, lorazepam, pivalato de lorazepam, meclozina, cloridrato de meclozina, midazolam, cloridrato de midazolam, maleato de midazolam, mirtazapina, morfina, acetato de morfina, bromidrato de morfina, cloridrato de morfina, metilbrometo de morfina, mucato de morfina, óxido de morfina, sulfato de morfina, tartarato de morfina, nalbufina, cloridrato de nalbufina, nicomorfina, cloridrato de nicomorfina, nitrazepam, normorfina, cloridrato de normorfina, NORTriptilina, cloridrato de NORTriptilina, olanzapina, oxicodona, cloridrato de oxicodona, pectinato de oxicodona, tereftalato de oxicodona, paliperidona, periciazina, pregabalina, primidona, prometazina, cloridrato de prometazina, teoclato de prometazina, propofol, rilmenidina, di-hidrogenofosfato de rilmenidina, risperidona, rupatadina, fumarato de rupatadina, sevoflurano, SUFentanila, citrato de SUFentanila, sulpirida, talidomida, tioridazina, cloridrato de tioridazina, tolcapona, topiramato, tramadol, cloridrato de tramadol, trazodona, cloridrato de trazodona, trifluoperazina, dicloridrato de trifluoperazina, trimipramina, vigabatrina, ziprasidona, cloridrato de ziprasidona, mesilato de ziprasidona, zolpidem, hemitartarato de zolpidem, zopiclona, zuclopentixol, acetato de zuclopentixol, decanoato de zuclopentixol, dicloridrato de zuclopentixol, cloridrato de ziprasidona monoidratado, sulfato de morfina pentaidratada, di-hidromorfina, cloridrato de ALfentanila monoidratada, embonato de olanzapina monoidratado, palmitato de paliperidona, tapentadol, cloridrato de tapentadol, eszopiclona, perampanel, fosfato de codeína hemi-hidratado, aripiprazol monoidratado, dicloridrato de meclozina monoidratada dicloridrato de meclozina monoidratado, fosfato de codeína sesqui-hidratado, cloridrato de lurasidona, lurasidona, citrato de difenidramina, aripiprazol cavoxila, aripiprazol lauroxila, codeína monoidratada, besilato de remimazolam

Resultado da interação: Pode potencializar o efeito depressor do sistema nervoso central dos agonistas opioides, provavelmente por efeito aditivo da depressão do SNC.

Probabilidade: Alta

Gravidade: Maior

Sugestão de conduta: Monitorar a terapia. Avaliar necessidade de substituição de um dos medicamentos.

Parâmetros de monitorização: Sinais e sintomas de sedação e depressão respiratória como rebaixamento de sensório, frequência respiratória (↓), saturação de oxigênio (↓).

Referências

1. Dasgupta N, Funk MJ, Proescholdbell S, Hirsch A, Ribisl KM, Marshall S. Cohort study of the impact of high-dose opioid analgesics on overdose mortality. Pain Med. 2016;17(1):85-98.
2. Gomes T, Greaves S, van den Brink W, Antoniou T, Mamdani MM, Paterson JM, et al. Pregabalin and the risk for opioid-related death: a nested case-control study. Ann Intern Med. 2018;169(10):732-4.
3. Gomes T, Juurlink DN, Antoniou T, Mamdani MM, Paterson JM, van den Brink W. Gabapentin, opioids, and the risk of opioid-related death: A population-based nested case-control study. PLoS Med. 2017;14(10):e1002396.
4. Li Y, Delcher C, Wei Y-JJ, Reisfield GM, Brown JD, Tighe P, et al. Risk of opioid overdose associated with concomitant use of opioids and skeletal muscle relaxants: a population-based cohort study. Clin Pharmacol Ther. 2020;108(1):81-9.

5. Park TW, Saitz R, Ganoczy D, Ilgen MA, Bohnert ASB. Benzodiazepine prescribing patterns and deaths from drug overdose among US veterans receiving opioid analgesics: case-cohort study. BMJ. 2015;350:h2698.
6. Abrahamsson T, Berge J, Öjehagen A, Håkansson A. Benzodiazepine, z-drug and pregabalin prescriptions and mortality among patients in opioid maintenance treatment-A nation-wide register-based open cohort study. Drug Alcohol Depend. 2017;174:58-64.
7. Jones CM, Mack KA, Paulozzi LJ. Pharmaceutical overdose deaths, United States, 2010. JAMA. 2013;309(7):657.
8. Jones CM, Paulozzi LJ, Mack KA, Centers for Disease Control and Prevention (CDC). Alcohol involvement in opioid pain reliever and benzodiazepine drug abuse-related emergency department visits and drug-related deaths - United States, 2010. MMWR Morb Mortal Wkly Rep. 2014;63(40):881-5.
9. Silbert BS, Rosow CE, Keegan CR, Latta WB, Murphy AL, Moss J, et al. The effect of diazepam on induction of anesthesia with alfentanil. Anesth Analg. 1986;65(1):71-7.
10. Yang BR, Oh I-S, Li J, Jeon H-L, Shin J-Y. Association between opioid analgesic plus benzodiazepine use and death: A case-crossover study. J Psychosom Res. 2020;135:110153.

Agonistas opioides / Diuréticos

Medicamentos do grupo Agonistas opioides: ALfentanila, cloridrato de ALfentanila, buprenorfina, cloridrato de buprenorfina, codeína, acetato de codeína, bromidrato de codeína, canfossulfonato de codeína, citrato de codeína, cloridrato de codeína, fosfato de codeína, metilbrometo de codeína, óxido de codeína, salicilato de codeína, sulfato de codeína, di-hidrocodeína, hemitartarato de di-hidrocodeína, cloridrato de di-hidrocodeína, fosfato de di-hidrocodeína, tiocianato de di-hidrocodeína, FentaNILA, citrato de FentaNILA, metadona, bromidrato de metadona, cloridrato de metadona, oxicodona, cloridrato de oxicodona, pectinato de oxicodona, tereftalato de oxicodona, tramadol, cloridrato de tramadol, cloridrato de ALfentanila monoidratada, tapentadol, cloridrato de tapentadol, fosfato de codeína hemi-hidratado, fosfato de codeína sesqui-hidratado, codeína monoidratada

Medicamentos do grupo Diuréticos: acetazolamida, acetazolamida sódica, clortalidona, furosemida, hidroclorotiazida, indapamida, racemanitol, hexanitrato de manitol, manitol

Resultado da interação: Pode potencializar os efeitos tóxicos/adversos e reduzir o efeito terapêutico dos diuréticos, provavelmente por aumento da liberação do hormônio antidiurético, hiponatremia e espasmo do esfíncter da bexiga (especialmente em homens com hipertrofia prostática) ocasionado pelos agonistas opioides levando à redução do efeito terapêutico dos diuréticos. O mecanismo de ação da potencialização dos efeitos tóxicos/adversos ainda não foi elucidado.

Probabilidade: Média

Gravidade: Moderada

Sugestão de conduta: Monitorar a terapia.

Parâmetros de monitorização: Retenção urinária; balanço hídrico (↑), pressão arterial (↑), sódio (↓) (↑), e potássio (↓) (↑).

Referências

1. Dimorf® [Bula de remédio]. São Paulo: Cristália Produtos Químicos Farmacêuticos Ltda; 1989.
2. Ellison DH, Berl T. Clinical practice. The syndrome of inappropriate antidiuresis. N Engl J Med. 2007;356(20):2064-72.
3. Kokko H, Hall PD, Afrin LB. Fentanyl-associated syndrome of inappropriate antidiuretic hormone secretion. Pharmacotherapy. 2002;22(9):1188-92.

Alfa-2 agonistas / Betabloqueadores

Medicamentos do grupo Alfa-2 agonistas: brimonidina, dextrotartarato de brimonidina, CloNIDina, cloridrato de CloNIDina, dexmedetomidina, cloridrato de dexmedetomidina, metildopa, rilmenidina, di-hidrogenofosfato de rilmenidina, tizanidina, cloridrato de tizanidina, metildopa sesqui-hidratada

Medicamentos do grupo Betabloqueadores: atenolol, betaxolol, cloridrato de betaxolol, bisoprolol, hemifumarato de bisoprolol, CarVEDilol, dexpropranolol, cloridrato de dexpropranolol, esmolol, cloridrato de esmolol, labetalol, cloridrato de labetalol, levobunolol, cloridrato de levobunolol, metoprolol, fumarato de metoprolol, succinato de metoprolol, tartarato de metoprolol, nebivolol, pindolol, propranolol, cloridrato de propranolol, sotalol, cloridrato de sotalol, timolol, maleato de timolol, cloridrato de nebivolol

Resultado da interação: Pode ocorrer potencialização do bloqueio atrioventricular e disfunções do nó sinusal dos betabloqueadores por um mecanismo desconhecido. Pode ocorrer potencialização do efeito anti-hipertensivo de rebote dos alfa-2 agonistas, especialmente quando estes são retirados de maneira abrupta, uma vez que a retirada dos alfa-2 agonistas é seguida por um aumento na concentração de catecolaminas circulantes. Na presença de bloqueio do receptor beta-2, as propriedades vasoconstritoras das catecolaminas não têm oposição, resultando em resposta hipertensiva exagerada. O risco desta interação é maior em pacientes utilizando betabloqueadores não seletivos e pacientes com insuficiência cardíaca. Embora em menor gravidade e frequência, esta interação pode ocorrer também com a apresentação oftálmica dos bloqueadores.

Probabilidade: Média

Gravidade: Moderada

Sugestão de conduta: Monitorar a terapia. Se esses medicamentos forem associados, o betabloqueador deve ser descontinuado vários dias antes da retirada dos alfa-2 agonistas. Se for necessário substituir o tratamento dos alfa-2 agonistas pelos betabloqueadores, a introdução do betabloqueador deve ser feita vários dias após a interrupção da administração dos alfa-2 agonistas. Considerar a modificação da terapia em pacientes com insuficiência cardíaca.

Parâmetros de monitorização: Pressão arterial (↑), dor de cabeça, falta de ar, alterações visuais, tontura, disfunções do nó sinusal e bloqueio atrioventricular por meio de eletrocardiograma (ECG).

Referências

1. Ablok® [Bula de remédio]. São Paulo: Biolab Sanus Farmacêutica Ltda; 2000.
2. Atensina® [Bula de remédio]. São Paulo: Boehringer Ingelheim do Brasil Química e Farmacêutica Ltda; 1979.
3. Bailey RR, Neale TJ. Rapid clonidine withdrawal with blood pressure overshoot exaggerated by beta-blockade. Br Med J. 1976;1(6015):942-3.
4. Strauss FG, Franklin SS, Lewin AJ, Maxwell MH. Withdrawal of antihypertensive therapy. Hypertensive crisis in renovascular hypertension. JAMA. 1977;238(16):1734-6.

Aminoglicosídeos / Bloqueadores neuromusculares

Medicamentos do grupo Aminoglicosídeos: amicacina, sulfato de amicacina, di-hidroestreptomicina, sulfato de di-hidroestreptomicina, EstreptoMICINA, cloridrato de EstreptoMICINA, sulfato de EstreptoMICINA, GENTAmicina, sulfato de GENTAmicina, neomicina, palmitato de neomicina, sulfato de neomicina, undecilenato de neomicina, tobramicina, sulfato de tobramicina

Medicamentos do grupo Bloqueadores neuromusculares: atracúrio, besilato de atracúrio, besilato de cisatracúrio, brometo de pancurônio, brometo de vecurônio, rocurônio, brometo de rocurônio, suxametônio, brometo de suxametônio, cloreto de suxametônio, iodeto de suxametônio

Resultado da interação: Pode potencializar o efeito de bloqueio neuromuscular dos bloqueadores neuromusculares, uma vez que ocorre efeito aditivo e/ou sinérgico no tônus muscular. O bloqueio neuromuscular induzido por aminoglicosídeos pode estar relacionado à dose.

Probabilidade: Alta

Gravidade: Moderada

Sugestão de conduta: Monitorar a terapia observando efeitos aumentados dos bloqueadores neuromusculares, especialmente, depressão respiratória, se um aminoglicosídeo for iniciado ou tiver sua dose aumentada. Observar efeitos reduzidos se um aminoglicosídeo for descontinuado ou tiver sua dose reduzida. O bloqueio neuromuscular pode ser revertido com sais de cálcio (cloreto ou gluconato).

Parâmetros de monitorização: Monitorar frequência cardíaca (↓), pressão arterial (↓), frequência respiratória (↓) e grau de paralisia muscular como: presença de movimento espontâneo, assincronia com o ventilador e tremores.

Referências

1. Dotan ZA, Hana R, Simon D, Geva D, Pfeffermann RA, Ezri T. The effect of vecuronium is enhanced by a large rather than a modest dose of gentamicin as compared with no preoperative gentamicin. Anesth Analg. 2003;96(3):750-4.
2. Dupuis JY, Martin R, Tétrault JP. Atracurium and vecuronium interaction with gentamicin and tobramycin. Can J Anaesth. 1989;36(4):407-11.
3. Novamin® [Bula de remédio]. São Paulo: Bristol-Myers Squibb Farmacêutica Ltda; 1995.
4. Gilliard V, Delvaux B, Russell K, Dubois PE. Long-lasting potentiation of a single-dose of rocuronium by amikacin: case report. Acta Anaesthesiol Belg. 2006;57(2):157-9.
5. Jedeikin R, Dolgunski E, Kaplan R, Hoffman S. Prolongation of neuromuscular blocking effect of vecuronium by antibiotics. Anaesthesia. 1987;42(8):858-60.
6. Kronenfeld MA, Thomas SJ, Turndorf H. Recurrence of neuromuscular blockade after reversal of vecuronium in a patient receiving polymyxin/amikacin sternal irrigation. Anesthesiology. 1986;65(1):93-4.
7. Vanacker BF, Van de Walle J. The neuromuscular blocking action of vecuronium in normal patients and in patients with no renal function and interaction vecuronium-tobramycin in renal transplant patients. Acta Anaesthesiol Belg. 1986;37(2):95-9.

Aminoglicosídeos / Cefalosporinas

Medicamentos do grupo Aminoglicosídeos: amicacina, sulfato de amicacina, di-hidroestreptomicina, sulfato de di-hidroestreptomicina, EstreptoMICINA, cloridrato de EstreptoMICINA, sulfato de EstreptoMICINA, GENTAmicina, sulfato de GENTAmicina, neomicina, palmitato de neomicina, sulfato de neomicina, undecilenato de neomicina, tobramicina, sulfato de tobramicina

Medicamentos do grupo Cefalosporinas: cefaclor, cefadroxila, cefalexina, cefalexina monoidratada, cefalexina sódica, cloridrato de cefalexina, lisinato de cefalexina, CefaLOTina, CefaLOTina sódica, CeFAZolina, CeFAZolina sódica, cefepima, cloridrato de cefepima, CefOTAXima, CefOTAXima sódica, CefOXitina, CefOXitina sódica, CefTAZidima, CefTAZidima sódica, CefTRIAXona, CefTRIAXona sódica, CefTRIAXona dissódica hemieptaidratada, cefuroxima, cefuroxima sódica, cefaclor monoidratado, CefTAZidima pentaidratada, ceftarolina fosamila, acetato de ceftarolina fosamila, acetato de ceftarolina monoidratado acetato de ceftarolina fosamila monoidratado, cefadroxila monoidratada, dicloridrato de CefTAZidima

Resultado da interação: Pode ocorrer potencialização do efeito nefrotóxico e diminuição da concentração sérica dos aminoglicosídeos. O mecanismo para esta interação é o efeito aditivo e/ou sinérgico da nefrotoxicidade dos medicamentos, além disso, pode ocorrer redução da concentração sérica de aminoglicosídeos mediada pelas cefalosporinas por mecanismo desconhecido. Entretanto, esta redução só é clinicamente significativa em pacientes com insuficiência renal grave e/ou dialíticos.

Probabilidade: Alta

Gravidade: Moderada

Sugestão de conduta: Monitorar a terapia observando efeitos nefrotóxicos e resposta terapêutica reduzida dos aminoglicosídeos, especialmente em pacientes com insuficiência renal grave e em hemodiálise.

Parâmetros de monitorização: Monitorar função renal através de creatinina sérica (↑), ureia (↑), ClCr (↓) e balanço hídrico. Sinais e sintomas da infecção em tratamento e PCR (↑).

Referências

1. Cefaclor® [Bula de remédio]. São Paulo: EMS S.A.; 2002.
2. Novamin® [Bula de remédio]. São Paulo: Bristol-Myers Squibb Farmacêutica Ltda; 1995.
3. Hansen MM, Kaaber K. Nephrotoxicity in combined cephalothin and gentamicin therapy. Acta Med Scand. 2009;201(1-6):463-7.
4. Krčméry, Jr. V, Fuchsberger P, Gočár M, Šalát T, Bodndroává J, Sobota R, et al. Nephrotoxicity of aminoglycosides, polypeptides and cephalosporins in cancer patients. Chemotherapy. 1991;37(4):287-91.
5. Wade James C, Petty Brent G, Conrad G, Smith Craig R, Lipsky James J, Ellner J, et al. Cephalothin plus an aminoglycoside is more nephrotoxic than methicillin plus an aminoglycoside. Lancet. 1978;312(8090):604-6.

6. Bertino Jr JS, Booker LA, Franck PA, Jenkins PL, Franck KR, Nafziger AN. Incidence of and significant risk factors for aminoglycoside-associated nephrotoxicity in patients dosed by using individualized pharmacokinetic monitoring. J Infect Dis. 1993;167(1):173-9.
7. Brown AE, Quesada O, Armstrong D. Minimal nephrotoxicity with cephalosporin-aminoglycoside combinations in patients with neoplastic disease. Antimicrob Agents Chemother. 1982;21(4):592-4.
8. Klastersky J, Hensgens C, Debusscher L. Empiric therapy for cancer patients: comparative study of ticarcillin-tobramycin, ticarcillin-cephalothin, and cephalothin-tobramycin. Antimicrob Agents Chemother. 1975;7(5):640-5.
9. Moore RD, Smith CR, Lipsky JJ, Mellits ED, Lietman PS. Risk factors for nephrotoxicity in patients treated with aminoglycosides. Ann Intern Med. 1984;100(3):352-7.
10. Palmblad J, Lönnqvist B. Combination of amikacin and either ampicillin or cephalotin as initial treatment of febrile neutropenic patients. Acta Med Scand. 1982;212(6):379-84.
11. Prince RA, Ling MH, Hepler CD, Rainville EC, Kealey GP, Donta ST, et al. Factors associated with creatinine clearance changes following gentamicin therapy. Am J Hosp Pharm. 1980;37(11):1489-95.
12. Wade JC, Schimpff SC, Wiernik PH. Antibiotic combination-associated nephrotoxicity in granulocytopenic patients with cancer. Arch Intern Med. 1981;141(13):1789-93.
13. Zhang Q, Matsumura Y, Teratani T, Yoshimoto S, Mineno T, Nakagawa K, et al. The application of an institutional clinical data warehouse to the assessment of adverse drug reactions (Adrs). Evaluation of aminoglycoside and cephalosporin associated nephrotoxicity. Methods Inf Med. 2007;46(5):516-22.

Aminoglicosídeos / Diuréticos de alça

Medicamentos do grupo Aminoglicosídeos: amicacina, sulfato de amicacina, di-hidroestreptomicina, sulfato de di-hidroestreptomicina, EstreptoMICINA, cloridrato de EstreptoMICINA, sulfato de EstreptoMICINA, GENTAmicina, sulfato de GENTAmicina, neomicina, palmitato de neomicina, sulfato de neomicina, undecilenato de neomicina, tobramicina, sulfato de tobramicina

Medicamentos do grupo Diuréticos de alça: furosemida

Resultado da interação: Pode potencializar os efeitos adversos e tóxicos dos aminoglicosídeos, principalmente nefrotoxicidade e ototoxicidade. O mecanismo dessa interação não está totalmente esclarecido, mas foi demonstrado que os diuréticos de alça diminuem a depuração dos aminoglicosídeos, alterando seu volume de distribuição promovendo o acúmulo destes nos tecidos renais. Ocorre também aumento das alterações celulares induzidas pelos aminoglicosídeos nas células tubulares proximais, diminuindo a taxa de filtração glomerular geral.

Probabilidade: Alta

Gravidade: Moderada

Sugestão de conduta: Monitorar a terapia observando toxicidade dos aminoglicosídeos, principalmente nefrotoxicidade e ototoxicidade, se um diurético de alça for iniciado ou se tiver sua dose aumentada. Doses altas de diuréticos de alça, longos períodos de utilização, baixas concentrações de albumina sérica e pacientes mais jovens foram identificados como possíveis fatores de risco para o aparecimento de toxicidade.

Parâmetros de monitorização: Monitorar função renal através de creatinina sérica (↑), ureia (↑), ClCr (↓), balanço hídrico e ototoxicidade através de audiometria.

Referências

1. Lasix® [Bula de remédio]. São Paulo: Sanofi Medley Farmacêutica Ltda; 2019.
2. Novamin® [Bula de remédio]. São Paulo: Bristol-Myers Squibb Farmacêutica Ltda; 1995.
3. Bates DE, Beaumont SJ, Baylis BW. Ototoxicity induced by gentamicin and furosemide. Ann Pharmacother. 2002;36(3):446-51.
4. Adelman RD, Spangler WL, Beasom F, Ishizaki G, Conzelman GM. Furosemide enhancement of experimental gentamicin nephrotoxicity: comparison of functional and morphological changes with activities of urinary enzymes. J Infect Dis. 1979;140(3):342-52.
5. Bertino Jr JS, Booker LA, Franck PA, Jenkins PL, Franck KR, Nafziger AN. Incidence of and significant risk factors for aminoglycoside-associated nephrotoxicity in patients dosed by using individualized pharmacokinetic monitoring. J Infect Dis. 1993;167(1):173-9.
6. Brummett RE, Bendrick T, Himes D. Comparative ototoxicity of bumetanide and furosemide when used in combination with kanamycin. J Clin Pharmacol. 1981;21(11):628-36.
7. Kaka JS, Lyman C, Kilarski DJ. Tobramycin-furosemide interaction. Drug Intell Clin Pharm. 1984;18(3):235-8.
8. Lawson DH, Tilstone WJ, Gray JM, Srivastava PK. Effect of furosemide on the pharmacokinetics of gentamicin in patients. J Clin Pharmacol. 1982;22(5-6):254-8.
9. Leehey DJ, Braun BI, Tholl DA, Chung LS, Gross CA, Roback JA, et al. Can pharmacokinetic dosing decrease nephrotoxicity associated with aminoglycoside therapy. J Am Soc Nephrol. 1993;4(1):81-90.
10. Moore RD, Smith CR, Lipsky JJ, Mellits ED, Lietman PS. Risk factors for nephrotoxicity in patients treated with aminoglycosides. Ann Intern Med. 1984;100(3):352-7.
11. Nakahama H, Fukuhara Y, Orita Y, Yamauchi A, Takama T, Kamada T. Furosemide accelerates gentamicin accumulation in cultured renal cells (LLC-PK1 cells). Nephron. 1989;53(2):138-41.

12. Nakahama H, Shin S, Moriyama T, Kakihara M, Fukuhara Y, Orita Y, et al. Enhancement of gentamicin-induced inhibition of phosphatidylinositol hydrolysis in rabbit renal proximal tubular brush-border membrane by furosemide. Ren Fail. 1989;11(2-3):105-9.
13. Prins JM, Weverling GJ, de Blok K, van Ketel RJ, Speelman P. Validation and nephrotoxicity of a simplified once-daily aminoglycoside dosing schedule and guidelines for monitoring therapy. Antimicrob Agents Chemother. 1996;40(11):2494-9.
14. Rybak LP, Whitworth C, Scott V, Weberg A. Ototoxicity of furosemide during development. Laryngoscope. 1991;101(11):1167-74.
15. Schentag JJ, Cerra FB, Plaut ME. Clinical and pharmacokinetic characteristics of aminoglycoside nephrotoxicity in 201 critically ill patients. Antimicrob Agents Chemother. 1982;21(5):721-6.
16. Smith CR, Lietman PS. Effect of furosemide on aminoglycoside-induced nephrotoxicity and auditory toxicity in humans. Antimicrob Agents Chemother. 1983;23(1):133-7.
17. Whitworth C, Morris C, Scott V, Rybak LP. Dose-response relationships for furosemide ototoxicity in rat. Hear Res. 1993;71(1-2):202-7.

Aminoglicosídeos / Penicilinas

Medicamentos do grupo Aminoglicosídeos: amicacina, sulfato de amicacina, di-hidroestreptomicina, sulfato de di-hidroestreptomicina, EstreptoMICINA, cloridrato de EstreptoMICINA, sulfato de EstreptoMICINA, GENTAmicina, sulfato de GENTAmicina, neomicina, palmitato de neomicina, sulfato de neomicina, undecilenato de neomicina, tobramicina, sulfato de tobramicina

Medicamentos do grupo Penicilinas: amoxicilina, amoxicilina sódica, amoxicilina tri-hidratada, ampicilina, ampicilina benzatina, ampicilina potássica, ampicilina sódica, ampicilina tri-hidratada, bacampicilina, cloridrato de bacampicilina, benzilpenicilina potássica, benzilpenicilina procaína, cloxacilina sódica, dicloxacilina sódica, fenoximetilpenicilina, fenoximetilpenicilina cálcica, fenoximetilpenicilina potássica, flucloxacilina sódica, lenampicilina, metampicilina, metampicilina sódica, oxacilina sódica, piperacilina, piperacilina sódica, pivampicilina, embonato de pivampicilina, probenato de pivampicilina, talampicilina, cloridrato de talampicilina, oxacilina sódica hidratada, benzilpenicilina procaína monoidratada, benzilpenicilina benzatina tetraidratada, piperacilina monoidratada, Ampicilina + Sulbactam

Resultado da interação: Pode diminuir a concentração sérica dos aminoglicosídeos reduzindo significativamente seu tempo de meia-vida. O mecanismo desta interação é a conversão dos aminoglicosídeos em amidas inertes pelas penicilinas resultando na inativação dos aminoglicosídeos.

Probabilidade: Alta

Gravidade: Moderada

Sugestão de conduta: Monitorar a terapia observando redução da eficácia terapêutica dos aminoglicosídeos. Esta interação é especialmente relevante em pacientes com perda de função renal e/ou dialíticos. Podem ser necessários ajustes de dose.

Parâmetros de monitorização: Monitorar eficácia terapêutica dos aminoglicosídeos por meio de leucócitos (↑), PCR (↑) e sinais e sintomas de infecção.

Referências

1. Novamin® [Bula de remédio]. São Paulo: Bristol-Myers Squibb Farmacêutica Ltda; 1995.
2. Chow MS, Quintiliani R, Nightingale CH. In vivo inactivation of tobramycin by ticarcillin. A case report. JAMA. 1982;247(5):658-9.
3. Davies M, Morgan JR, Anand C. Interactions of carbenicillin and ticarcillin with gentamicin. Antimicrob Agents Chemother. 1975;7(4):431-4.
4. Halstenson CE, Hirata CA, Heim-Duthoy KL, Abraham PA, Matzke GR. Effect of concomitant administration of piperacillin on the dispositions of netilmicin and tobramycin in patients with end-stage renal disease. Antimicrob Agents Chemother. 1990;34(1):128-33.
5. Kradjan WA, Burger R. In vivo inactivation of gentamicin by carbenicillin and ticarcillin. Arch Intern Med. 1980;140(12):1668-70.
6. Lau A, Lee M, Flascha S, Prasad R, Sharifi R. Effect of piperacillin on tobramycin pharmacokinetics in patients with normal renal function. Antimicrob Agents Chemother. 1983;24(4):533-7.
7. Murillo J, Standiford HC, Schimpff SC, Tatem BA. Gentamicin and ticarcillin serum levels. JAMA. 1979;241(22):2401-3.
8. Thompson MI, Russo ME, Saxon BJ, Atkin-Thor E, Matsen JM. Gentamicin inactivation by piperacillin or carbenicillin in patients with end-stage renal disease. Antimicrob Agents Chemother. 1982;21(2):268-73.
9. Uber WE, Brundage RC, White RL, Brundage DM, Bromley HR. In vivo inactivation of tobramycin by piperacillin. DICP. 1991;25(4):357-9.
10. Weibert RT, Keane WF. Carbenicillin-gentamicin interaction in acute renal failure. Am J Hosp Pharm. 1977;34(10):1137-9.

Aminoglicosídeos / Vancomicina

Medicamentos do grupo Aminoglicosídeos: amicacina, sulfato de amicacina, di-hidroestreptomicina, sulfato de di-hidroestreptomicina, EstreptoMI-

CINA, cloridrato de EstreptoMICINA, sulfato de EstreptoMICINA, GENTAmicina, sulfato de GENTAmicina, neomicina, palmitato de neomicina, sulfato de neomicina, undecilenato de neomicina, tobramicina, sulfato de tobramicina

Resultado da interação: Pode potencializar o efeito nefrotóxico dos aminoglicosídeos. O mecanismo dessa interação não está totalmente esclarecido, mas pode estar relacionado a efeitos nefrotóxicos aditivos ou sinérgicos dos fármacos.

Probabilidade: Alta

Gravidade: Moderada

Sugestão de conduta: Monitorar a terapia observando efeitos nefrotóxicos. Recomenda-se monitoramento sérico de aminoglicosídeos com ajuste de dose correspondente.

Parâmetros de monitorização: Monitorar função renal através de creatinina sérica (↑), ureia (↑), ClCr (↓) e balanço hídrico.

Referências

1. Novamin® [Bula de remédio]. São Paulo: Bristol-Myers Squibb Farmacêutica Ltda; 1995.
2. Vancomicina® CP [Bula de remédio]. São Paulo: Antibióticos do Brasil Ltda; 2003.
3. Cimino MA, Rotstein C, Slaughter RL, Emrich LJ. Relationship of serum antibiotic concentrations to nephrotoxicity in cancer patients receiving concurrent aminoglycoside and vancomycin therapy. Am J Med. 1987;83(6):1091-7.
4. Farber BF, Moellering RC. Retrospective study of the toxicity of preparations of vancomycin from 1974 to 1981. Antimicrob Agents Chemother. 1983;23(1):138-41.
5. Pauly DJ, Musa DM, Lestico MR, Lindstrom MJ, Hetsko CM. Risk of nephrotoxicity with combination vancomycin-aminoglycoside antibiotic therapy. Pharmacotherapy. 1990;10(6):378-82.
6. Rybak MJ, Frankowski JJ, Edwards DJ, Albrecht LM. Alanine aminopeptidase and beta 2-microglobulin excretion in patients receiving vancomycin and gentamicin. Antimicrob Agents Chemother. 1987;31(10):1461-4.

AmioDARONA / Fenitoína

Resultado da interação: Pode ocorrer aumento do nível sérico de fenitoína bem como redução do nível sérico de AmioDARONA, por provável mecanismo enzimático envolvendo as isoenzimas do P450. A AmioDARONA se comporta como inibidor do CYP2C9 (responsável pela metabolização de fenitoína) e a fenitoína é um forte indutor enzimático das isoenzimas da P450 (via em que a AmioDARONA é metabolizada). Início lento.

Probabilidade: Alta

Gravidade: Moderada

Sugestão de conduta: Monitorar a terapia para toxicidade da fenitoína e inefetividade da AmioDARONA.

Parâmetros de monitorização: Nível sérico de fenitoína (↑), se disponível. Agranulocitose, trombocitopenia, nistagmo, ataxia, alterações comportamentais e comprometimento cognitivo; (↑) frequência cardíaca por meio de ECG.

Referências

1. Nolan PE, Erstad BL, Hoyer GL, Bliss M, Gear K, Marcus FI. Steady-state interaction between amiodarone and phenytoin in normal subjects. Am J Cardiol. 1990;65(18):1252-7.
2. Nolan PE, Marcus FI, Hoyer GL, Bliss M, Gear K. Pharmacokinetic interaction between intravenous phenytoin and amiodarone in healthy volunteers. Clin Pharmacol Ther. 1989;46(1):43-9.
3. Ahmad S. Amiodarone and phenytoin: interaction. J Am Geriatr Soc. 1995;43(12):1449-50.
4. McGovern B, Geer VR, LaRaia PJ, Garan H, Ruskin JN. Possible interaction between amiodarone and phenytoin. Ann Intern Med. 1984;101(5):650-1.
5. Nolan PE, Marcus FI, Karol MD, Hoyer GL, Gear K. Effect of phenytoin on the clinical pharmacokinetics of amiodarone. J Clin Pharmacol. 1990;30(12):1112-9.
6. Shackleford EJ, Watson FT. Amiodarone-phenytoin interaction. Drug Intell Clin Pharm. 1987;21(11):921.

AmioDARONA / HaloPERidol

Resultado da interação: Pode elevar o risco de prolongamento do intervalo QT, arritmias e *torsades de pointes* do HaloPERidol devido a efeitos aditivos dos medicamentos. Pacientes com fatores de risco como idade avançada, sexo feminino, bradicardia, hipocalemia, hipomagnesemia ou doença cardíaca possuem maior probabilidade de apresentar toxicidade potencialmente fatal. O risco e gravidade desta interação é maior com a apresentação endovenosa do HaloPERidol quando comparada à apresentação oral.

Probabilidade: Alta

Gravidade: Maior

Sugestão de conduta: Monitorar a terapia. Suspender ou substituir um dos medicamentos em pacientes com fatores de risco associados.

Parâmetros de monitorização: Monitorar intervalo QT, arritmias e *torsades de pointes* por meio de eletrocardiograma, concentração sérica de magnésio (↓) e potássio (↓).

Referências

1. Blom MT, Bardai A, van Munster BC, Nieuwland M-I, de Jong H, van Heijen DA, et al. Differential changes in QTc duration during in-hospital haloperidol use. PLoS One. 2011;6(9):e23728.
2. Meid AD, Bighelli I, Mächler S, Mikus G, Carrà G, Castelazzi M, et al. Combinations of QT-c-prolonging drugs: towards disentangling pharmacokinetic and pharmacodynamic effects in their potentially additive nature. Ther Adv Psychopharmacol. 2017;7(12):251-64.
3. Meyer-Massetti C, Cheng CM, Sharpe BA, Meier CR, Guglielmo BJ. The FDA extended warning for intravenous haloperidol and torsades de pointes: how should institutions respond? J Hosp Med. 2010; 5(4):E8-16.
4. Poluzzi E, Raschi E, Moretti U, De Ponti F. Drug-induced torsades de pointes: data mining of the public version of the FDA Adverse Event Reporting System (AERS). Pharmacoepidemiol Drug Saf. 2009;18(6):512-8.
5. Raschi E, Poluzzi E, Godman B, Koci A, Moretti U, Kalaba M, et al. Torsadogenic risk of antipsychotics: combining adverse event reports with drug utilization data across Europe. PLoS One. 2013;8(11):e81208.
6. Romero J, Baldinger SH, Goodman-Meza D, Engstrom K, Valencia CR, Golive A, et al. Drug-induced torsades de pointes in an underserved urban population. Methadone: is there therapeutic equipoise? J Interv Card Electrophysiol. 2016;45(1):37-45.
7. van der Sijs H, Kowlesar R, Klootwijk AP, Nelwan SP, Vulto AG, van Gelder T. Clinically relevant QTc prolongation due to overridden drug-drug interaction alerts: a retrospective cohort study. Br J Clin Pharmacol. 2009;67(3):347-54.
8. Haldol® [Bula de remédio]. São Paulo: Janssen-Cilag Farmacêutica Ltda; 1998.

AmioDARONA / Lidocaína

Resultado da interação: Pode aumentar a concentração sérica da lidocaína, uma vez que ocorre inibição do seu metabolismo no CYP3A4 pela AmioDARONA. Esta interação possui maior impacto e relevância com doses altas de AmioDARONA (≥ 1200 mg/dia).

Probabilidade: Alta

Gravidade: Moderada

Sugestão de conduta: Monitorar a terapia. Doses de AmioDARONA inferiores a 400 mg/dia não são tão impactantes na interação. Já doses iguais ou maiores a 1200 mg/dia podem causar alterações significativas na farmacocinética da lidocaína.

Parâmetros de monitorização: Monitorar eventos convulsivos por meio de sinais e sintomas específicos e por meio de VEEG (Vídeo-Eletrencefalografia Emergencial).

Referências

1. Atlansil® [Bula de remédio]. São Paulo: Sanofi-Aventis Farmacêutica Ltda; 2020.
2. Ha HR, Candinas R, Stieger B, Meyer UA, Follath F. Interaction between amiodarone and lidocaine. J Cardiovasc Pharmacol. 1996;28(4):533-9.
3. Nattel S, Talajic M, Beaudoin D, Matthews C, Roy D. Absence of pharmacokinetic interaction between amiodarone and lidocaine. Am J Cardiol. 1994;73(1):92-4.
4. Siegmund JB, Wilson JH, Imhoff TE. Amiodarone interaction with lidocaine. J Cardiovasc Pharmacol. 1993;21(4):513-5.

AmioDARONA / Metadona

Resultado da interação: Pode elevar o risco de prolongamento do intervalo QT, arritmias e torsades de pointes da metadona devido a efeitos aditivos dos medicamentos. Pacientes com fatores de risco como idade avançada, sexo feminino, bradicardia, hipocalemia, hipomagnesemia ou doença cardíaca possuem maior probabilidade de apresentar toxicidade potencialmente fatal.

Probabilidade: Alta

Gravidade: Maior

Sugestão de conduta: Considerar a modificação da terapia, especialmente em pacientes com fatores de risco associados.

Parâmetros de monitorização: Monitorar intervalo QT, arritmias e torsades de pointes por meio de eletrocardiograma, concentração sérica de magnésio (↓) e potássio (↓).

Referências

1. Mytedom® [Bula de remédio]. São Paulo: Cristália Produtos Químicos Farmacêuticos Ltda; 1995.
2. Poluzzi E, Raschi E, Moretti U, De Ponti F. Drug-induced torsades de pointes: data mining of the public version of the FDA Adverse Event Reporting System (AERS). Pharmacoepidemiol Drug Saf. 2009;18(6):512-8.
3. Romero J, Baldinger SH, Goodman-Meza D, Engstrom K, Valencia CR, Golive A, et al. Drug-induced torsades de pointes in an underserved urban population. Methadone: is there therapeutic equipoise? J Interv Card Electrophysiol. 2016;45(1):37-45.
4. Tisdale JE, Jaynes HA, Kingery JR, Mourad NA, Trujillo TN, Overholser BR, et al. Development and validation of a risk score to predict QT interval prolongation in hospitalized patients. Circ Cardiovasc Qual Outcomes. 2013;6(4):479-87.

5. van der Sijs H, Kowlesar R, Klootwijk AP, Nelwan SP, Vulto AG, van Gelder T. Clinically relevant QTc prolongation due to overridden drug-drug interaction alerts: a retrospective cohort study. Br J Clin Pharmacol. 2009;67(3):347-54.
6. Vandael E, Vandenberk B, Vandenberghe J, Spriet I, Willems R, Foulon V. Development of a risk score for QTc-prolongation: the RISQ-PATH study. Int J Clin Pharm. 2017;39(2):424-32.
7. Rajpal S, Mundi AS, Reddy PC, Akkus NI. Treatment of methadone-induced torsades de pointes with lidocaine. J La State Med Soc. 2013;165(6):338-41.

AmioDARONA / Ondansetrona

Resultado da interação: Pode elevar o risco de prolongamento do intervalo QT, arritmias e torsades de pointes da ondansetrona devido a efeitos aditivos dos medicamentos. Pacientes com fatores de risco como idade avançada, sexo feminino, bradicardia, hipocalemia, hipomagnesemia ou doença cardíaca possuem maior probabilidade de apresentar toxicidade potencialmente fatal. O risco e gravidade desta interação é maior com a apresentação endovenosa da ondansetrona quando comparada à apresentação oral.

Probabilidade: Alta

Gravidade: Maior

Sugestão de conduta: Considerar a modificação da terapia, especialmente em pacientes com fatores de risco associados.

Parâmetros de monitorização: Monitorar intervalo QT, arritmias e torsades de pointes por meio de eletrocardiograma, concentração sérica de magnésio (↓) e potássio (↓).

Referências

1. Freedman SB, Uleryk E, Rumantir M, Finkelstein Y. Ondansetron and the risk of cardiac arrhythmias: a systematic review and postmarketing analysis. Ann Emerg Med. 2014;64(1):19-25.
2. Hafermann MJ, Namdar R, Seibold GE, Page RL 2nd. Effect of intravenous ondansetron on QT interval prolongation in patients with cardiovascular disease and additional risk factors for torsades: a prospective, observational study. Drug Healthc Patient Saf. 2011;3:53-8.
3. Moffett PM, Cartwright L, Grossart EA, O'Keefe D, Kang CS. Intravenous ondansetron and the QT interval in adult emergency department patients: an observational study. Acad Emerg Med. 2016;23(1):102-5.
4. Poluzzi E, Raschi E, Moretti U, De Ponti F. Drug-induced torsades de pointes: data mining of the public version of the FDA Adverse Event Reporting System (AERS). Pharmacoepidemiol Drug Saf. 2009;18(6):512-8.

5. Romero J, Baldinger SH, Goodman-Meza D, Engstrom K, Valencia CR, Golive A, et al. Drug-induced torsades de pointes in an underserved urban population. Methadone: is there therapeutic equipoise? J Interv Card Electrophysiol. 2016;45(1):37-45.
6. Tisdale JE, Jaynes HA, Kingery JR, Mourad NA, Trujillo TN, Overholser BR, et al. Development and validation of a risk score to predict QT interval prolongation in hospitalized patients. Circ Cardiovasc Qual Outcomes. 2013;6(4):479-87.
7. Tracz K, Owczuk R. Small doses of droperidol do not present relevant torsadogenic actions: a double-blind, ondansetron-controlled study. Br J Clin Pharmacol. 2015;79(4):669-76.
8. Vandael E, Vandenberk B, Vandenberghe J, Spriet I, Willems R, Foulon V. Development of a risk score for QTc-prolongation: the RISQ-PATH study. Int J Clin Pharm. 2017;39(2):424-32.
9. Vonau® [Bula de remédio]. São Paulo: Biolab Sanus Farmacêutica Ltda; 2000.

Anestésicos inalatórios / Bloqueadores neuromusculares (não despolarizantes)

Medicamentos do grupo Anestésicos inalatórios: desflurano, enflurano, isoflurano, sevoflurano

Medicamentos do grupo Bloqueadores neuromusculares (não despolarizantes): atracúrio, besilato de atracúrio, besilato de cisatracúrio, brometo de pancurônio, brometo de vecurônio, rocurônio, brometo de rocurônio

Resultado da interação: Podem aumentar tanto a intensidade quanto a duração do bloqueio neuromuscular produzido pelos bloqueadores neuromusculares (não despolarizantes), uma vez que podem afetar a transmissão neuromuscular, inibindo a liberação ou bloqueando as ações da acetilcolina.

Probabilidade: Alta

Gravidade: Moderada

Sugestão de conduta: Reduzir a dose de bólus dos bloqueadores neuromusculares (não despolarizantes) em 15% a 25% e as doses de infusões contínuas em 30% a 60%. No caso de bólus intermitente, considerar diminuir a dose ou a frequência. Na intubação orotraqueal não reduzir a dose, pois pode resultar em retardo para se atingir condições adequadas para a intubação endotraqueal ou relaxamento muscular inadequado. A administração de doses suplementares deve ser orientada pela resposta à estimulação nervosa. Monitorar a terapia e o grau de bloqueio.

Parâmetros de monitorização: Pressão arterial (↓). Frequência respiratória (↑). Saturação de O2 (↓). Grau de paralisia muscular (presença de movimento espontâneo, assincronia do ventilador, tremores).

Referências

1. Vecuron® [Bula de remédio]. São Paulo: Cristália Produtos Químicos Farmacêuticos Ltda; 2002.
2. Sevorane® Pak [Bula de remédio]. São Paulo: Abbvie Farmacêutica Ltda; 2018.
3. Baraka AS, Taha SK, Kawkabani NI. Neuromuscular interaction of sevoflurane--cisatracurium in a myasthenic patient. Can J Anaesth. 2000;47(6):562-5.
4. Lee C, Tsai SK, Kwan WF, Chen BJ, Cheng ML. Desflurane potentiates atracurium in humans: a comparative study with isoflurane. J Clin Anesth. 1992;4(6):448-54.
5. Lee K-H, Nam S-H, Yoo S-Y, Jung C-W, Bae S-S, Lee J-R. Vecuronium requirement during liver transplantation under sevoflurane anesthesia. J Anesth. 2010;24(5):683-6.
6. Melloni C, Antolini F. Effective doses of cisatracurium. Potentiation by sevoflurane and increasing requirements with age. Minerva Anestesiol. 2000;66(3):115-21; discussion 121-2
7. Stout RG, Gan TJ, Glass PSA, Silverman DG, Brull SJ. The effect of desflurane on rocuronium onset, clinical duration and maintenance requirements. Acta Anaesthesiol Belg. 2006;57(4):349-53.

Anticolinérgicos / Procinéticos

Medicamentos do grupo Anticolinérgicos: AmiTRIPtilina, cloridrato de AmiTRIPtilina, embonato de AmiTRIPtilina, atropina, metilbrometo de atropina, metonitrato de atropina, óxido de atropina, sulfato de atropina, bilastina, biperideno, cloridrato de biperideno, lactato de biperideno, brometo de ipratrópio, brometo de tiotrópio, buclizina, dicloridrato de buclizina, cetirizina, dicloridrato de cetirizina, cetotifeno, fumarato de cetotifeno, ciclobenzaprina, cloridrato de ciclobenzaprina, ciclopentolato, cloridrato de ciclopentolato, ClomiPRAMINA, cloridrato de ClomiPRAMINA, clorfeniramina, cloridrato de clorfeniramina, maleato de clorfeniramina, ClorproMAZINA, cloridrato de ClorproMAZINA, embonato de ClorproMAZINA, CloZAPina, darifenacina, desloratadina, dexclorfeniramina, maleato de dexclorfeniramina, difenidramina, cloridrato de difenidramina, metilsulfato de difenidramina, dimenidrinato, droperidol, ebastina, escopolamina, bromidrato de escopolamina, bromidrato de escopolamina tri-hidratado, butilbrometo de escopolamina, metilbrometo de escopolamina, fexofenadina, cloridrato de fexofenadina, flufenazina, decanoato de flufenazina, dicloridrato de flufenazina, enantato de flufenazina, HaloPERidol, cloridrato de HaloPERidol, decanoato de HaloPERidol, hidroxizina, dicloridrato de hidroxizina, embonato de hidroxizina, homatropina, bromidrato de homatropina, metilbrometo de homatropina, metonitrato de homatropina, imipramina, cloridrato de imipramina, embonato de imipramina, levocetirizina, dicloridrato de levocetirizina, levomepromazina, cloridrato de levomepromazina, maleato de levomepromazina, loratadina, meclozina, cloridrato de meclozina, NORTriptilina, cloridrato de NORTriptilina, olanzapina, olopatadina, cloridrato de olopatadina, oxibutinina, cloridrato de oxibutinina, periciazina, prometazina, cloridrato de prometazina, teoclato de prometazina, quetiapina, hemifumarato de quetiapina, risperidona, rupatadina, fumarato de rupatadina, solifenacina, tioridazina, cloridrato de tioridazina, tolterodina, tartarato de tolterodina, tranilcipromina, sulfato de tranilcipromina, triexifenidil, cloridrato de triexifenidil, trifluomeprazina, trifluoperazina, dicloridrato de trifluoperazina, zuclopentixol, acetato de zuclopentixol, decanoato de zuclopentixol, dicloridrato de zuclopentixol, succinato de solifenacina, bromidrato de darifenacina, embonato de olanzapina monoidratado, atropa belladonna l., atropa belladonna, brometo de umeclidínio, dicloridrato de meclozina monoidratada dicloridrato de meclozina monoidratado, citrato de difenidramina, brometo de ipratrópio monoidratado, sulfato de atropina monoidratado, brometo de tiotrópio monoidratado

Medicamentos do grupo Procinéticos: alizaprida, cloridrato de alizaprida, BromoPRIDA, cloridrato de BromoPRIDA, domperidona, maleato de domperidona, metoclopramida, cloridrato de metoclopramida, prucaloprida, tegaserode, maleato de tegaserode, cloridrato de metoclopramida monoidratado, dicloridrato de metoclopramida, dicloridrato de metoclopramida monoidratado

Resultado da interação: Pode diminuir o efeito terapêutico dos procinéticos, uma vez que esses medicamentos exercem efeitos opostos sobre a motilidade gástrica.

Probabilidade: Baixa

Gravidade: Moderada

Sugestão de conduta: Monitorar a terapia.

Parâmetros de monitorização: Monitorar redução do efeito terapêutico dos procinéticos por meio de redução da motilidade gastrointestinal.

Referências

1. Plasil® [Bula de remédio]. São Paulo: Sanofi Medley Farmacêutica Ltda; 2019.

Anti-inflamatórios não esteroidais / Aminoglicosídeos

Medicamentos do grupo Aminoglicosídeos: amicacina, sulfato de amicacina, di-hidroestreptomicina, sulfato de di-hidroestreptomicina, EstreptoMI-

CINA, cloridrato de EstreptoMICINA, sulfato de EstreptoMICINA, GENTAmicina, sulfato de GENTAmicina, neomicina, palmitato de neomicina, sulfato de neomicina, undecilenato de neomicina, tobramicina, sulfato de tobramicina

Medicamentos do grupo Anti-inflamatórios não esteroidais: aceclofenaco, ácido mefenâmico, ampiroxicam, celecoxibe, cetoprofeno, lisinato de cetoprofeno, trometamol cetorolaco, cinaproxeno, dexcetoprofeno, diclofenaco, diclofenaco dietilamônio, diclofenaco epolamina, diclofenaco potássico, diclofenaco sódico, diclofenaco colestiramina, DipiRONA magnésica, DipiRONA, esflurbiprofeno, etodolaco, etoricoxibe, fenilbutazona, fenilbutazona cálcica, fenilbutazona piperazina, fenilbutazona sódica, flurbiprofeno, ibuprofeno, ibuprofeno alumínio, ibuprofeno arginina, ibuprofeno guaiacol, ibuprofeno meglumina, ibuprofeno piconol, ibuprofeno piridoxina, ibuprofeno sódico, lisinato de ibuprofeno levolisinato de raceibuprofeno levolisinato de ibuprofeno, indometacina, indometacina sódica, lornoxicam, loxoprofeno, loxoprofeno sódico, meloxicam, naproxeno, naproxeno sódico, nimesulida, OXcarbazepina, parecoxibe, parecoxibe sódico, picetoprofeno, piroxicam, cinamato de piroxicam, piroxicam olamina, tenoxicam, piroxicam betaciclodextrina, nimesulida betaciclodextrina, DipiRONA monoidratada, flurbiprofeno sódico, dexcetoprofeno trometamol, dextroetodolaco, levolisinato de ibuprofeno hidratado, racelisinato de ibuprofeno

Resultado da interação: Pode potencializar os efeitos adversos nefrotóxicos dos aminoglicosídeos, uma vez que os anti-inflamatórios não esteroidais podem diminuir sua excreção. Essa interação é particularmente preocupante em bebês prematuros. Os estudos analisaram amicacina ou gentamicina associadas à indometacina. Os efeitos de outros agentes anti-inflamatórios são desconhecidos.

Probabilidade: Média

Gravidade: Moderada

Sugestão de conduta: Monitorar a terapia observando efeitos nefrotóxicos dos aminoglicosídeos se um anti-inflamatório não esteroidal for iniciado ou se tiver a dose aumentada.

Parâmetros de monitorização: Monitorar função renal: creatinina sérica (↑), ureia (↑), ClCr (↓), balanço hídrico e ototoxicidade por meio de audiometria.

Referências

1. Zarfin Y, Koren G, Maresky D, Perlman M, MacLeod S. Possible indomethacin-aminoglycoside interaction in preterm infants. J Pediatr. 1985;106(3):511-3.

Anti-inflamatórios não esteroidais / Betabloqueadores

Medicamentos do grupo Betabloqueadores: atenolol, betaxolol, cloridrato de betaxolol, bisoprolol, hemifumarato de bisoprolol, CarVEDilol, dexpropranolol, cloridrato de dexpropranolol, esmolol, cloridrato de esmolol, labetalol, cloridrato de labetalol, levobunolol, cloridrato de levobunolol, metoprolol, fumarato de metoprolol, succinato de metoprolol, tartarato de metoprolol, nebivolol, pindolol, propranolol, cloridrato de propranolol, sotalol, cloridrato de sotalol, timolol, maleato de timolol, cloridrato de nebivolol

Medicamentos do grupo Anti-inflamatórios não esteroidais: aceclofenaco, ácido mefenâmico, ampiroxicam, celecoxibe, cetoprofeno, lisinato de cetoprofeno, trometamol cetorolaco, cinaproxeno, dexcetoprofeno, diclofenaco, diclofenaco dietilamônio, diclofenaco epolamina, diclofenaco potássico, diclofenaco sódico, diclofenaco colestiramina, DipiRONA magnésica, DipiRONA, esflurbiprofeno, etodolaco, etoricoxibe, fenilbutazona, fenilbutazona cálcica, fenilbutazona piperazina, fenilbutazona sódica, flurbiprofeno, ibuprofeno, ibuprofeno alumínio, ibuprofeno arginina, ibuprofeno guaiacol, ibuprofeno meglumina, ibuprofeno piconol, ibuprofeno piridoxina, ibuprofeno sódico, lisinato de ibuprofeno levolisinato de raceibuprofeno levolisinato de ibuprofeno, indometacina, indometacina sódica, lornoxicam, loxoprofeno, loxoprofeno sódico, meloxicam, naproxeno, naproxeno sódico, nimesulida, OXcarbazepina, parecoxibe, parecoxibe sódico, picetoprofeno, piroxicam, cinamato de piroxicam, piroxicam olamina, tenoxicam, piroxicam betaciclodextrina, nimesulida betaciclodextrina, DipiRONA monoidratada, flurbiprofeno sódico, dexcetoprofeno trometamol, dextroetodolaco, levolisinato de ibuprofeno hidratado, racelisinato de ibuprofeno

Resultado da interação: Pode diminuir o efeito anti-hipertensivo dos betabloqueadores, resultando em aumento na pressão arterial por mecanismo desconhecido. Essa interação é mais preocupante durante o uso prolongado de anti-inflamatórios não esteroidais.

Probabilidade: Alta

Gravidade: Moderada

Sugestão de conduta: Monitorar a terapia. Observar diminuição do efeito anti-hipertensivo, especialmente quando uso prolongado de anti-inflamatórios não esteroidais.

Parâmetros de monitorização: Pressão arterial (↑), frequência cardíaca (↑), dor de cabeça, falta de ar, alterações visuais e tontura.

Referências

1. Ablok Plus® [Bula de remédio]. São Paulo: Biolab Sanus Farmacêutica Ltda; 1999.
2. Barrientos A, Alcazar V, Ruilope L, Jarillo D, Rodicio JL. Indomethacin and beta-blockers in hypertension. Lancet. 1978;1(8058):277.
3. Chalmers JP, West MJ, Wing LM, Bune AJ, Graham JR. Effects of indomethacin, sulindac, naproxen, aspirin, and paracetamol in treated hypertensive patients. Clin Exp Hypertens A. 1984;6(6):1077-93.
4. Ylitalo P, Pitkäjärvi T, Pyykönen ML, Nurmi AK, Seppälä E, Vapaatalo H. Inhibition of prostaglandin synthesis by indomethacin interacts with the antihypertensive effect of atenolol. Clin Pharmacol Ther. 1985;38(4):443-9.
5. Salvetti A, Arzilli F, Pedrinelli R, Beggi P, Motolese M. Interaction between oxprenolol and indomethacin on blood pressure in essential hypertensive patients. Eur J Clin Pharmacol. 1982;22(3):197-201.
6. Watkins J, Abbott EC, Hensby CN, Webster J, Dollery CT. Attenuation of hypotensive effect of propranolol and thiazide diuretics by indomethacin. Br Med J. 1980;281(6242):702-5.

Anti-inflamatórios não esteroidais / Diuréticos de alça

Medicamentos do grupo Anti-inflamatórios não esteroidais: aceclofenaco, ácido mefenâmico, ampiroxicam, celecoxibe, cetoprofeno, lisinato de cetoprofeno, trometamol cetorolaco, cinaproxeno, dexcetoprofeno, diclofenaco, diclofenaco dietilamônio, diclofenaco epolamina, diclofenaco potássico, diclofenaco sódico, diclofenaco colestiramina, DipiRONA magnésica, DipiRONA, esflurbiprofeno, etodolaco, etoricoxibe, fenilbutazona, fenilbutazona cálcica, fenilbutazona piperazina, fenilbutazona sódica, flurbiprofeno, ibuprofeno, ibuprofeno alumínio, ibuprofeno arginina, ibuprofeno guaiacol, ibuprofeno meglumina, ibuprofeno piconol, ibuprofeno piridoxina, ibuprofeno sódico, lisinato de ibuprofeno levolisinato de raceibuprofeno levolisinato de ibuprofeno, indometacina, indometacina sódica, lornoxicam, loxoprofeno, loxoprofeno sódico, meloxicam, naproxeno, naproxeno sódico, nimesulida, OXcarbazepina, parecoxibe, parecoxibe sódico, picetoprofeno, piroxicam, cinamato de piroxicam, piroxicam olamina, tenoxicam, piroxicam betaciclodextrina, nimesulida betaciclodextrina, DipiRONA monoidratada, flurbiprofeno sódico, dexcetoprofeno trometamol, dextroetodolaco, levolisinato de ibuprofeno hidratado, racelisinato de ibuprofeno

Medicamentos do grupo Diuréticos de alça: furosemida

Resultado da interação: Pode ocorrer diminuição do efeito terapêutico dos diuréticos de alça e pode potencializar o efeito nefrotóxico dos anti-inflamatórios não esteroidais. O mecanismo dessa interação envolve a capacidade que os anti-inflamatórios não esteroidais possuem em bloquear o fluxo sanguíneo renal, diminuindo a resposta diurética e aumentando a nefrotoxicidade. Pacientes com insuficiência cardíaca ou cirrose são mais propensos a essa interação potencialmente grave.

Probabilidade: Alta

Gravidade: Moderada

Sugestão de conduta: Monitorar a terapia. Em pacientes com insuficiência cardíaca e cirrose, essa associação deve ser evitada. Considerar o uso de um anti-inflamatório não esteroidal com menor potencial de interação com os diuréticos de alça, como o cetoprofeno ou cetorolaco.

Parâmetros de monitorização: Pressão arterial (↑), efeito diurético (↓), creatinina (↑), ureia (↑) e ClCr (↓).

Referências

1. Lasix® [Bula de remédio]. São Paulo: Sanofi Medley Farmacêutica Ltda; 2019.
2. Camin RMG, Cols M, Chevarria JL, Osuna RG, Carreras M, Lisbona JM, et al. Acute kidney injury secondary to a combination of renin-angiotensin system inhibitors, diuretics and NSAIDS: "The Triple Whammy". Nefrologia. 2015;35(2):197-206.
3. Dreischulte T, Morales DR, Bell S, Guthrie B. Combined use of nonsteroidal anti-inflammatory drugs with diuretics and/or renin-angiotensin system inhibitors in the community increases the risk of acute kidney injury. Kidney Int. 2015;88(2):396-403.
4. Baker DE. Piroxicam--furosemide drug interaction. Drug Intell Clin Pharm. 1988;22(6):505-6.
5. Brater C, Chennavasin P. Indomethacin and the response to bumetanide. Clin Pharmacol Ther. 1980;27(3):421-5.
6. Laiwah AC, Mactier RA. Antagonistic effect of non-steroidal anti-inflammatory drugs on frusemide-induced diuresis in cardiac failure. Br Med J (Clin Res Ed). 1981;283(6293):714.
7. Lapi F, Azoulay L, Yin H, Nessim SJ, Suissa S. Concurrent use of diuretics, angiotensin converting enzyme inhibitors, and angiotensin receptor blockers with non-steroidal anti-inflammatory drugs and risk of acute kidney injury: nested case-control study. BMJ. 2013;346:e8525.
8. Calin A. Non-steroidal anti-inflammatory drugs and frusemide-induced diuresis. Br Med J (Clin Res Ed). 1981;283(6297):988-9.

Anti-inflamatórios não esteroidais / HidrALAZINA

Medicamentos do grupo Anti-inflamatórios não esteroidais: aceclofenaco, ácido mefenâmico, ampiroxicam, celecoxibe, cetoprofeno, lisinato de cetoprofeno, trometamol cetorolaco, cinaproxeno, dexcetoprofeno, diclofenaco, diclofenaco dietilamônio, diclofenaco epolamina, diclofenaco potássico, diclofenaco sódico, diclofenaco colestiramina, DipiRONA magnésica, DipiRONA, esflurbiprofeno, etodolaco, etoricoxibe, fenilbutazona, fenilbutazona cálcica, fenilbutazona piperazina, fenilbutazona sódica, flurbiprofeno, ibuprofeno, ibuprofeno alumínio, ibuprofeno arginina, ibuprofeno guaiacol, ibuprofeno meglumina, ibuprofeno piconol, ibuprofeno piridoxina, ibuprofeno sódico, lisinato de ibuprofeno levolisinato de raceibuprofeno levolisinato de ibuprofeno, indometacina, indometacina sódica, lornoxicam, loxoprofeno, loxoprofeno sódico, meloxicam, naproxeno, naproxeno sódico, nimesulida, OXcarbazepina, parecoxibe, parecoxibe sódico, picetoprofeno, piroxicam, cinamato de piroxicam, piroxicam olamina, tenoxicam, piroxicam betaciclodextrina, nimesulida betaciclodextrina, DipiRONA monoidratada, flurbiprofeno sódico, dexcetoprofeno trometamol, dextroetodolaco, levolisinato de ibuprofeno hidratado, racelisinato de ibuprofeno

Resultado da interação: Os anti-inflamatórios não esteroidais podem diminuir o efeito anti-hipertensivo da HidrALAZINA. Estudos em animais sugerem que a redução dos efeitos vasodilatadores da hidrALAZINA é resultante da inibição da síntese de prostaglandina mediada pela ciclooxigenase.

Probabilidade: Média

Gravidade: Moderada

Sugestão de conduta: Monitorar a terapia.

Parâmetros de monitorização: Pressão arterial (↑).

Referências

1. Chelly JE, Doursout MF, Begaud B, Tsao CC, Hartley CJ. Effects of hydralazine on regional blood flow in conscious dogs. J Pharmacol Exp Ther. 1986;238(2):665-9.
2. Cinquegrani MP, Liang CS. Indomethacin attenuates the hypotensive action of hydralazine. Clin Pharmacol Ther. 1986;39(5):564-70.
3. Panzenbeck M, Baez A, Kaley G. Prostaglandins participate in the renal vasodilation due to hydralazine in dogs. J Pharmacol Exp Ther. 1986;237(2):525-8.
4. Reimann IW, Ratge D, Wisser H, Frölich JC. Are prostaglandins involved in the antihypertensive effect of dihydralazine? Clin Sci (Lond). 1981;61 Suppl 7:319s-21s.

Anti-inflamatórios não esteroidais / Vancomicina

Medicamentos do grupo Anti-inflamatórios não esteroidais: aceclofenaco, ácido mefenâmico, ampiroxicam, celecoxibe, cetoprofeno, lisinato de cetoprofeno, trometamol cetorolaco, cinaproxeno, dexcetoprofeno, diclofenaco,

diclofenaco dietilamônio, diclofenaco epolamina, diclofenaco potássico, diclofenaco sódico, diclofenaco colestiramina, DipiRONA magnésica, DipiRONA, esflurbiprofeno, etodolaco, etoricoxibe, fenilbutazona, fenilbutazona cálcica, fenilbutazona piperazina, fenilbutazona sódica, flurbiprofeno, ibuprofeno, ibuprofeno alumínio, ibuprofeno arginina, ibuprofeno guaiacol, ibuprofeno meglumina, ibuprofeno piconol, ibuprofeno piridoxina, ibuprofeno sódico, lisinato de ibuprofeno levolisinato de raceibuprofeno levolisinato de ibuprofeno, indometacina, indometacina sódica, lornoxicam, loxoprofeno, loxoprofeno sódico, meloxicam, naproxeno, naproxeno sódico, nimesulida, OXcarbazepina, parecoxibe, parecoxibe sódico, picetoprofeno, piroxicam, cinamato de piroxicam, piroxicam olamina, tenoxicam, piroxicam betaciclodextrina, nimesulida betaciclodextrina, DipiRONA monoidratada, flurbiprofeno sódico, dexcetoprofeno trometamol, dextroetodolaco, levolisinato de ibuprofeno hidratado, racelisinato de ibuprofeno

Resultado da interação: Os anti-inflamatórios não esteroidais podem aumentar a concentração sérica da vancomicina. O mecanismo para tal interação ainda é desconhecido. Porém, estudos demonstraram diminuição na depuração e aumento da meia-vida da vancomicina em bebês que receberam anti-inflamatórios não esteroidais. Essa interação só foi demonstrada em bebês.

Probabilidade: Alta

Gravidade: Moderada

Sugestão de conduta: Monitorar a terapia.

Parâmetros de monitorização: Creatinina (↑). Nível sérico de vancomicina (↑).

Referências

1. Allegaert K, Rayyan M, Anderson BJ. Impact of ibuprofen administration on renal drug clearance in the first weeks of life. Methods Find Exp Clin Pharmacol. 2006;28(8):519-22.
2. Allegaert K. The impact of ibuprofen or indomethacin on renal drug clearance in neonates. J Matern Fetal Neonatal Med. 2009;22 Suppl 3:88-91.
3. Anderson BJ, Allegaert K, Van den Anker JN, Cossey V, Holford NHG. Vancomycin pharmacokinetics in preterm neonates and the prediction of adult clearance. Br J Clin Pharmacol. 2007;63(1):75-84.
4. Cristea S, Allegaert K, Falcao AC, Falcao F, Silva R, Smits A, et al. Larger dose reductions of vancomycin required in neonates with patent ductus arteriosus receiving indomethacin versus ibuprofen. Antimicrob Agents Chemother. 2019;63(8)e00853-19.

Anti-inflamatórios não esteroidais (não seletivos) / Corticosteroides sistêmicos

Medicamentos do grupo Anti-inflamatórios não esteroidais (não seletivos): aceclofenaco, ácido mefenâmico, cetoprofeno, lisinato de cetoprofeno, cetorolaco, trometamol cetorolaco, dexibuprofeno, diclofenaco, diclofenaco dietilamônio, diclofenaco potássico, diclofenaco sódico, DipiRONA magnésica, DipiRONA, etodolaco, fenilbutazona, fenilbutazona cálcica, fenilbutazona sódica, flurbiprofeno, ibuprofeno, ibuprofeno alumínio, ibuprofeno guaiacol, ibuprofeno meglumina, ibuprofeno piconol, ibuprofeno piridoxina, ibuprofeno sódico, lisinato de ibuprofeno levolisinato de raceibuprofeno levolisinato de ibuprofeno, indometacina, indometacina sódica, lornoxicam, loxoprofeno, loxoprofeno sódico, meloxicam, naproxeno, naproxeno sódico, piroxicam, tenoxicam, DipiRONA monoidratada, flurbiprofeno sódico, dextroetodolaco, levolisinato de ibuprofeno hidratado, racelisinato de ibuprofeno

Medicamentos do grupo Corticosteroides sistêmicos: BETAmetasona, acetato de BETAmetasona, acibutato de BETAmetasona, benzoato de BETAmetasona, dipropionato de BETAmetasona, fosfato dissódico de BETAmetasona, valerato de BETAmetasona, cortisona, acetato de cortisona, deflazacorte, DEXAmetasona, acefurato de DEXAmetasona, acetato de DEXAmetasona, femproprionato de DEXAmetasona, fosfato dissódico de DEXAmetasona, isonicotinato de DEXAmetasona, metanossulfobenzoato sódico de DEXAmetasona, pivalato de DEXAmetasona, sulfato sódico de DEXAmetasona sim, fludrocortisona, acetato de fludrocortisona, hidrocortisona, aceponato de hidrocortisona, acetato de hidrocortisona, buteprato de hidrocortisona, butirato de hidrocortisona, fosfato dissódico de hidrocortisona, hemissuccinato de hidrocortisona, succinato sódico de hidrocortisona, valerato de hidrocortisona, metilprednisolona, aceponato de metilprednisolona, acetato de metilprednisolona, fosfato sódico de metilprednisolona, succinato sódico de metilprednisolona, suleptanato de metilprednisolona, prednisolona, acetato de prednisolona, caproato de prednisolona, esteaglato de prednisolona, fosfato sódico de prednisolona, hemissuccinato de prednisolona, succinato sódico de prednisolona, valerato de prednisolona, prednisona, acetato de prednisona, triancinolona, triancinolona acetonida, diacetato de triancinolona, triancinolona hexacetonida, triancinolona benetonida, triancinolona furetonida, acetato de DEXAmetasona monoidratado, prednisolona sesqui-hidratada, hemissuccinato de metilprednisolona

Resultado da interação: Os corticosteroides sistêmicos podem potencializar os efeitos adversos dos anti-inflamatórios não esteroidais (não seletivos), devido ao sinergismo na inibição da síntese de prostaglandinas, com subsequente redução da camada mucoprotetora do epitélio gastrointestinal.

Probabilidade: Média

Gravidade: Moderada

Sugestão de conduta: Monitorar a terapia.

Parâmetros de monitorização: Plaquetas (↓). Creatinina (↑). Sangue oculto nas fezes (+). Sinais e sintomas de sangramento gastrointestinal: dispepsia, vômito com sangue, presença de sangue nas fezes, fezes pretas, pegajosas e mau cheirosas.

Referências

1. Profenid® [Bula de remédio]. São Paulo: Sanofi Medley Farmacêutica Ltda; 2019.
2. Toradol® [Bula de remédio]. Rio de Janeiro: Farmoquímica S.A.; 2017.
3. Harris CL, Raisch DW, Abhyankar U, Marfatia S, Campbell HM, Sather MR. GI risk factors and use of GI protective agents among patients receiving nonsteroidal antiinflammatory drugs. Ann Pharmacother. 2006;40(11):1924-31.
4. Pecora PG, Kaplan B. Corticosteroids and ulcers: is there an association? Ann Pharmacother. 1996;30(7-8):870-2.

Antipsicóticos / Metoclopramida

Medicamentos do grupo Antipsicóticos: aripiprazol, ClorproMAZINA, cloridrato de ClorproMAZINA, embonato de ClorproMAZINA, CloZAPina, droperidol, flufenazina, decanoato de flufenazina, dicloridrato de flufenazina, enantato de flufenazina, HaloPERidol, cloridrato de HaloPERidol, decanoato de HaloPERidol, levomepromazina, cloridrato de levomepromazina, maleato de levomepromazina, levossulpirida, olanzapina, paliperidona, periciazina, quetiapina, hemifumarato de quetiapina, risperidona, sulpirida, tioridazina, cloridrato de tioridazina, trifluoperazina, dicloridrato de trifluoperazina, ziprasidona, cloridrato de ziprasidona, mesilato de ziprasidona, zuclopentixol, acetato de zuclopentixol, decanoato de zuclopentixol, dicloridrato de zuclopentixol, cloridrato de ziprasidona monoidratado, embonato de olanzapina monoidratado, palmitato de paliperidona, aripiprazol monoidratado, cloridrato de lurasidona, lurasidona, aripiprazol cavoxila, aripiprazol lauroxila

Resultado da interação: Pode potencializar os efeitos adversos e tóxicos dos antipsicóticos, especialmente o risco de reações extrapiramidais e síndrome neuroléptica maligna. O mecanismo desta interação está relacionado a alterações na atividade dopaminérgica causada por ambos os medicamentos, acarretando em efeitos colaterais relacionados ao movimento.

Probabilidade: Alta

Gravidade: Maior

Sugestão de conduta: Associação contraindicada devido ao risco elevado de desenvolvimento de reações extrapiramidais e síndrome neuroléptica maligna.

Parâmetros de monitorização: Monitorar sinais e sintomas de reações extrapiramidais e síndrome neuroléptica maligna, tais como: perda do equilíbrio, queda, distúrbios da marcha, tremores, delírio, letargia, hipertermia, tremores, rigidez muscular, taquicardia, taquipneia e hipertensão.

Referências

1. Factor SA, Matthews MK. Persistent extrapyramidal syndrome with dystonia and rigidity caused by combined metoclopramide and prochlorperazine therapy. South Med J. 1991;84(5):626-8.
2. Mazhar F, Akram S, Haider N, Ahmed R. Overlapping of serotonin syndrome with neuroleptic malignant syndrome due to linezolid-fluoxetine and olanzapine-metoclopramide interactions: a case report of two serious adverse drug effects caused by medication reconciliation failure on hospital admission. Case Rep Med. 2016;2016:7128909.
3. Merrill RM, Lyon JL, Matiaco PM. Tardive and spontaneous dyskinesia incidence in the general population. BMC Psychiatry. 2013;13:152.
4. Shaffer D, Butterfield M, Pamer C, Mackey AC. Tardive dyskinesia risks and metoclopramide use before and after U.S. market withdrawal of cisapride. J Am Pharm Assoc (2003). 2004;44(6):661-5.

Benzodiazepínicos / Metadona

Medicamentos do grupo Benzodiazepínicos: alprazolam, bromazepam, clobazam, clonazepam, diazepam, estazolam, flunitrazepam, flurazepam, dicloridrato de flurazepam, lorazepam, pivalato de lorazepam, midazolam, cloridrato de midazolam, maleato de midazolam, nitrazepam, cloridrato de flurazepam, besilato de remimazolam

Resultado da interação: Pode potencializar o efeito depressor do sistema nervoso central da metadona, uma vez que ocorre efeito aditivo e/ou sinérgico dos medicamentos.

Probabilidade: Média

Gravidade: Maior

Sugestão de conduta: Monitorar a terapia.

Parâmetros de monitorização: Sinais e sintomas de depressão do sistema nervoso central como hipotensão, depressão respiratória, sedação profunda e coma.

Referências

1. Mytedom® [Bula de remédio]. São Paulo: Cristália Produtos Químicos Farmacêuticos Ltda; 1995.
2. Abrahamsson T, Berge J, Öjehagen A, Håkansson A. Benzodiazepine, z-drug and pregabalin prescriptions and mortality among patients in opioid maintenance treatment-A nation-wide register-based open cohort study. Drug Alcohol Depend. 2017;174:58-64.
3. Chan GM, Stajic M, Marker EK, Hoffman RS, Nelson LS. Testing positive for methadone and either a tricyclic antidepressant or a benzodiazepine is associated with an accidental overdose death: analysis of medical examiner data. Acad Emerg Med. 2006;13(5):543-7.
4. Gagajewski A, Apple FS. Methadone-related deaths in Hennepin County, Minnesota: 1992-2002. J Forensic Sci. 2003;48(3):668-71.
5. Seymour A, Black M, Jay J, Cooper G, Weir C, Oliver J. The role of methadone in drug-related deaths in the west of Scotland. Addiction. 2003;98(7):995-1002.
6. Sunjic S, Zador D. Methadone-related deaths in new south wales. Med J Aust. 1997;166(1):54-5.
7. Weimer MB, Korthuis PT, Behonick GS, Wunsch MJ. The source of methadone in overdose deaths in Western Virginia in 2004. J Addict Med. 2011;5(3):188-202.
8. Chou R, Cruciani RA, Fiellin DA, Compton P, Farrar JT, Haigney MC, et al. Methadone safety: a clinical practice guideline from the american pain society and college on problems of drug dependence, in collaboration with the heart rhythm society. J Pain. 2014;15(4):321-37.

Betabloqueadores / AmioDARONA

Medicamentos do grupo Betabloqueadores: atenolol, betaxolol, cloridrato de betaxolol, bisoprolol, hemifumarato de bisoprolol, CarVEDilol, dexpropranolol, cloridrato de dexpropranolol, esmolol, cloridrato de esmolol, labetalol, cloridrato de labetalol, levobunolol, cloridrato de levobunolol, metoprolol, fumarato de metoprolol, succinato de metoprolol, tartarato de metoprolol, nebivolol, pindolol, propranolol, cloridrato de propranolol, sotalol, cloridrato de sotalol, timolol, maleato de timolol, cloridrato de nebivolol

Resultado da interação: Pode aumentar a concentração sérica dos Betabloqueadores potencializando seu efeito bradicárdico potencialmente fatal. O mecanismo desta interação envolve o bloqueio beta aditivo dos medicamentos, acarretando em bradicardia excessiva.

Probabilidade: Alta

Gravidade: Moderada

Sugestão de conduta: Monitorar a terapia observando bradicardia excessiva quando a AmioDARONA for iniciada ou tiver sua dose aumentada.

Parâmetros de monitorização: Frequência cardíaca (↓), pressão arterial (↓), síncope, cansaço, fraqueza, tontura, falta de ar e parada cardíaca.

Referências

1. Atlansil® [Bula de remédio]. São Paulo: Sanofi-Aventis Farmacêutica Ltda; 2020.
2. Ablok Plus® [Bula de remédio]. São Paulo: Biolab Sanus Farmacêutica Ltda; 1999.
3. Connolly SJ, Dorian P, Roberts RS, Gent M, Bailin S, Fain ES, et al. Comparison of beta-blockers, amiodarone plus beta-blockers, or sotalol for prevention of shocks from implantable cardioverter defibrillators: the OPTIC Study: a randomized trial. JAMA. 2006;295(2):165-71.
4. Leor J, Levartowsky D, Sharon C, Farfel Z. Amiodarone and beta-adrenergic blockers: an interaction with metoprolol but not with atenolol. Am Heart J. 1988;116(1 Pt 1):206-7.
5. Schiff AA. Maintenance drugs in schizophrenia. Lancet. 1978;2(8099):1101.
6. Warren R, Vohra J, Hunt D, Hamer A. Serious interactions of sotalol with amiodarone and flecainide. Med J Aust. 1990;152(5):277.

Betabloqueadores / Lidocaína

Medicamentos do grupo Betabloqueadores: atenolol, betaxolol, cloridrato de betaxolol, bisoprolol, hemifumarato de bisoprolol, CarVEDilol, dexpropranolol, cloridrato de dexpropranolol, esmolol, cloridrato de esmolol, labetalol, cloridrato de labetalol, levobunolol, cloridrato de levobunolol, metoprolol, fumarato de metoprolol, succinato de metoprolol, tartarato de metoprolol, nebivolol, pindolol, propranolol, cloridrato de propranolol, sotalol, cloridrato de sotalol, timolol, maleato de timolol, cloridrato de nebivolol

Resultado da interação: Pode aumentar a concentração sérica da lidocaína, uma vez que ocorre redução de sua depuração hepática.

Probabilidade: Alta

Gravidade: Moderada

Sugestão de conduta: Monitorar a terapia.

Parâmetros de monitorização: Monitorar aumento das reações adversas e toxicidade da lidocaína, tais como pressão arterial (↓), débito cardíaco (↓), bradicardia, edema, agitação, ansiedade, náusea, vômito, tremores e fraqueza.

Referências

1. Ablok Plus® [Bula de remédio]. São Paulo: Biolab Sanus Farmacêutica Ltda; 1999.
2. Alphacaine® [Bula de remédio]. Rio de Janeiro: DFL Indústria e Comércio S.A.; 1997.

3. Conrad KA, Byers JM, Finley PR, Burnham L. Lidocaine elimination: effects of metoprolol and of propranolol. Clin Pharmacol Ther. 1983;33(2):133-8.
4. Graham CF, Turner WM, Jones JK. Lidocaine-propranolol interactions. N Engl J Med. 1981;304(21):1301.
5. Miners JO, Wing LM, Lillywhite KJ, Smith KJ. Failure of 'therapeutic' doses of beta-adrenoceptor antagonists to alter the disposition of tolbutamide and lignocaine. Br J Clin Pharmacol. 1984;18(6):853-60.
6. Schneck DW, Luderer JR, Davis D, Vary J. Effects of nadolol and propranolol on plasma lidocaine clearance. Clin Pharmacol Ther. 1984;36(5):584-7.

Betabloqueadores / Suxametônio

Medicamentos do grupo Betabloqueadores: atenolol, betaxolol, cloridrato de betaxolol, bisoprolol, hemifumarato de bisoprolol, CarVEDilol, dexpropranolol, cloridrato de dexpropranolol, esmolol, cloridrato de esmolol, labetalol, cloridrato de labetalol, levobunolol, cloridrato de levobunolol, metoprolol, fumarato de metoprolol, succinato de metoprolol, tartarato de metoprolol, nebivolol, pindolol, propranolol, cloridrato de propranolol, sotalol, cloridrato de sotalol, timolol, maleato de timolol, cloridrato de nebivolol

Resultado da interação: Pode ocorrer potencialização do bloqueio neuromuscular do suxametônio por mecanismo desconhecido.

Probabilidade: Média

Gravidade: Moderada

Sugestão de conduta: Monitorar a terapia.

Parâmetros de monitorização: Grau de bloqueio neuromuscular (Train Of Four [TOF], índice bispectral [BIS]). Frequência respiratória (↓). Frequência cardíaca. Pressão arterial. Potássio sérico (↑).

Referências

1. Ganigara A, Ravishankar C, Ramavakoda C, Nishtala M. Fatal hyperkalemia following succinylcholine administration in a child on oral propranolol. Drug Metab Pers Ther. 2015;30(1):69-71.

Betabloqueadores beta-1 seletivos / Beta-2 agonistas

Medicamentos do grupo Beta-2 agonistas: fenoterol, bromidrato de fenoterol, cloridrato de fenoterol, formoterol, fumarato de formoterol di-hidratado, salbutamol, sulfato de salbutamol, salmeterol, xinafoato de salmeterol, terbutalina, sulfato de terbutalina, fumarato de formoterol, indacaterol, maleato de indacaterol, olodaterol

Medicamentos do grupo Betabloqueadores beta-1 seletivos: atenolol, betaxolol, cloridrato de betaxolol, bisoprolol, hemifumarato de bisoprolol, esmolol, cloridrato de esmolol, metoprolol, fumarato de metoprolol, succinato de metoprolol, tartarato de metoprolol, nebivolol, cloridrato de nebivolol

Resultado da interação: Pode diminuir o efeito broncodilatador dos beta-2 agonistas, uma vez que os betabloqueadores beta-1 seletivos são capazes de induzir broncoconstrição e/ou causar broncoespasmo, se opondo aos efeitos dos beta-2 agonistas. Esta interação possui maior gravidade e impacto quando os betabloqueadores beta-1 seletivos são utilizados em altas doses.

Probabilidade: Alta

Gravidade: Moderada

Sugestão de conduta: Monitorar a terapia.

Parâmetros de monitorização: Monitorar redução do efeito broncodilatador dos beta-2 agonistas na condição clínica em tratamento observando dispneia, broncoespasmos, crises de asma, desconforto torácico, tosse e falta de ar.

Referências

1. Berotec® [Bula de remédio]. São Paulo: Boehringer Ingelheim do Brasil Química e Farmacêutica Ltda; 1998.
2. Boye NP, Vale JR. Effect in bronchial asthma of a new beta-adrenergic blocking drug atenolol (ICI 66, 082). Eur J Clin Pharmacol. 1977;11(1):11-4.
3. Decalmer PB, Chatterjee SS, Cruickshank JM, Benson MK, Sterling GM. Beta-blockers and asthma. Br Heart J. 1978;40(2):184-9.
4. Greefhorst AP, van Herwaarden CL. Comparative study of the ventilatory effects of three beta 1-selective blocking agents in asthmatic patients. Eur J Clin Pharmacol. 1981;20(6):417-21.
5. Lawrence DS, Sahay JN, Chatterjee SS, Cruickshank JM. Asthma and beta-blockers. Eur J Clin Pharmacol. 1982;22(6):501-9.
6. Tafreshi MJ, Weinacker AB. Beta-adrenergic-blocking agents in bronchospastic diseases: a therapeutic dilemma. Pharmacotherapy. 1999;19(8):974-8.

Betabloqueadores beta-1 seletivos / EPINEFrina

Medicamentos do grupo Betabloqueadores beta-1 seletivos: atenolol, betaxolol, cloridrato de betaxolol, bisoprolol, hemifumarato de bisoprolol, esmolol, cloridrato de esmolol, metoprolol, fumarato de metoprolol, succinato de metoprolol, tartarato de metoprolol, nebivolol, cloridrato de nebivolol

Resultado da interação: Pode diminuir o efeito terapêutico da EPINEFrina, uma vez que ocorre antagonismo dos efeitos farmacológicos.

Probabilidade: Média

Gravidade: Moderada

Sugestão de conduta: Monitorar a terapia.

Parâmetros de monitorização: Monitorar redução da efetividade terapêutica da EPINEFrina.

Referências

1. Efrinalin® [Bula de remédio]. São Paulo: Blau Farmacêutica S.A.; 2013.
2. Hayhoe S, Navapurkar V, Conway AM. Use of enoximone in management of anaphylaxis complicated by labetalol use. BMJ Case Rep. 2015;2015:bcr2015212432.
3. Newman BR, Schultz LK. Epinephrine-resistant anaphylaxis in a patient taking propranolol hydrochloride. Ann Allergy. 1981;47(1):35-7.

Bloqueadores neuromusculares / Anestésicos locais

Medicamentos do grupo Anestésicos locais: benzidamina, cloridrato de benzidamina, benzocaína, cloridrato de benzocaína, BUpivacaína, cloridrato de BUpivacaína, cloridrato de LEVOBupivacaína, hidroxitetracaína, LEVOBupivacaína, cloridrato de lidocaína, mepivacaína, cloridrato de mepivacaína, oxibuprocaína, cloridrato de oxibuprocaína, proximetacaína, cloridrato de proximetacaína, ROpivacaína, cloridrato de ROpivacaína, tetracaína, cloridrato de tetracaína, cloridrato de dextrobupivacaína, cloridrato de BUpivacaína monoidratado, cloridrato de lidocaína monoidratada cloridrato de lidocaína monoidratado, cloridrato de ROpivacaína monoidratado

Medicamentos do grupo Bloqueadores neuromusculares: atracúrio, besilato de atracúrio, besilato de cisatracúrio, brometo de pancurônio, brometo de vecurônio, rocurônio, brometo de rocurônio, suxametônio, brometo de suxametônio, cloreto de suxametônio, iodeto de suxametônio

Resultado da interação: Pode resultar em aumento e prolongamento do bloqueio neuromuscular produzido pelos bloqueadores neuromusculares, através de mecanismo ainda desconhecido. Exceções: benzocaína, cloreto de etila, hexilresorcinol, lidocaína, pramoxina, proparacaína, tetracaína.

Probabilidade: Média

Gravidade: Moderada

Sugestão de conduta: Monitorar a terapia.

Parâmetros de monitorização: Pressão arterial (↓). Frequência respiratória (↓). Saturação de O2 (↓). Sinais e grau de paralisia muscular (presença de movimento espontâneo, assincronia do ventilador, tremores).

Referências

1. Ninomiya A, Terakawa Y, Matsuura N, Ichinohe T, Kaneko Y. Oral mucosal injection of a local anesthetic solution containing epinephrine enhances muscle relaxant effects of rocuronium. Anesth Prog. 2012;59(1):18-21.
2. Torrance JM, Lewer BM, Galletly DC. Low-dose mivacurium supplementation of prilocaine i.v. regional anaesthesia. Br J Anaesth. 1997;78(2):222-3.

Bloqueadores neuromusculares / Diuréticos de alça

Medicamentos do grupo Bloqueadores neuromusculares: atracúrio, besilato de atracúrio, besilato de cisatracúrio, brometo de pancurônio, brometo de vecurônio, rocurônio, brometo de rocurônio, suxametônio, brometo de suxametônio, cloreto de suxametônio, iodeto de suxametônio

Medicamentos do grupo Diuréticos de alça: furosemida

Resultado da interação: Pode aumentar ou diminuir o efeito de bloqueio neuromuscular dos bloqueadores neuromusculares por mecanismo desconhecido. Essa interação parece ter relação com a dose dos diuréticos de alça, uma vez que doses baixas parecem aumentar o bloqueio neuromuscular, enquanto doses mais altas diminuem o bloqueio.

Probabilidade: Alta

Gravidade: Moderada

Sugestão de conduta: Monitorar a terapia.

Parâmetros de monitorização: Monitorar aumento ou redução no grau de bloqueio neuromuscular por meio de Train Of Four (TOF) e índice bispectral (BIS).

Referências

1. Azar I, Cottrell J, Gupta B, Turndorf H. Furosemide facilitates recovery of evoked twitch response after pancuronium. Anesth Analg. 1980;59(1):55-7.
2. Miller RD, Sohn YJ, Matteo RS. Enhancement of d-tuborcurarine neuromuscular blockade by diuretics in man. Anesthesiology. 1976;45(4):442-5.
3. Scappaticci KA, Ham JA, Sohn YJ, Miller RD, Dretchen KL. Effects of furosemide on the neuromuscular junction. Anesthesiology. 1982;57(5):381-8.

Bloqueadores neuromusculares / Lincosamidas

Medicamentos do grupo Bloqueadores neuromusculares: atracúrio, besilato de atracúrio, besilato de cisatracúrio, brometo de pancurônio, brometo de vecurônio, rocurônio, brometo de rocurônio, suxametônio, brometo de suxametônio, cloreto de suxametônio, iodeto de suxametônio

Medicamentos do grupo Lincosamidas: clindamicina, cloridrato de clindamicina, cloridrato do palmitato de clindamicina, fosfato de clindamicina, lincomicina, cloridrato de lincomicina, cloridrato de clindamicina monoidratado

Resultado da interação: Pode potencializar ou prolongar o efeito do bloqueador neuromuscular por um mecanismo ainda não elucidado.

Probabilidade: Alta

Gravidade: Moderada

Sugestão de conduta: Monitorar a terapia. Considerar reduzir a dose do bloqueador neuromuscular. Pode ser necessário o uso de reversores do bloqueio neuromuscular.

Parâmetros de monitorização: Grau de bloqueio neuromuscular (Train Of Four [TOF], índice bispectral [BIS]), frequência respiratória (↓), frequência cardíaca, pressão arterial, ocorrência de miopatias.

Referências

1. Ahdal OA, Bevan DR. Clindamycin-induced neuromuscular blockade. Can J Anaesth. 1995;42(7):614-7.
2. Avery D, Finn R. Succinylcholine-prolonged apnea associated with clindamycin and abnormal liver function tests. Dis Nerv Syst. 1977;38(6):473-5.
3. Booij LH, Miller RD, Crul JF. Neostigmine and 4-aminopyridine antagonism of lincomycin-pancuronium neuromuscular blockade in man. Anesth Analg. 1978;57(3):316-21.
4. Fogdall RP, Miller RD. Prolongation of a pancuronium-induced neuromuscular blockade by clindamycin. Anesthesiology. 1974;41(4):407-8.
5. Srivastava A, Hunter JM. Reversal of neuromuscular block. Br J Anaesth. 2009;103(1):115-29.

Bloqueadores neuromusculares / Polimixina B

Medicamentos do grupo Bloqueadores neuromusculares: atracúrio, besilato de atracúrio, besilato de cisatracúrio, brometo de pancurônio, brometo de vecurônio, rocurônio, brometo de rocurônio, suxametônio, brometo de suxametônio, cloreto de suxametônio, iodeto de suxametônio

Resultado da interação: Pode potencializar ou prolongar o efeito do bloqueador neuromuscular por diminuição da liberação pré-sinaptica de acetilcolina e/ou atividade de bloqueio pós-juncional pela polimixina B.

Probabilidade: Média

Gravidade: Maior

Sugestão de conduta: Evitar a combinação. Se necessário associar, monitorar a terapia e considerar reduzir a dose do bloqueador neuromuscular e/ou o uso de reversores do bloqueio neuromuscular.

Parâmetros de monitorização: Grau de bloqueio neuromuscular (Train Of Four [TOF], índice bispectral [BIS]), frequência respiratória (↓), frequência cardíaca, pressão arterial, ocorrência de miopatias.

Referências

1. Fogdall RP, Miller RD. Prolongation of a pancuronium-induced neuronmuscular blockade by polymyxin B. Anesthesiology. 1974;40(1):84-7.
2. Pohlmann G. Respiratory arrest associated with intravenous administration of polymyxin B sulfate. JAMA. 1966;196(2):181-3.
3. Srivastava A, Hunter JM. Reversal of neuromuscular block. Br J Anaesth. 2009;103(1):115-29.

Bloqueadores neuromusculares / Vancomicina

Medicamentos do grupo Bloqueadores neuromusculares: atracúrio, besilato de atracúrio, besilato de cisatracúrio, brometo de pancurônio, brometo de vecurônio, rocurônio, brometo de rocurônio, suxametônio, brometo de suxametônio, cloreto de suxametônio, iodeto de suxametônio

Resultado da interação: Pode potencializar ou prolongar o efeito do bloqueador neuromuscular por um mecanismo desconhecido.

Probabilidade: Média

Gravidade: Moderada

Sugestão de conduta: Monitorar a terapia. Considerar reduzir a dose do bloqueador neuromuscular. Pode ser necessário o uso de reversores do bloqueio neuromuscular.

Parâmetros de monitorização: Grau de bloqueio neuromuscular (Train Of Four [TOF], índice bispectral [BIS]), frequência respiratória (↓), frequência cardíaca, pressão arterial, ocorrência de miopatias.

Referências

1. Albrecht RF, Lanier WL. Potentiation of succinylcholine-induced phase II block by vancomycin. Anesth Analg. 1993;77(6):1300-2.

2. Huang KC, Heise A, Shrader AK, Tsueda K. Vancomycin enhances the neuromuscular blockade of vecuronium. Anesth Analg. 1990;71(2):194-6.
3. Srivastava A, Hunter JM. Reversal of neuromuscular block. Br J Anaesth. 2009;103(1):115-29.

Bloqueadores neuromusculares (não despolarizantes) / Corticosteroides sistêmicos

Medicamentos do grupo Bloqueadores neuromusculares (não despolarizantes): atracúrio, besilato de atracúrio, besilato de cisatracúrio, brometo de pancurônio, brometo de vecurônio, rocurônio, brometo de rocurônio

Medicamentos do grupo Corticosteroides sistêmicos: BETAmetasona, acetato de BETAmetasona, acibutato de BETAmetasona, benzoato de BETAmetasona, dipropionato de BETAmetasona, fosfato dissódico de BETAmetasona, valerato de BETAmetasona, cortisona, acetato de cortisona, deflazacorte, DEXAmetasona, acefurato de DEXAmetasona, acetato de DEXAmetasona, femproprionato de DEXAmetasona, fosfato dissódico de DEXAmetasona, isonicotinato de DEXAmetasona, metanossulfobenzoato sódico de DEXAmetasona, pivalato de DEXAmetasona, sulfato sódico de DEXAmetasona sim, fludrocortisona, acetato de fludrocortisona, hidrocortisona, aceponato de hidrocortisona, acetato de hidrocortisona, buteprato de hidrocortisona, butirato de hidrocortisona, fosfato dissódico de hidrocortisona, hemissuccinato de hidrocortisona, succinato sódico de hidrocortisona, valerato de hidrocortisona, metilprednisolona, aceponato de metilprednisolona, acetato de metilprednisolona, fosfato sódico de metilprednisolona, succinato sódico de metilprednisolona, suleptanato de metilprednisolona, prednisolona, acetato de prednisolona, caproato de prednisolona, esteaglato de prednisolona, fosfato sódico de prednisolona, hemissuccinato de prednisolona, succinato sódico de prednisolona, valerato de prednisolona, prednisona, acetato de prednisona, triancinolona, triancinolona acetonida, diacetato de triancinolona, triancinolona hexacetonida, triancinolona benetonida, triancinolona furetonida, acetato de DEXAmetasona monoidratado, prednisolona sesqui-hidratada, hemissuccinato de metilprednisolona

Resultado da interação: Os bloqueadores neuromusculares (não despolarizantes) podem potencializar o efeito neuromuscular adverso (fraqueza muscular) dos corticosteroides sistêmicos, possivelmente progredindo para polineuropatias e miopatias. Altas doses de corticosteroides sistêmicos e bloqueadores neuromusculares (não despolarizantes) demonstraram ter um efeito adverso na transmissão neuromuscular. Pacientes críticos que apresentam sepse ou asma grave e que requerem altas doses de corticosteroides sistêmicos intravenosos e ventilação mecânica estão mais sujeitos a esta interação, sendo que a recuperação pode levar de semanas a meses.

Probabilidade: Alta

Gravidade: Maior

Sugestão de conduta: Monitorar a terapia. Se possível, empregar as doses mais baixas possíveis e limitar a duração do tratamento de qualquer um dos agentes para diminuir o risco de desenvolver miopatia ou neuropatia.

Parâmetros de monitorização: Creatinofosfoquinase (↑). Fraqueza muscular (↑). Reflexos (↓). Hipotonia.

Referências

1. Davis NA, Rodgers JE, Gonzalez ER, Fowler AA. Prolonged weakness after cisatracurium infusion: a case report. Crit Care Med. 1998;26(7):1290-2.
2. Fischer JR, Baer RK. Acute myopathy associated with combined use of corticosteroids and neuromuscular blocking agents. Ann Pharmacother. 1996;30(12):1437-45.
3. Griffin D, Fairman N, Coursin D, Rawsthorne L, Grossman JE. Acute myopathy during treatment of status asthmaticus with corticosteroids and steroidal muscle relaxants. Chest. 1992;102(2):510-4.
4. Kindler CH, Verotta D, Gray AT, Gropper MA, Yost CS. Additive inhibition of nicotinic acetylcholine receptors by corticosteroids and the neuromuscular blocking drug vecuronium. Anesthesiology. 2000;92(3):821-32.
5. Murray MJ, Brull SJ, Bolton CF. Brief review: Nondepolarizing neuromuscular blocking drugs and critical illness myopathy. Can J Anaesth. 2006;53(11):1148-56.
6. Murray MJ, Cowen J, DeBlock H, Erstad B, Gray AW, Tescher AN, et al. Clinical practice guidelines for sustained neuromuscular blockade in the adult critically ill patient. Crit Care Med. 2002;30(1):142-56.

Bloqueadores neuromusculares (não despolarizantes) / Fenitoína

Medicamentos do grupo Bloqueadores neuromusculares (não despolarizantes): atracúrio, besilato de atracúrio, besilato de cisatracúrio, brometo de pancurônio, brometo de vecurônio, rocurônio, brometo de rocurônio

Resultado da interação: Pacientes que fazem uso crônico de fenitoína podem ter redução da concentração plasmática do bloqueador neuromuscular (não despolarizante) e consequente redução da intensidade e duração do efeito. Em pacientes que tenham iniciado fenitoína até 14 dias, ao contrário, pode ocorrer o aumento do efeito do bloqueador neuromuscular (não despolarizante). O mecanismo de ação é desconhecido, mas parece ter relação com as características farmacocinéticas da fenitoína, que é indutora de diversas vias de metabolização.

Probabilidade: Alta

Gravidade: Moderada

Sugestão de conduta: Monitorar a terapia. Considerar ajustar a dose do bloqueador neuromuscular para manter a resposta terapêutica apropriada e evitar danos.

Parâmetros de monitorização: Grau de bloqueio neuromuscular (Train Of Four [TOF], índice bispectral [BIS]), frequência respiratória, frequência cardíaca e pressão arterial.

Referências

1. Wright PMC, McCarthy G, Szenohradszky J, Sharma ML, Caldwell JE. Influence of Chronic Phenytoin Administration on the Pharmacokinetics and Pharmacodynamics of Vecuronium. Anesthesiology. 2004;100(3):626-33.
2. Fernández-Candil J, Gambús PL, Trocóniz IF, Valero R, Carrero E, Bueno L, et al. Pharmacokinetic-pharmacodynamic modeling of the influence of chronic phenytoin therapy on the rocuronium bromide response in patients undergoing brain surgery. Eur J Clin Pharmacol. 2008;64(8):795-806.
3. Hernández-Palazón J, Tortosa JA, Martínez-Lage JF, Pérez-Ayala M. Rocuronium-induced neuromuscular blockade is affected by chronic phenytoin therapy. J Neurosurg Anesthesiol. 2001;13(2):79-82.
4. Koenig HM, Edwards TL. Cisatracurium-induced neuromuscular blockade in anticonvulsant treated neurosurgical patients. J Neurosurg Anesthesiol. 2000;12(4):314-8.
5. Ornstein E, Matteo RS, Schwartz AE, Silverberg PA, Young WL, Diaz J. The effect of phenytoin on the magnitude and duration of neuromuscular block following atracurium or vecuronium. Anesthesiology. 1987;67(2):191-6.
6. Richard A, Girard F, Girard DC, Boudreault D, Chouinard P, Moumdjian R, et al. Cisatracurium-induced neuromuscular blockade is affected by chronic phenytoin or carbamazepine treatment in neurosurgical patients: Anesth Analg. 2005;100(2):538-44.
7. Soriano SG, Sullivan LJ, Venkatakrishnan K, Greenblatt DJ, Martyn JA. Pharmacokinetics and pharmacodynamics of vecuronium in children receiving phenytoin or carbamazepine for chronic anticonvulsant therapy. Br J Anaesth. 2001;86(2):223-9.
8. Spacek A, Nickl S, Neiger FX, Nigrovic V, Ullrich OW, Weindmayr-Goettel M, et al. Augmentation of the rocuronium-induced neuromuscular block by the acutely administered phenytoin. Anesthesiology. 1999;90(6):1551-5.
9. Gray HS, Slater RM, Pollard BJ. The effect of acutely administered phenytoin on vecuronium-induced neuromuscular blockade. Anaesthesia. 1989;44(5):379-81

Bloqueadores neuromusculares (não despolarizantes) / Polimixina B

Medicamentos do grupo Bloqueadores neuromusculares (não despolarizantes): atracúrio, besilato de atracúrio, besilato de cisatracúrio, brometo de pancurônio, brometo de vecurônio, rocurônio, brometo de rocurônio

Resultado da interação: Pode potencializar ou prolongar o efeito dos bloqueadores neuromusculares (não despolarizantes) por diminuição da liberação pré-sinaptica de acetilcolina e/ou atividade de bloqueio pós-juncional pela polimixina B.

Probabilidade: Média

Gravidade: Maior

Sugestão de conduta: Evitar a combinação. Se necessário associar, monitorar a terapia e considerar reduzir a dose do bloqueador neuromuscular e/ou o uso de reversores do bloqueio neuromuscular.

Parâmetros de monitorização: Grau de bloqueio neuromuscular (Train Of Four [TOF], índice bispectral [BIS]), frequência respiratória (↓), frequência cardíaca, pressão arterial, ocorrência de miopatias.

Referências

1. Fogdall RP, Miller RD. Prolongation of a pancuronium-induced neuronmuscular blockade by polymyxin B. Anesthesiology. 1974;40(1):84-7.
2. Pohlmann G. Respiratory arrest associated with intravenous administration of polymyxin B sulfate. JAMA. 1966;196(2):181-3.
3. Srivastava A, Hunter JM. Reversal of neuromuscular block. Br J Anaesth. 2009;103(1):115-29.

Depressores do sistema nervoso central / Depressores do sistema nervoso central

Medicamentos do grupo Depressores do sistema nervoso central: divalproato de sódio, valproato de sódio, ALfentanila, cloridrato de ALfentanila, alprazolam, amissulprida, AmiTRIPtilina, cloridrato de AmiTRIPtilina, embonato de AmiTRIPtilina, aripiprazol, baclofeno, bilastina, brimonidina, dextrotartarato de brimonidina, bromazepam, buclizina, dicloridrato de buclizina, buprenorfina, cloridrato de buprenorfina, cetamina, cloridrato de cetamina, cetirizina, dicloridrato de cetirizina, ciclobenzaprina, cloridrato de ciclobenzaprina, cinarizina, clofibrato de cinarizina, clobazam, ClomiPRAMINA, cloridrato de ClomiPRAMINA, clonazepam, CloNIDina, cloridrato de CloNIDina, ClorproMAZINA, cloridrato de ClorproMAZINA, embonato de

ClorproMAZINA, CloZAPina, codeína, acetato de codeína, bromidrato de codeína, canfossulfonato de codeína, citrato de codeína, cloridrato de codeína, fosfato de codeína, metilbrometo de codeína, óxido de codeína, salicilato de codeína, sulfato de codeína, desflurano, desloratadina, dexclorfeniramina, maleato de dexclorfeniramina, difenidramina, cloridrato de difenidramina, metilsulfato de difenidramina, di-hidrocodeína, hemitartarato de di-hidrocodeína, cloridrato de di-hidrocodeína, fosfato de di-hidrocodeína, tiocianato de di-hidrocodeína, dimenidrinato, entacapona, escopolamina, bromidrato de escopolamina, bromidrato de escopolamina tri-hidratado, butilbrometo de escopolamina, metilbrometo de escopolamina, estazolam, etossuximida, fexofenadina, cloridrato de fexofenadina, HaloPERidol, cloridrato de HaloPERidol, decanoato de HaloPERidol, hidroxizina, dicloridrato de hidroxizina, embonato de hidroxizina, imipramina, cloridrato de imipramina, embonato de imipramina, lamotrigina, levocetirizina, dicloridrato de levocetirizina, levossulpirida, loratadina, lorazepam, pivalato de lorazepam, meclozina, cloridrato de meclozina, midazolam, cloridrato de midazolam, maleato de midazolam, mirtazapina, morfina, acetato de morfina, bromidrato de morfina, cloridrato de morfina, metilbrometo de morfina, mucato de morfina, óxido de morfina, sulfato de morfina, tartarato de morfina, nalbufina, cloridrato de nalbufina, nicomorfina, cloridrato de nicomorfina, nitrazepam, normorfina, cloridrato de normorfina, NORTriptilina, cloridrato de NORTriptilina, olanzapina, oxicodona, cloridrato de oxicodona, pectinato de oxicodona, tereftalato de oxicodona, paliperidona, periciazina, pregabalina, primidona, prometazina, cloridrato de prometazina, teoclato de prometazina, propofol, rilmenidina, di-hidrogenofosfato de rilmenidina, risperidona, rupatadina, fumarato de rupatadina, sevoflurano, SUFentanila, citrato de SUFentanila, sulpirida, talidomida, tioridazina, cloridrato de tioridazina, tolcapona, topiramato, tramadol, cloridrato de tramadol, trazodona, cloridrato de trazodona, trifluoperazina, dicloridrato de trifluoperazina, trimipramina, vigabatrina, ziprasidona, cloridrato de ziprasidona, mesilato de ziprasidona, zolpidem, hemitartarato de zolpidem, zopiclona, zuclopentixol, acetato de zuclopentixol, decanoato de zuclopentixol, dicloridrato de zuclopentixol, cloridrato de ziprasidona monoidratado, sulfato de morfina pentaidratada, di-hidromorfina, cloridrato de ALfentanila monoidratada, embonato de olanzapina monoidratado, palmitato de paliperidona, tapentadol, cloridrato de tapentadol, eszopiclona, perampanel, fosfato de codeína hemi-hidratado, aripiprazol monoidratado, dicloridrato de meclozina monoidratada dicloridrato de meclozina monoidratado, fosfato de codeína sesqui-hidratado, cloridrato de lurasidona, lurasidona, citrato de difenidramina, aripiprazol cavoxila, aripiprazol lauroxila, codeína monoidratada, besilato de remimazolam

Resultado da interação: Pode ocorrer a potencialização dos efeitos adversos e tóxicos dos depressores do sistema nervoso central por efeitos sedativos aditivos.

Probabilidade: Média

Gravidade: Moderada

Sugestão de conduta: Monitorar a terapia.

Parâmetros de monitorização: Monitorar aumento dos efeitos sedativos e depressores do SNC, tais como: bradicardia, hipotensão, depressão respiratória, ataxia, apneia, sedação, alteração do estado mental, hipotermia e hipotonia.

Referências

1. Worthley LIG. Clinical toxicology: part I. Diagnosis and management of common drug overdosage. Crit Care Resusc. 2002;4(3):192-215.

Depressores do sistema nervoso central / Metoclopramida

Medicamentos do grupo Depressores do sistema nervoso central: divalproato de sódio, valproato de sódio, ALfentanila, cloridrato de ALfentanila, alprazolam, amissulprida, AmiTRIPtilina, cloridrato de AmiTRIPtilina, embonato de AmiTRIPtilina, aripiprazol, baclofeno, bilastina, brimonidina, dextrotartarato de brimonidina, bromazepam, buclizina, dicloridrato de buclizina, buprenorfina, cloridrato de buprenorfina, cetamina, cloridrato de cetamina, cetirizina, dicloridrato de cetirizina, ciclobenzaprina, cloridrato de ciclobenzaprina, cinarizina, clofibrato de cinarizina, clobazam, ClomiPRAMINA, cloridrato de ClomiPRAMINA, clonazepam, CloNIDina, cloridrato de CloNIDina, ClorproMAZINA, cloridrato de ClorproMAZINA, embonato de ClorproMAZINA, CloZAPina, codeína, acetato de codeína, bromidrato de codeína, canfossulfonato de codeína, citrato de codeína, cloridrato de codeína, fosfato de codeína, metilbrometo de codeína, óxido de codeína, salicilato de codeína, sulfato de codeína, desflurano, desloratadina, dexclorfeniramina, maleato de dexclorfeniramina, difenidramina, cloridrato de difenidramina, metilsulfato de difenidramina, di-hidrocodeína, hemitartarato de di-hidrocodeína, cloridrato de di-hidrocodeína, fosfato de di-hidrocodeína, tiocianato de di-hidrocodeína, dimenidrinato, entacapona, escopolamina, bromidrato de escopolamina, bromidrato de escopolamina tri-hidratado, butilbrometo de escopolamina, metilbrometo de escopolamina, estazolam, etossuximida, fexofenadina, cloridrato de fexofenadina, HaloPERidol, cloridrato de HaloPERidol, decanoato de HaloPERidol, hidroxizina, dicloridrato de hidroxizina, embonato de hidroxizina, imipramina, cloridrato de imipramina, embonato de imipramina, lamotrigina, levocetirizina, dicloridrato de levocetirizina, levossulpirida, loratadina, lorazepam, pivalato de lorazepam, meclozina, cloridrato de meclozina, midazolam, cloridrato de midazolam, maleato de midazolam, mirtazapina, morfina, acetato de morfina, bromidrato de morfina, cloridrato de morfina, metilbrometo de morfina, mucato de morfina, óxido de morfina, sulfato de morfina, tartarato de morfina, nalbufina, cloridrato de nalbufina, nicomorfina, cloridrato de nicomorfina, nitrazepam, normorfina, cloridrato de normorfina, NORTriptilina, cloridrato de NORTriptilina, olanzapina, oxicodona, cloridrato de oxicodona, pectinato de oxicodona, tereftalato de oxicodona, paliperidona, periciazina, pregabalina, primidona, prometazina, cloridrato de prometazina, teoclato de prometazina, propofol, rilmenidina, di-hidrogenofosfato de rilmenidina, risperidona, rupatadina, fumarato de rupatadina, sevoflurano, SUFentanila, citrato de SUFentanila, sulpirida, talidomida, tioridazina, cloridrato de tioridazina, tolcapona, topiramato, tramadol, cloridrato de tramadol, trazodona, cloridrato de trazodona, trifluoperazina, dicloridrato de trifluoperazina, trimipramina, vigabatrina, ziprasidona, cloridrato de ziprasidona, mesilato de ziprasidona, zolpidem, hemitartarato de zolpidem, zopiclona, zuclopentixol, acetato de zuclopentixol, decanoato de zuclopentixol, dicloridrato de zuclopentixol, cloridrato de ziprasidona monoidratado, sulfato de morfina pentaidratada, di-hidromorfina, cloridrato de ALfentanila monoidratada, embonato de olanzapina monoidratado, palmitato de paliperidona, tapentadol, cloridrato de tapentadol, eszopiclona, perampanel, fosfato de codeína hemi-hidratado, aripiprazol monoidratado, dicloridrato de meclozina monoidratada dicloridrato de meclozina monoidratado, fosfato de codeína sesqui-hidratado, cloridrato de lurasidona, lurasidona, citrato de difenidramina, aripiprazol cavoxila, aripiprazol lauroxila, codeína monoidratada, besilato de remimazolam

Resultado da interação: A metoclopramida pode potencializar o efeito depressor e sedativo dos depressores do sistema nervoso central devido a efeitos aumentados no SNC.

Probabilidade: Baixa

Gravidade: Moderada

Sugestão de conduta: Monitorar a terapia.

Parâmetros de monitorização: Monitorar aumento dos efeitos sedativos e depressores do SNC, tais como: bradicardia, hipotensão, depressão respiratória, ataxia, apneia, sedação, alteração do estado mental, hipotermia e hipotonia.

Referências

1. Plasil® [Bula de remédio]. São Paulo: Sanofi Medley Farmacêutica Ltda; 2019.

Derivados do ergot / NitroGLICERINA

Medicamentos do grupo Derivados do Ergot: BromoCRIPTINA, mesilato de BromoCRIPTINA, cabergolina, codergocrina, mesilato de codergocrina, metilergometrina, maleato de metilergometrina, tartarato de metilergometrina, nicergolina

Resultado da interação: Pode levar à toxicidade de derivados do ergot (ergotismo), pois a NitroGLICERINA pode aumentar a sua biodisponibilidade em até 50%. Os derivados do ergot têm efeito antianginoso e, dessa maneira, podem antagonicamente promover a diminuição dos efeitos vasodilatadores da NitroGLICERINA. Exceção: nicergolina.

Probabilidade: Baixa

Gravidade: Maior

Sugestão de conduta: Monitorar a terapia

Parâmetros de monitorização: Sinais e sintomas de ergotismo, tais como: cefaleia, vertigem, psicose, convulsão e agitação, cianose e/ou isquemia em extremidades (com ausência de pulsos distais), distúrbios gastrointestinais (diarreia, náusea, vômito e dor abdominal em cólica), entre outros. Dor anginosa. Pressão arterial (↑).

Referências

1. Cefaliv® [Bula de remédio]. São Paulo: Aché Laboratórios Farmacêuticos S.A.; 1980.

Diuréticos de alça / Beta-2 agonistas

Medicamentos do grupo Beta-2 agonistas: fenoterol, bromidrato de fenoterol, cloridrato de fenoterol, formoterol, fumarato de formoterol di-hidratado, salbutamol, sulfato de salbutamol, salmeterol, xinafoato de salmeterol, terbutalina, sulfato de terbutalina, fumarato de formoterol, indacaterol, maleato de indacaterol, olodaterol

Medicamentos do grupo Diuréticos de alça: furosemida

Resultado da interação: Pode aumentar o efeito hipocalêmico dos diuréticos de alça, uma vez que ambos os medicamentos reduzem as concentrações séricas de potássio.

Probabilidade: Média

Gravidade: Moderada

Sugestão de conduta: Monitorar a terapia.

Parâmetros de monitorização: Potássio sérico (↓) e alterações na condução cardíaca.

Referências

1. Berotec® [Bula de remédio]. São Paulo: Boehringer Ingelheim do Brasil Química e Farmacêutica Ltda; 1998.
2. Kim H-J, Han S-W. Therapeutic approach to hyperkalemia. Nephron. 2002;92 Suppl 1:33-40.
3. Newnham D, McDevitt D, Lipworth B. The effects of frusemide and triamterene on the hypokalaemic and electrocardiographic responses to inhaled terbutaline. Br J Clin Pharmacol. 1991;32(5):630-2.

Diuréticos de alça / Corticosteroides sistêmicos

Medicamentos do grupo Corticosteroides sistêmicos: BETAmetasona, acetato de BETAmetasona, acibutato de BETAmetasona, benzoato de BETAmetasona, dipropionato de BETAmetasona, fosfato dissódico de BETAmetasona, valerato de BETAmetasona, cortisona, acetato de cortisona, deflazacorte, DEXAmetasona, acefurato de DEXAmetasona, acetato de DEXAmetasona, femproprionato de DEXAmetasona, fosfato dissódico de DEXAmetasona, isonicotinato de DEXAmetasona, metanossulfobenzoato sódico de DEXAmetasona, pivalato de DEXAmetasona, sulfato sódico de DEXAmetasona sim, fludrocortisona, acetato de fludrocortisona, hidrocortisona, aceponato de hidrocortisona, acetato de hidrocortisona, buteprato de hidrocortisona, butirato de hidrocortisona, fosfato dissódico de hidrocortisona, hemissuccinato de hidrocortisona, succinato sódico de hidrocortisona, valerato de hidrocortisona, metilprednisolona, aceponato de metilprednisolona, acetato de metilprednisolona, fosfato sódico de metilprednisolona, succinato sódico de metilprednisolona, suleptanato de metilprednisolona, prednisolona, acetato de prednisolona, caproato de prednisolona, esteaglato de prednisolona, fosfato sódico de prednisolona, hemissuccinato de prednisolona, succinato sódico de prednisolona, valerato de prednisolona, prednisona, acetato de prednisona, triancinolona, triancinolona acetonida, diacetato de triancinolona, triancinolona hexacetonida, triancinolona benetonida, triancinolona furetonida, acetato de DEXAmetasona monoidratado, prednisolona sesqui-hidratada, hemissuccinato de metilprednisolona

Medicamentos do grupo Diuréticos de alça: furosemida

Resultado da interação: Pode aumentar o efeito hipocalêmico dos diuréticos de alça, uma vez que ambos os medicamentos induzem a perda renal de potássio.

Probabilidade: Média

Gravidade: Moderada

Sugestão de conduta: Monitorar a terapia. Pode ser necessária a adição de um diurético poupador de potássio ou suplementação de potássio durante o tratamento concomitante.

Parâmetros de monitorização: Potássio sérico (↓) e alterações na condução cardíaca.

Referências

1. Florinefe® [Bula de remédio]. São Paulo: Apsen Farmacêutica Ltda; 2017.
2. Lasix® [Bula de remédio]. São Paulo: Sanofi Medley Farmacêutica Ltda; 2019.
3. Predsim® [Bula de remédio]. São Paulo: Cosmed Indústria de Cosméticos e Medicamentos S.A.; 2015.
4. Widmer P, Maibach R, Künzi UP, Capaul R, Mueller U, Galeazzi R, et al. Diuretic-related hypokalaemia: the role of diuretics, potassium supplements, glucocorticoids and beta 2-adrenoceptor agonists. Results from the comprehensive hospital drug monitoring programme, berne (Chdm). Eur J Clin Pharmacol. 1995;49(1-2):31-6.

EFEDrina / Atropina

Resultado da interação: Pode ocorrer aumento do efeito terapêutico pressórico da EFEDrina e pode bloquear a bradicardia reflexa. O mecanismo desta interação envolve efeitos aditivos dos medicamentos.

Probabilidade: Baixa

Gravidade: Moderada

Sugestão de conduta: Monitorar a terapia.

Parâmetros de monitorização: Pressão arterial (↑) e frequência cardíaca (↑).

Referências

1. Efedrin® [Bula de remédio]. São Paulo: Cristália Produtos Químicos Farmacêuticos Ltda; 1997.

EFEDrina / DEXAmetasona

Resultado da interação: Pode diminuir a concentração sérica da DEXAmetasona por mecanismo desconhecido.

Probabilidade: Média

Gravidade: Moderada

Sugestão de conduta: Monitorar a terapia.

Parâmetros de monitorização: Monitorar a diminuição da resposta terapêutica da DEXAmetasona na condição clínica em tratamento.

Referências

1. Decadron® [Bula de remédio]. São Paulo: Aché Laboratórios Farmacêuticos S.A; 2004.
2. Brooks SM, Sholiton LJ, Werk EE, Altenau P. The effects of ephedrine and theophylline on dexamethasone metabolism in bronchial asthma. J Clin Pharmacol. 1977;17(5-6):308-18.

EFEDrina / Propofol

Resultado da interação: Pode potencializar o efeito terapêutico da EFEDrina por mecanismo desconhecido.

Probabilidade: Alta

Gravidade: Moderada

Sugestão de conduta: Monitorar a terapia.

Parâmetros de monitorização: Pressão arterial (↑), frequência cardíaca (↑); clearance (↓) e creatinina (↑).

Referências

1. Hayakawa-Fujii Y, Iida H, Dohi S. Propofol anesthesia enhances pressor response to ephedrine in patients given clonidine. Anesth Analg. 1999;89(1):37-41.
2. Kanaya N, Satoh H, Seki S, Nakayama M, Namiki A. Propofol anesthesia enhances the pressor response to intravenous ephedrine. Anesth Analg. 2002;94(5):1207-11, table of contents.

EFEDrina / Rocurônio

Resultado da interação: Pode potencializar o efeito terapêutico do rocurônio. O mecanismo desta interação envolve o aumento no débito cardíaco causado pela EFEDrina.

Probabilidade: Média

Gravidade: Moderada

Sugestão de conduta: Monitorar a terapia. Pode ser necessário ajuste de dose.

Parâmetros de monitorização: Sinais vitais (frequência cardíaca, pressão arterial, frequência respiratória); grau de bloqueio neuromuscular por meio de Índice Bispectral [BIS] e Train of Four [TOF] (por exemplo, presença de movimento espontâneo, assincronia do ventilador e tremores; considerar o uso de um estimulador de nervo periférico com sequência de quatro monitorações junto de avaliações clínicas).

Referências

1. Ezri T, Szmuk P, Warters RD, Gebhard RE, Pivalizza EG, Katz J. Changes in onset time of rocuronium in patients pretreated with ephedrine and esmolol--the role of cardiac output. Acta Anaesthesiol Scand. 2003;47(9):1067-72.

EPINEFrina / HaloPERidol

Resultado da interação: Pode diminuir o efeito vasoconstritor da EPINEFrina. O mecanismo de ação provável é o bloqueio dos efeitos alfa (vasoconstritores) e manutenção dos efeitos beta (vasodilatadores) da EPINEFrina.

Probabilidade: Baixa

Gravidade: Moderada

Sugestão de conduta: Monitorar a terapia. Substituir um dos medicamentos. Utilizar agentes vasopressores alternativos como FENILEFrina, metaraminol ou NOREPinefrina.

Parâmetros de monitorização: Pressão arterial (↓); sinais vitais.

Referências

1. Haldol® [Bula de remédio]. São Paulo: Janssen-Cilag Farmacêutica Ltda; 1998.
2. Foster CA, O'mullane EJ, Gaskell P, Churchill-Davidson HC. Chlorpromazine: a study of its action on the circulation in man. Lancet. 1954;267(6839):614-7.
3. Chiron AE, Lear E, Pallin IM. A clinical study of mechanisms of action of chlorpromazine. J Am Med Assoc. 1957;163(1):30-6.
4. Sletten IW, Lang WJ, Brown ML, Ballou SR, Gershon S. Chronic chlorpromazine administration: some pharmacological and psychological effects in man. Clin Pharmacol Ther. 1965;6(5):575-86.

Fenitoína / DEXAmetasona

Resultado da interação: Pode causar redução da eficácia da DEXAmetasona e ocorrência de variação (aumento ou redução) de nível sério de fenitoína. O mecanismo provável dessa interação é o de indução da CYP3A4 tanto por fenitoína como pela DEXAmetasona, justificando aumento de metabolização de ambos os fármacos. O mecanismo para possível aumento de nível sérico de fenitoína é desconhecido. Início lento.

Probabilidade: Alta

Gravidade: Maior

Sugestão de conduta: Monitorar a terapia para inefetividade de DEXAmetasona e toxicidade/inefetividade de fenitoína.

Parâmetros de monitorização: Monitorar a resposta adequada à terapia, um aumento na dosagem de esteroides (2 vezes ou mais) pode ser necessário. Nível sérico de fenitoína (↑) (↓), episódios de convulsão (↑).

Referências

1. Chalk JB, Ridgeway K, Brophy T, Yelland JD, Eadie MJ. Phenytoin impairs the bioavailability of dexamethasone in neurological and neurosurgical patients. J Neurol Neurosurg Psychiatry. 1984;47(10):1087-90.
2. Haque N, Thrasher K, Werk EE, Knowles HC, Sholiton LJ. Studies on dexamethasone metabolism in man: effect of diphenylhydantoin. J Clin Endocrinol Metab. 1972;34(1):44-50.
3. Mclelland J, Jack W. Phenytoin/dexamethasone interaction: a clinical problem. Lancet. 1978;311(8073):1096-7.
4. Boylan JJ. Letter: Phenytoin interference with dexamethasone. JAMA. 1976;235(8):803-4.
5. Lawson LA, Blouin RA, Smith RB, Rapp RP, Young AB. Phenytoin-dexamethasone interaction: a previously unreported observation. Surg Neurol. 1981;16(1):23-4.
6. Recuenco I, Espinosa E, García B, Carcas A. Effect of dexamethasone on the decrease of serum phenytoin concentrations. Ann Pharmacother. 1995;29(9):935.
7. Wong DD. Phenytoin-dexamethasone: a possible drug-drug interaction. JAMA. 1985;254(15):2062.

Fenitoína / Diazepam

Resultado da interação: Pode reduzir o nível sérico de diazepam e aumentar o da fenitoína. O mecanismo de ação provável é a indução do CYP3A4, uma enzima responsável pelo metabolismo do diazepam, reduzindo assim seu nível sérico. Já o mecanismo do aumento da fenitoína sérica ainda não foi elucidado, entretanto, pode estar relacionado à CYP2C19. Início indeterminado.

Probabilidade: Alta

Gravidade: Moderada

Sugestão de conduta: Monitorar a terapia para inefetividade de diazepam e toxicidade de fenitoína. Se necessário, ajustar a dose de diazepam.

Parâmetros de monitorização: Agitação, nível sérico de fenitoína (↑), agranulocitose, trombocitopenia, nistagmo, ataxia, alterações comportamentais e comprometimento cognitivo.

Referências

1. Murphy A, Wilbur K. Phenytoin–diazepam interaction. Ann Pharmacother. 2003;37(5):659-63.

2. Ohnhaus EE, Brockmeyer N, Dylewicz P, Habicht H. The effect of antipyrine and rifampin on the metabolism of diazepam. Clin Pharmacol Ther. 1987;42(2):148-56.
3. Vajda FJ, Prineas RJ, Lovell RR. Interaction between phenytoin and the benzodiazepines. BMJ. 1971;1(5744):346.

Fenitoína / DOPamina

Resultado da interação: Pode potencializar o efeito hipotensor da fenitoína e até provocar parada cardíaca. Pacientes hemodinamicamente instáveis apresentam risco elevado. Mecanismo de ação não elucidado. Início rápido.

Probabilidade: Média

Gravidade: Moderada

Sugestão de conduta: Monitorar a terapia. Fazer a infusão de fenitoína intravenosa lentamente enquanto a pressão arterial é monitorada de perto. Se ocorrer hipotensão, o suporte pressor pode ser necessário.

Parâmetros de monitorização: Pressão arterial (↓).

Referências

1. Bivins BA. Dopamine-phenytoin interaction: a cause of hypotension in the critically ill. Arch Surg. 1978;113(3):245-9.
2. Torres E, Garcia B, Sosa P, Alba D. No interaction between dopamine and phenytoin. Ann Pharmacother. 1995;29(12):1300-1.

Fenitoína / Fenobarbital

Resultado da interação: Pode aumentar a concentração sérica e aumentar o efeito depressor do sistema nervoso central do fenobarbital. Pode reduzir a concentração sérica da fenitoína. Os mecanismos de ação são desconhecidos. Início lento.

Probabilidade: Alta

Gravidade: Moderada

Sugestão de conduta: Monitorar a terapia para toxicidade de fenobarbital e inefetividade de fenitoína.

Parâmetros de monitorização: Monitorar os efeitos indesejados da depressão aditiva do SNC com a combinação de fenobarbital com fenitoína. Nível sérico de fenitoína (↓), episódios de convulsão (↑).

Referências

1. Bollini P, Riva R, Albani F, Ida N, Cacciari L, Bollini C, et al. Decreased phenytoin level during antineoplastic therapy: a case report. Epilepsia. 1983;24(1):75-8.

2. Browne TR, Szabo GK, Evans J, Evans BA, Greenblatt DJ, Mikati MA. Phenobarbital does not alter phenytoin steady-state serum concentration or pharmacokinetics. Neurology. 1988;38(4):639.
3. Encinas MP, Buelga DS, González ACA, Sánchez MJG, Hurlé AD-G. Influence of length of treatment on the interaction between phenobarbital and phenytoin. J Clin Pharm Ther. 1992;17(1):49-50.
4. Fukuoka N, Tsukamoto T, Uno J, Kimura M, Morita S. Influence of coadministered antiepileptic drugs on serum phenobarbital concentrations in epileptic patients: quantitative analysis based on a suitable transforming factor. Biol Pharm Bull. 2004;27(12):2000-5.
5. Fukuoka N, Uno J, Tsukamoto T, Houchi H, Kimura M, Morita S. Dose adjustment of phenytoin for comedication in Japanese patients with epilepsy. Ther Drug Monit. 2009;31(1):57-62.
6. Garrettson LK, Dayton PG. Disappearance of phenobarbital and diphenylhydantoin from serum of children. Clin Pharmacol Ther. 1970;11(5):674-9.
7. Nishihara K, Kohda Y, Saitoh Y, Honda Y. Interaction between plasma phenytoin and phenobarbital concentrations in epileptic patients. Psychiatry Clin Neurosci. 1979;33(3):315-7.
8. Windorfer A, Sauer W. Drug interactions during anticonvulsant therapy in childhood: diphenylhydantoin, primidone, phenobarbitone, clonazepam, nitrazepam, carbamazepin and dipropylacetate. Neuropediatrics. 1977;8(01):29-41.

Fenitoína / Levetiracetam

Resultado da interação: Pode reduzir a concentração sérica de levetiracetam (~7 a 47%), o mecanismo de ação ainda não foi elucidado, mas provavelmente se dá por aumento na depuração do levetiracetam.

Probabilidade: Alta

Gravidade: Moderada

Sugestão de conduta: Monitorar a terapia para inefetividade de levetiracetam.

Parâmetros de monitorização: Frequência das crises convulsivas (↑).

Referências

1. Contin M, Albani F, Riva R, Baruzzi A. Levetiracetam therapeutic monitoring in patients with epilepsy: effect of concomitant antiepileptic drugs. Ther Drug Monit. 2004;26(4):375-9.
2. Hirsch LJ, Arif H, Buchsbaum R, Weintraub D, Lee J, Chang JT, et al. Effect of age and comedication on levetiracetam pharmacokinetics and tolerability. Epilepsia. 2007;48(7):1351-9.
3. May TW, Rambeck B, Jürgens U. Serum concentrations of Levetiracetam in epileptic patients: the influence of dose and co-medication. Ther Drug Monit. 2003;25(6):690-9.

4. Perucca E, Gidal BE, Baltès E. Effects of antiepileptic comedication on levetiracetam pharmacokinetics: a pooled analysis of data from randomized adjunctive therapy trials. Epilepsy Res. 2003;53(1-2):47-56.

Fenitoína / Metronidazol

Resultado da interação: Pode aumentar o efeito adverso/tóxico da fenitoína e diminuir o efeito terapêutico do metronidazol, devido a uma interação bidirecional entre os fármacos que são considerados indutores e inibidores do metabolismo, respectivamente.

Probabilidade: Média

Gravidade: Moderada

Sugestão de conduta: Monitorar a terapia.

Parâmetros de monitorização: AST/TGO (↑). ALT/TGP (↑). Atentar para a ocorrência de nistagmo, xerostomia, ataxia e sonolência. Monitorar sinais e sintomas de infecção não controlada e diminuição da efetividade terapêutica do metronidazol.

Referências

1. Blyden GT, Scavone JM, Greenblatt DJ. Metronidazole impairs clearance of phenytoin but not of alprazolam or lorazepam. J Clin Pharmacol. 1988;28(3):240-5.
2. Flagyl® [Bula de remédio]. São Paulo: Sanofi Medley Farmacêutica Ltda; 2019.
3. Jensen JC, Gugler R. Interaction between metronidazole and drugs eliminated by oxidative metabolism. Clin Pharmacol Ther. 1985;37(4):407-10.

Fenobarbital / FentaNILA

Resultado da interação: Pode reduzir a concentração sérica de FentaNILA e pode potencializar o efeito depressor do sistema nervoso central, provavelmente por indução do CYP3A4 pelo fenobarbital e adição de efeito depressor do SNC. Início indeterminado.

Probabilidade: Média

Gravidade: Maior

Sugestão de conduta: Monitorar a terapia para toxicidade de SNC.

Parâmetros de monitorização: Status respiratório e mental, pressão arterial, frequência cardíaca, escalas Behavioral Pain Scale e Critical-Care Pain Observational Tool para monitorar analgesia em pacientes intubados.

Referências

1. Tempelhoff R, Modica PA, Spitznagel EL. Anticonvulsant therapy increases fentanyl requirements during anaesthesia for craniotomy. Can J Anaesth.1990;37(3):327-32.
2. Hagos FT, Horvat CM, Au AK, Conley YP, Li L, Poloyac SM, et al. Factors contributing to fentanyl pharmacokinetic variability among diagnostically diverse critically ill children. Clin Pharmacokinet. 2019;58(12):1567-76.

Fenobarbital / Metadona

Resultado da interação: Pode ocorrer potencialização do efeito depressor do sistema nervoso central (SNC) e diminuição das concentrações séricas da metadona. O mecanismo desta interação envolve a indução do metabolismo da metadona no CYP3A4 e CYP2B6 pelo fenobarbital acarretando em reduções na sua concentração sérica e efeitos depressores do SNC aditivos dos medicamentos.

Probabilidade: Média

Gravidade: Maior

Sugestão de conduta: Avaliar a possibilidade de substituir ou suspender um dos medicamentos. Se o uso concomitante não puder ser evitado, recomenda-se limitar a dose e a duração do tratamento de cada um dos medicamentos ao mínimo possível atingindo o efeito terapêutico desejado. Orientar os pacientes e monitorar quanto a sinais de depressão excessiva do SNC e diminuição da efetividade da metadona.

Parâmetros de monitorização: Monitorar aumento dos efeitos sedativos e depressores do SNC, tais como: bradicardia, hipotensão, depressão respiratória, ataxia, apneia, sedação, alteração do estado mental, hipotermia e hipotonia. Monitorar sinais e sintomas de abstinência por opioides, tais como agitação, ansiedade, insônia, sudorese, lacrimejamento e rinorreia, cólicas abdominais, dilatação pupilar, diarreia, náuseas e vômitos. Monitorar resposta clínica diminuída da metadona por meio de escalas de dor validadas e sinais e sintomas de diminuição da eficácia analgésica.

Referências

1. Mytedom® [Bula de remédio]. São Paulo: Cristália Produtos Químicos Farmacêuticos Ltda; 1995.
2. Gardenal® [Bula de remédio]. São Paulo: Sanofi Medley Farmacêutica Ltda; 2019.
3. Bell J, Seres V, Bowron P, Lewis J, Batey R. The use of serum methadone levels in patients receiving methadone maintenance. Clin Pharmacol Ther. 1988;43(6):623-9.
4. Jones CM, Mack KA, Paulozzi LJ. Pharmaceutical overdose deaths, United States, 2010. JAMA. 2013;309(7):657.

5. Liu SJ, Wang RI. Case report of barbiturate-induced enhancement of methadone metabolism and withdrawal syndrome. Am J Psychiatry. 1984;141(10):1287-8.

Fenobarbital / Tramadol

Resultado da interação: Pode potencializar os efeitos depressores do sistema nervoso central e diminuir as concentrações de tramadol por mecanismo não descrito, mas supostamente por indução do CYP3A4, alterando a farmacocinética do tramadol.

Probabilidade: Média

Gravidade: Maior

Sugestão de conduta: Considerar utilizar alternativas para controle da dor com medicamentos não opioides, como terapia analgésica multimodal com associações de medicamentos AINES.

Parâmetros de monitorização: Sinais e sintomas de depressão do sistema nervoso central como sonolência, sedação, hiporreflexia, letargia, depressão respiratória.

Referências

1. Gomes T, Greaves S, van den Brink W, Antoniou T, Mamdani MM, Paterson JM, et al. Pregabalin and the risk for opioid-related death: a nested case-control study. Ann Intern Med. 2018;169(10):732-4.
2. Gomes T, Juurlink DN, Antoniou T, Mamdani MM, Paterson JM, van den Brink W. Gabapentin, opioids, and the risk of opioid-related death: A population-based nested case-control study. PLoS Med. 2017;14(10):e1002396.
3. Abrahamsson T, Berge J, Öjehagen A, Håkansson A. Benzodiazepine, z-drug and pregabalin prescriptions and mortality among patients in opioid maintenance treatment-A nation-wide register-based open cohort study. Drug Alcohol Depend. 2017;174:58-64.
4. Jones CM, Mack KA, Paulozzi LJ. Pharmaceutical overdose deaths, United States, 2010. JAMA. 2013;309(7):657.

FentaNILA / Propofol

Resultado da interação: Pode aumentar o efeito depressor do sistema nervoso central (SNC) da FentaNILA.

Probabilidade: Baixa

Gravidade: Maior

Sugestão de conduta: Monitorar a terapia.

Parâmetros de monitorização: Pressão arterial (↓), frequência cardíaca (↓) e frequência respiratória (↓), nível de consciência por meio do índice bispectral (BIS).

Referências

1. Dasgupta N, Funk MJ, Proescholdbell S, Hirsch A, Ribisl KM, Marshall S. Cohort study of the impact of high-dose opioid analgesics on overdose mortality. Pain Med. 2016;17(1):85-98.
2. Park TW, Saitz R, Ganoczy D, Ilgen MA, Bohnert ASB. Benzodiazepine prescribing patterns and deaths from drug overdose among US veterans receiving opioid analgesics: case--cohort study. BMJ. 2015;350:h2698.

HaloPERidol / Metadona

Resultado da interação: Pode ocorrer potencialização do efeito depressor do sistema nervoso central (SNC) e do prolongamento do intervalo QT da metadona. Pacientes com idade avançada, sexo feminino, bradicardia, hipocalemia, hipomagnesemia ou doença cardíaca possuem maior probabilidade de apresentar toxicidade potencialmente fatal. O risco desta interação é maior com a apresentação endovenosa do HaloPERidol quando comparada a via oral.

Probabilidade: Alta

Gravidade: Maior

Sugestão de conduta: Monitorar a terapia. Suspender ou substituir um dos medicamentos em pacientes com fatores de risco associados.

Parâmetros de monitorização: Monitorar o intervalo QT, arritmias e torsades de pointes por meio de eletrocardiograma. Concentração sérica de magnésio (↓) e potássio (↓). Monitorar aumento dos efeitos sedativos e depressores do SNC, tais como: bradicardia, hipotensão, depressão respiratória, ataxia, apneia, sedação, alteração do estado mental, hipotermia e hipotonia.

Referências

1. Blom MT, Bardai A, van Munster BC, Nieuwland M-I, de Jong H, van Heijen DA, et al. Differential changes in QTc duration during in-hospital haloperidol use. PLoS One. 2011;6(9):e23728.
2. Meyer-Massetti C, Cheng CM, Sharpe BA, Meier CR, Guglielmo BJ. The FDA extended warning for intravenous haloperidol and torsades de pointes: how should institutions respond? J Hosp Med. 2010; 5(4):E8-16.
3. Poluzzi E, Raschi E, Moretti U, De Ponti F. Drug-induced torsades de pointes: data mining of the public version of the FDA Adverse Event Reporting System (AERS). Pharmacoepidemiol Drug Saf. 2009;18(6):512-8.

4. Raschi E, Poluzzi E, Godman B, Koci A, Moretti U, Kalaba M, et al. Torsadogenic risk of antipsychotics: combining adverse event reports with drug utilization data across Europe. PLoS One. 2013;8(11):e81208.
5. Romero J, Baldinger SH, Goodman-Meza D, Engstrom K, Valencia CR, Golive A, et al. Drug-induced torsades de pointes in an underserved urban population. Methadone: is there therapeutic equipoise? J Interv Card Electrophysiol. 2016;45(1):37-45.
6. Haldol® [Bula de remédio]. São Paulo: Janssen-Cilag Farmacêutica Ltda; 1998.

HaloPERidol / Ondansetrona

Resultado da interação: Pode aumentar o risco de prolongamento do intervalo QT por meio de mecanismos aditivos. Pacientes com idade avançada, sexo feminino, bradicardia, hipocalemia, hipomagnesemia ou doença cardíaca possuem maior probabilidade de apresentar toxicidade potencialmente fatal.

Probabilidade: Baixa

Gravidade: Moderada

Sugestão de conduta: Monitorar a terapia e evitar o uso em pacientes com fatores de risco associados.

Parâmetros de monitorização: Intervalo QT, arritmias e torsades de pointes por meio de eletrocardiograma. Magnésio sérico (↓). Potássio sérico (↓).

Referências

1. Blom MT, Bardai A, van Munster BC, Nieuwland M-I, de Jong H, van Heijen DA, et al. Differential changes in QTc duration during in-hospital haloperidol use. PLoS One. 2011;6(9):e23728.
2. Freedman SB, Uleryk E, Rumantir M, Finkelstein Y. Ondansetron and the risk of cardiac arrhythmias: a systematic review and postmarketing analysis. Ann Emerg Med. 2014;64(1):19-25.
3. Hafermann MJ, Namdar R, Seibold GE, Page RL 2nd. Effect of intravenous ondansetron on QT interval prolongation in patients with cardiovascular disease and additional risk factors for torsades: a prospective, observational study. Drug Healthc Patient Saf. 2011;3:53-8.
4. Meid AD, Bighelli I, Mächler S, Mikus G, Carrà G, Castelazzi M, et al. Combinations of QTc-prolonging drugs: towards disentangling pharmacokinetic and pharmacodynamic effects in their potentially additive nature. Ther Adv Psychopharmacol. 2017;7(12):251-64.
5. Meid AD, von Medem A, Heider D, Adler JB, Günster C, Seidling HM, et al. Investigating the additive interaction of QT-prolonging drugs in older people using claims data. Drug Saf. 2017;40(2):133-44.

6. Meyer-Massetti C, Cheng CM, Sharpe BA, Meier CR, Guglielmo BJ. The FDA extended warning for intravenous haloperidol and torsades de pointes: how should institutions respond? J Hosp Med. 2010; 5(4):E8-16.
7. Moffett PM, Cartwright L, Grossart EA, O'Keefe D, Kang CS. Intravenous ondansetron and the QT interval in adult emergency department patients: an observational study. Acad Emerg Med. 2016;23(1):102-5.
8. Obal D, Yang D, Sessler DI. Perioperative doses of ondansetron or dolasetron do not lengthen the QT interval. Mayo Clin Proc. 2014;89(1):69-80.
9. Raschi E, Poluzzi E, Godman B, Koci A, Moretti U, Kalaba M, et al. Torsadogenic risk of antipsychotics: combining adverse event reports with drug utilization data across Europe. PLoS One. 2013;8(11):e81208.
10. Tisdale JE, Jaynes HA, Kingery JR, Mourad NA, Trujillo TN, Overholser BR, et al. Development and validation of a risk score to predict QT interval prolongation in hospitalized patients. Circ Cardiovasc Qual Outcomes. 2013;6(4):479-87.
11. Tracz K, Owczuk R. Small doses of droperidol do not present relevant torsadogenic actions: a double-blind, ondansetron-controlled study. Br J Clin Pharmacol. 2015;79(4):669-76.
12. van der Sijs H, Kowlesar R, Klootwijk AP, Nelwan SP, Vulto AG, van Gelder T. Clinically relevant QTc prolongation due to overridden drug-drug interaction alerts: a retrospective cohort study. Br J Clin Pharmacol. 2009;67(3):347-54.
13. Vandael E, Vandenberk B, Vandenberghe J, Spriet I, Willems R, Foulon V. Development of a risk score for QTc-prolongation: the RISQ-PATH study. Int J Clin Pharm. 2017;39(2):424-32.
14. Vandael E, Vandenberk B, Willems R, Reyntens J, Vandenberghe J, Foulon V. Risk management of hospitalized psychiatric patients taking multiple QTc-prolonging drugs. J Clin Psychopharmacol. 2017;37(5):540-5.

Indutores do CYP2B6 (moderado) / Cetamina

Medicamentos do grupo Indutores do CYP2B6 (moderado): CarBAMazepina, efavirenz, nevirapina, rifampicina, ritonavir, nevirapina hemi-hidratada

Resultado da interação: Pode diminuir a concentração sérica da cetamina, uma vez que ocorre indução do seu metabolismo no CYP2B6 e CYP3A4. Essa interação é clinicamente mais significativa quando a cetamina é administrada por via oral, quando comparado à administração parenteral. Exceções: CarBAMazepina, RifAMPICina.

Probabilidade: Alta

Gravidade: Moderada

Sugestão de conduta: Monitorar a terapia.

Parâmetros de monitorização: Monitorar a redução na eficácia terapêutica da cetamina para a condição clínica em tratamento.

Referências

1. Noppers I, Olofsen E, Niesters M, Aarts L, Mooren R, Dahan A, et al. Effect of rifampicin on plasma concentrations of S-ketamine and S-norketamine in healthy volunteers after intravenous administration of S-ketamine. Anesthesiology. 2011;114(6):1435-45.
2. Peltoniemi MA, Saari TI, Hagelberg NM, Laine K, Kurkinen KJ, Neuvonen PJ, et al. Rifampicin has a profound effect on the pharmacokinetics of oral S-ketamine and less on intravenous S-ketamine. Basic Clin Pharmacol Toxicol. 2012;111(5):325-32.

Indutores do CYP3A4 (forte) / Clindamicina

Medicamentos do grupo Indutores do CYP3A4 (forte): CarBAMazepina, fenitoína, fenitoína sódica, fenobarbital, fenobarbital cálcico, fenobarbital sódico, metilfenobarbital, mitotano, primidona, rifampicina, enzalutamida, ivacaftor, apalutamida

Resultado da interação: Pode induzir o metabolismo da clindamicina, diminuindo as concentrações máximas em até 82% e as concentrações mínimas em até 92%. Exceção: RifAMPICina.

Probabilidade: Alta

Gravidade: Moderada

Sugestão de conduta: Monitorar a terapia.

Parâmetros de monitorização: Monitorar sinais de inefetividade terapêutica da clindamicina, como temperatura (↑), leucócitos, (↑), PCR (↑) e sintomas clínicos de infecção.

Referências

1. Nolvadex® [Bula de remédio]. São Paulo: AstraZeneca do Brasil Lda; 2001.
2. Bernard A, Kermarrec G, Parize P, Caruba T, Bouvet A, Mainardi J-L, et al. Dramatic reduction of clindamycin serum concentration in staphylococcal osteoarticular infection patients treated with the oral clindamycin-rifampicin combination. J Infect. 2015;71(2):200-6.
3. Curis E, Pestre V, Jullien V, Eyrolle L, Archambeau D, Morand P, et al. Pharmacokinetic variability of clindamycin and influence of rifampicin on clindamycin concentration in patients with bone and joint infections. Infection. 2015;43(4):473-81.
4. Czekaj J, Dinh A, Moldovan A, Vaudaux P, Gras G, Hoffmeyer P, et al. Efficacy of a combined oral clindamycin–rifampicin regimen for therapy of staphylococcal osteoarticular infections. Scand J Infect Dis. 2011;43(11-12):962-7.
5. Join-Lambert O, Ribadeau-Dumas F, Jullien V, Kitzis M-D, Jais J-P, Coignard-Biehler H, et al. Dramatic reduction of clindamycin plasma concentration in hidradenitis suppurativa pa-

tients treated with the rifampin-clindamycin combination. Eur J Dermatol. 2014;24(1):94-5.

6. van der Zee HH, Boer J, Prens EP, Jemec GBE. The effect of combined treatment with oral clindamycin and oral rifampicin in patients with hidradenitis suppurativa. Dermatology. 2009;219(2):143-7.

Indutores do CYP3A4 (forte) / FentaNILA

Medicamentos do grupo Indutores do CYP3A4 (forte): CarBAMazepina, fenitoína, fenitoína sódica, fenobarbital, fenobarbital cálcico, fenobarbital sódico, metilfenobarbital, mitotano, primidona, rifampicina, enzalutamida, ivacaftor, apalutamida

Resultado da interação: Pode induzir o metabolismo da FentaNILA, diminuindo a sua biodisponibilidade em 63%.

Probabilidade: Alta

Gravidade: Moderada

Sugestão de conduta: Monitorar a terapia e aumentar a dose da FentaNILA, se necessário. Quando o indutor do CYP3A4 (forte) for descontinuado, reduzir a dose da FentaNILA.

Parâmetros de monitorização: Monitorar sinais de inefetividade terapêutica da FentaNILA e/ou surgimento de possíveis sinais de abstinência.

Referências

1. Fentanil® [Bula de remédio]. São Paulo: Janssen-Cilag Farmacêutica Ltda; 2000.
2. Morii H, Chiba M, Konishi H, Endo Y, Yamaji A. Failure of pain control using transdermal fentanyl during rifampicin treatment. J Pain Symptom Manage. 2007;33(1):5-6.
3. Nozari A, Akeju O, Mirzakhani H, Eskandar E, Ma Z, Hossain MA, et al. Prolonged therapy with the anticonvulsant carbamazepine leads to increased plasma clearance of fentanyl. J Pharm Pharmacol. 2019 Jun;71(6):982-987.
4. Takane H, Nosaka A, Wakushima H, Hosokawa K, Ieiri I. Rifampin reduces the analgesic effect of transdermal fentanyl. Ann Pharmacother. 2005;39(12):2139-40.
5. Tempelhoff R, Modica PA, Spitznagel EL. Anticonvulsant therapy increases fentanyl requirements during anaesthesia for craniotomy. Can J Anaesth.1990;37(3):327-32.

Indutores do CYP3A4 (forte) / HaloPERidol

Medicamentos do grupo Indutores do CYP3A4 (forte): CarBAMazepina, fenitoína, fenitoína sódica, fenobarbital, fenobarbital cálcico, fenobarbital sódico, metilfenobarbital, mitotano, primidona, rifampicina, enzalutamida, ivacaftor, apalutamida

Resultado da interação: Podem diminuir a concentração sérica do HaloPERidol devido à indução do CYP3A4, enzima responsável pelo seu metabolismo. Exceção: CarBAMazepina.

Probabilidade: Alta

Gravidade: Moderada

Sugestão de conduta: Monitorar a terapia.

Parâmetros de monitorização: Sinais e sintomas da indicação clínica mantidos, manutenção da agitação, status mental.

Referências

1. Haldol® [Bula de remédio]. São Paulo: Janssen-Cilag Farmacêutica Ltda; 1998.
2. Fukuda R. Factors affecting serum haloperidol level assessed by longitudinal therapeutic monitoring. Prog Neuropsychopharmacol Biol Psychiatry. 2000;24(8):1299-318.
3. Gex-Fabry M, Balant-Gorgia AE, Balant LP. Therapeutic drug monitoring databases for postmarketing surveillance of drug-drug interactions: evaluation of a paired approach for psychotropic medication. Ther Drug Monit. 1997;19(1):1-10.
4. Hirokane G, Someya T, Takahashi S, Morita S, Shimoda K. Interindividual variation of plasma haloperidol concentrations and the impact of concomitant medications: the analysis of therapeutic drug monitoring data. Ther Drug Monit. 1999;21(1):82-6.
5. Yukawa E, Hokazono T, Yukawa M, Ichimaru R, Maki T, Matsunaga K, et al. Population pharmacokinetics of haloperidol using routine clinical pharmacokinetic data in Japanese patients. Clin Pharmacokinet. 2002;41(2):153-9.
6. Kim YH, Cha IJ, Shim JC, Shin JG, Yoon YR, Kim YK, et al. Effect of rifampin on the plasma concentration and the clinical effect of haloperidol concomitantly administered to schizophrenic patients. J Clin Psychopharmacol. 1996;16(3):247-52.
7. Linnoila M, Viukari M, Vaisanen K, Auvinen J. Effect of anticonvulsants on plasma haloperidol and thioridazine levels. Am J Psychiatry. 1980;137(7):819-21.
8. Prakash R, Reed RM, Bass AD. Combination of phenobarbital and haloperidol in resistant schizophrenia. J Clin Psychopharmacol. 1984;4(6):362-3.
9. Takeda M, Nishinuma K, Yamashita S, Matsubayashi T, Tanino S, Nishimura T. Serum haloperidol levels of schizophrenics receiving treatment for tuberculosis. Clin Neuropharmacol. 1986;9(4):386-97.
10. Yukawa E, Hokazono T, Funakoshi A, Yukawa M, Ohdo S, Higuchi S, et al. Epidemiologic investigation of the relative clearance of haloperidol by mixed-effect modeling using routine clinical pharmacokinetic data in Japanese patients. J Clin Psychopharmacol. 2000;20(6):685-90.

Indutores do CYP3A4 (forte) / Hidrocortisona

Medicamentos do grupo Indutores do CYP3A4 (forte): CarBAMazepina, fenitoína, fenitoína sódica, fenobarbital, fenobarbital cálcico, fenobarbital sódico, metilfenobarbital, mitotano, primidona, rifampicina, enzalutamida, ivacaftor, apalutamida

Resultado da interação: Pode induzir o metabolismo da hidrocortisona, diminuindo a sua biodisponibilidade em 23% e aumentando a sua eliminação em 38%.

Probabilidade: Alta

Gravidade: Moderada

Sugestão de conduta: Monitorar a terapia e aumentar a dose de hidrocortisona, se necessário.

Parâmetros de monitorização: Monitorar sinais de inefetividade terapêutica da hidrocortisona, como ausência ou redução da resposta anti-inflamatória e imunossupressora.

Referências

1. Edwards OM, Courtenay-Evans RJ, Galley JM, Hunter J, Tait AD. Changes in cortisol metabolism following rifampicin therapy. Lancet. 1974;2(7880):548-51.
2. Kara C, Ucaktürk A, Aydin OF, Aydin M. Adverse effect of phenytoin on glucocorticoid replacement in a child with adrenal insufficiency. J Pediatr Endocrinol Metab. 2010;23(9):963-6.
3. Kusuki K, Watanabe S, Mizuno Y. Tuberculous Addison's disease with increased hydrocortisone requirements due to administration of rifampicin. BMJ Case Rep. 2019;12(3) e228293.
4. Kyriazopoulou V, Parparousi O, Vagenakis AG. Rifampicin-induced adrenal crisis in addisonian patients receiving corticosteroid replacement therapy. J Clin Endocrinol Metab. 1984;59(6):1204-6.

Indutores do CYP3A4 (forte) / Lidocaína

Medicamentos do grupo Indutores do CYP3A4 (forte): CarBAMazepina, fenitoína, fenitoína sódica, fenobarbital, fenobarbital cálcico, fenobarbital sódico, metilfenobarbital, mitotano, primidona, rifampicina, enzalutamida, ivacaftor, apalutamida

Resultado da interação: Podem diminuir a concentração sérica da lidocaína devido à indução do CYP3A4, enzima responsável parcialmente pelo seu metabolismo.

Probabilidade: Média
Gravidade: Menor
Sugestão de conduta: Monitorar a terapia.
Parâmetros de monitorização: Pressão arterial (↑). Frequência cardíaca (↑). Alterações no eletrocardiograma.

Referências

1. Heinonen J, Takki S, Jarho L. Plasma lidocaine levels in patients treated with potential inducers of microsomal enzymes. Acta Anaesthesiol Scand. 1970;14(2):89-95.
2. Karlsson E, Collste P, Rawlins MD. Plasma levels of lidocaine during combined treatment with phenytoin and procainamide. Eur J Clin Pharmacol. 1974;7(6):455-9.
3. Reichel C, Skodra T, Nacke A, Spengler U, Sauerbruch T. The lignocaine metabolite (Megx) liver function test and P-450 induction in humans. Br J Clin Pharmacol. 1998;46(6):535-9.

Indutores do CYP3A4 (forte) / Metadona

Medicamentos do grupo Indutores do CYP3A4 (forte): CarBAMazepina, fenitoína, fenitoína sódica, fenobarbital, fenobarbital cálcico, fenobarbital sódico, metilfenobarbital, mitotano, primidona, rifampicina, enzalutamida, ivacaftor, apalutamida
Resultado da interação: Pode diminuir a concentração sérica da metadona reduzindo sua biodisponibilidade em até 32%, uma vez que ocorre indução do seu metabolismo no CYP3A4. Exceções: fenobarbital e primidona.
Probabilidade: Alta
Gravidade: Moderada
Sugestão de conduta: Monitorar a terapia.
Parâmetros de monitorização: Monitorar dor com uma escala de avaliação validada, como Escala Visual Analógica (EVA), Behavioral Pain Scale (BPS) ou Critical-Care Pain Observation Tool (CPOT). Sinais e sintomas de síndrome de abstinência, como queixas gastrointestinais, espasmo muscular.

Referências

1. Mytedom® [Bula de remédio]. São Paulo: Cristália Produtos Químicos Farmacêuticos Ltda; 1995.
2. Kreek MJ, Garfield JW, Gutjahr CL, Giusti LM. Rifampin-Induced Methadone Withdrawal. N Engl J Med. 1976; 294:1104-1106
3. Bell J, Seres V, Bowron P, Lewis J, Batey R. The use of serum methadone levels in patients receiving methadone maintenance. Clin Pharmacol Ther. 1988;43(6):623-9.

4. Benítez-Rosario MA, Salinas Martín A, Gómez-Ontañón E, Feria M. Methadone-induced respiratory depression after discontinuing carbamazepine administration. J Pain Symptom Manage. 2006;32(2):99-100.
5. Holmes VF. Rifampin-induced methadone withdrawal in AIDS. J Clin Psychopharmacol. 1990;10(6):443-4.
6. Tong TG, Pond SM, Kreek MJ, Jaffery NF, Benowitz NL. Phenytoin-induced methadone withdrawal. Ann Intern Med. 1981;94(3):349-51.
7. Badhan RKS, Gittins R, Al Zabit D. The optimization of methadone dosing whilst treating with rifampicin: A pharmacokinetic modeling study. Drug Alcohol Depend. 2019;200:168-80.

Indutores do CYP3A4 (forte) / Metilprednisolona

Medicamentos do grupo Indutores do CYP3A4 (forte): CarBAMazepina, fenitoína, fenitoína sódica, fenobarbital, fenobarbital cálcico, fenobarbital sódico, metilfenobarbital, mitotano, primidona, rifampicina, enzalutamida, ivacaftor, apalutamida

Resultado da interação: Pode induzir o metabolismo da metilprednisolona, aumentando a sua eliminação de 3,1 a 5,8 vezes e provocando exacerbações de doenças de base.

Probabilidade: Alta

Gravidade: Moderada

Sugestão de conduta: Considerar usar uma terapia alternativa ou monitorar a terapia e aumentar a dose de metilprednisolona, se necessário.

Parâmetros de monitorização: Monitorar sinais de inefetividade terapêutica da metilprednisolona, como ausência ou redução da resposta anti-inflamatória e imunossupressora.

Referências

1. Bartoszek M, Brenner AM, Szefler SJ. Prednisolone and methylprednisolone kinetics in children receiving anticonvulsant therapy. Clin Pharmacol Ther. 1987;42(4):424-32.
2. Lin FL. Rifampin-induced deterioration in steroid-dependent asthma. J Allergy Clin Immunol. 1996;98(6 Pt 1):1125.
3. Solupren® [Bula de remédio]. São Paulo: Laboratório Químico Farmacêutico Bergamo Ltda; 1997.
4. Stjernholm MR, Katz FH. Effects of diphenylhydantoin, phenobarbital, and diazepam on the metabolism of methylprednisolone and its sodium succinate. J Clin Endocrinol Metab. 1975;41(5):887-93.

Indutores do CYP3A4 (forte) / Midazolam

Medicamentos do grupo Indutores do CYP3A4 (forte): CarBAMazepina, fenitoína, fenitoína sódica, fenobarbital, fenobarbital cálcico, fenobarbital sódico, metilfenobarbital, mitotano, primidona, rifampicina, enzalutamida, ivacaftor, apalutamida

Resultado da interação: Podem diminuir a concentração sérica do midazolam administrado por via oral devido à indução do CYP3A4, enzima responsável pelo seu metabolismo.

Probabilidade: Alta

Gravidade: Moderada

Sugestão de conduta: Monitorar a terapia.

Parâmetros de monitorização: Retorno ou permanência de insônia. Inefetividade na sedação.

Referências

1. Gibbons JA, de Vries M, Krauwinkel W, Ohtsu Y, Noukens J, van der Walt J-S, et al. Pharmacokinetic drug interaction studies with enzalutamide. Clin Pharmacokinet. 2015;54(10):1057-69.
2. Chaobal H, Kharasch E. Single-point sampling for assessment of constitutive, induced, and inhibited cytochrome P450 3A activity with alfentanil or midazolam. Clin Pharmacol Ther. 2005;78(5):529-39.
3. Phimmasone S, Kharasch ED. A pilot evaluation of alfentanil-induced miosis as a noninvasive probe for hepatic cytochrome P450 3A4 (CYP3A4) activity in humans. Clin Pharmacol Ther. 2001;70(6):505-17.
4. van Erp NP, Guchelaar H-J, Ploeger BA, Romijn JA, Hartigh J den, Gelderblom H. Mitotane has a strong and a durable inducing effect on CYP3A4 activity. Eur J Endocrinol. 2011;164(4):621-6.
5. Lutz JD, Kirby BJ, Wang L, Song Q, Ling J, Massetto B, et al. Cytochrome p450 3a induction predicts p-glycoprotein induction; part 1: establishing induction relationships using ascending dose rifampin. Clin Pharmacol Ther. 2018;104(6):1182-90.
6. Backman JT, Olkkola KT, Neuvonen PJ. Rifampin drastically reduces plasma concentrations and effects of oral midazolam. Clin Pharmacol Ther. 1996;59(1):7-13.
7. Bodmer M, Link B, Grignaschi N, Kummer O, Ruegg S, Haschke M, et al. Pharmacokinetics of midazolam and metabolites in a patient with refractory status epilepticus treated with extraordinary doses of midazolam. Ther Drug Monit. 2008;30(1):120-4.
8. Chung E, Nafziger AN, Kazierad DJ, Bertino JS. Comparison of midazolam and simvastatin as cytochrome P450 3A probes. Clin Pharmacol Ther. 2006;79(4):350-61.

9. Dormire® [Bula de remédio]. São Paulo: Cristália – Produtos Químicos Farmacêuticos Ltda.; 2020.
10. Gorski JC, Vannaprasaht S, Hamman MA, Ambrosius WT, Bruce MA, Haehner-Daniels B, et al. The effect of age, sex, and rifampin administration on intestinal and hepatic cytochrome P450 3A activity. Clin Pharmacol Ther. 2003;74(3):275-87.
11. Shin KH, Choi MH, Lim KS, Yu KS, Jang IJ, Cho JY. Evaluation of endogenous metabolic markers of hepatic CYP3A activity using metabolic profiling and midazolam clearance. Clin Pharmacol Ther. 2013;94(5):601-9.
12. Yu KS, Cho JY, Jang IJ, Hong KS, Chung JY, Kim JR, et al. Effect of the CYP3A5 genotype on the pharmacokinetics of intravenous midazolam during inhibited and induced metabolic states. Clin Pharmacol Ther. 2004;76(2):104-12.

Indutores do CYP3A4 (forte) / Ondansetrona

Medicamentos do grupo Indutores do CYP3A4 (forte): CarBAMazepina, fenitoína, fenitoína sódica, fenobarbital, fenobarbital cálcico, fenobarbital sódico, metilfenobarbital, mitotano, primidona, rifampicina, enzalutamida, ivacaftor, apalutamida

Resultado da interação: Podem diminuir a concentração sérica da ondansetrona devido à indução do CYP3A4, enzima responsável pelo seu metabolismo.

Probabilidade: Média

Gravidade: Menor

Sugestão de conduta: Monitorar a terapia.

Parâmetros de monitorização: Retorno ou permanência de sintomas de náuseas e vômitos e baixa motilidade gastrointestinal.

Referências

1. Villikka K, Kivistö KT, Neuvonen PJ. The effect of rifampin on the pharmacokinetics of oral and intravenous ondansetron. Clin Pharmacol Ther. 1999;65(4):377-81.
2. Zofran ® [Bula de remédio]. São Paulo: Novartis Biociências S.A.; 2017.

Indutores do CYP3A4 (forte) / Tramadol

Medicamentos do grupo Indutores do CYP3A4 (forte): CarBAMazepina, fenitoína, fenitoína sódica, fenobarbital, fenobarbital cálcico, fenobarbital sódico, metilfenobarbital, mitotano, primidona, rifampicina, enzalutamida, ivacaftor, apalutamida

Resultado da interação: Pode induzir o metabolismo do tramadol, diminuindo a sua biodisponibilidade e a de seu metabólito ativo em 42% e 58%, respectivamente, com uso de tramadol endovenoso, e 59% e 54%, respectivamente, com o uso de tramadol por via oral.

Probabilidade: Média

Gravidade: Moderada

Sugestão de conduta: Monitorar a terapia durante o uso concomitante e após a descontinuação do indutor do CYP3A4 (forte).

Parâmetros de monitorização: Monitorar sinais de inefetividade terapêutica do tramadol, como o não controle da dor e sinais e sintomas de abstinência de opioides. Após a descontinuação do indutor do CYP3A4 (forte), monitorar sinais de toxicidade do tramadol, como depressão respiratória, convulsões e síndrome serotoninérgica.

Referências

1. Tramal® [Bula de remédio]. São Paulo: Grünenthal do Brasil Farmacêutica Ltda; 2015.
2. Saarikoski T, Saari TI, Hagelberg NM, Neuvonen M, Neuvonen PJ, Scheinin M, et al. Rifampicin markedly decreases the exposure to oral and intravenous tramadol. Eur J Clin Pharmacol. 2013;69(6):1293-301.

Indutores do CYP3A4 (moderado) / Clindamicina

Medicamentos do grupo Indutores do CYP3A4 (moderado): bosentana, efavirenz, modafinila, rifabutina, etravirina, armodafinila, dabrafenibe, mesilato de dabrafenibe, bosentana monoidratada, cloridrato de pexidartinibe, pexidartinibe

Resultado da interação: Podem diminuir a concentração sérica da clindamicina devido à indução do CYP3A4, enzima responsável pelo seu metabolismo.

Probabilidade: Média

Gravidade: Moderada

Sugestão de conduta: Monitorar a terapia.

Parâmetros de monitorização: Sinais de inefetividade terapêutica do antimicrobiano. Leucócitos (↑), PCR (↑), temperatura (↑).

Referências

1. Bernard A, Kermarrec G, Parize P, Caruba T, Bouvet A, Mainardi J-L, et al. Dramatic reduction of clindamycin serum concentration in staphylococcal osteoarticular infection patients treated with the oral clindamycin-rifampicin combination. J Infect. 2015;71(2):200-6.
2. Curis E, Pestre V, Jullien V, Eyrolle L, Archambeau D, Morand P, et al. Pharmacokinetic variability of clindamycin and influence of rifampicin on clindamycin concentration in patients with bone and joint infections. Infection. 2015;43(4):473-81.

3. Czekaj J, Dinh A, Moldovan A, Vaudaux P, Gras G, Hoffmeyer P, et al. Efficacy of a combined oral clindamycin–rifampicin regimen for therapy of staphylococcal osteoarticular infections. Scand J Infect Dis. 2011;43(11-12):962-7.
4. Join-Lambert O, Ribadeau-Dumas F, Jullien V, Kitzis M-D, Jais J-P, Coignard-Biehler H, et al. Dramatic reduction of clindamycin plasma concentration in hidradenitis suppurativa patients treated with the rifampin-clindamycin combination. Eur J Dermatol. 2014;24(1):94-5.
5. van der Zee HH, Boer J, Prens EP, Jemec GBE. The effect of combined treatment with oral clindamycin and oral rifampicin in patients with hidradenitis suppurativa. Dermatology. 2009;219(2):143-7.
6. Dalacin® C [Bula de remédio]. São Paulo: Wyeth Indústria Farmacêutica Ltda; 2013.
7. Arditi M, Yogev R. In vitro interaction between rifampin and clindamycin against pathogenic coagulase-negative staphylococci. Antimicrob Agents Chemother. 1989;33(2):245-7.
8. Bettoli V, Zauli S, Borghi A, Toni G, Minghetti S, Ricci M, et al. Oral clindamycin and rifampicin in the treatment of hidradenitis suppurativa-acne inversa: a prospective study on 23 patients. J Eur Acad Dermatol Venereol. 2014;28(1):125-6.
9. Mendonça CO, Griffiths CEM. Clindamycin and rifampicin combination therapy for hidradenitis suppurativa. Br J Dermatol. 2006;154(5):977-8.
10. Zeller V, Dzeing-Ella A, Kitzis MD, Ziza JM, Mamoudy P, Desplaces N. Continuous clindamycin infusion, an innovative approach to treating bone and joint infections. Antimicrob Agents Chemother. 2010;54(1):88-92.
11. Zinner SH, Lagast H, Klastersky J. Antistaphylococcal activity of rifampin with other antibiotics. J Infect Dis. 1981;144(4):365-71.

Indutores do CYP3A4 (moderado) / FentaNILA

Medicamentos do grupo Indutores do CYP3A4 (moderado): bosentana, efavirenz, modafinila, rifabutina, etravirina, armodafinila, dabrafenibe, mesilato de dabrafenibe, bosentana monoidratada, cloridrato de pexidartinibe, pexidartinibe

Resultado da interação: Pode induzir o metabolismo da FentaNILA, aumentando sua eliminação e diminuindo sua biodisponibilidade. Esse efeito é esperado com base na interação entre a FentaNILA e os indutores do CYP3A4 (forte). Exceção: erva-de-São-João.

Probabilidade: Baixa

Gravidade: Moderada

Sugestão de conduta: Monitorar a terapia e o surgimento de sinais/sintomas de abstinência aos opioides. Quando o indutor moderado do CYP3A4 for descontinuado, monitorar sinais de toxicidade do fentanil, como depressão respiratória.

Parâmetros de monitorização: Monitorar sinais de inefetividade terapêutica do fentanil, como não controle da dor, e sinais/sintomas de abstinência aos opioides.

Referências

1. Fentanil® [Bula de remédio]. São Paulo: Janssen-Cilag Farmacêutica Ltda; 2000.
2. Morii H, Chiba M, Konishi H, Endo Y, Yamaji A. Failure of pain control using transdermal fentanyl during rifampicin treatment. J Pain Symptom Manage. 2007;33(1):5-6.
3. Takane H, Nosaka A, Wakushima H, Hosokawa K, Ieiri I. Rifampin reduces the analgesic effect of transdermal fentanyl. Ann Pharmacother. 2005;39(12):2139-40.
4. Kharasch ED, Whittington D, Hoffer C. Influence of hepatic and intestinal cytochrome P4503A activity on the acute disposition and effects of oral transmucosal fentanyl citrate. Anesthesiology. 2004;101(3):729-37.

Indutores do CYP3A4 (moderado) / Hidrocortisona

Medicamentos do grupo Indutores do CYP3A4 (moderado): bosentana, efavirenz, modafinila, rifabutina, etravirina, armodafinila, dabrafenibe, mesilato de dabrafenibe, bosentana monoidratada, cloridrato de pexidartinibe, pexidartinibe

Resultado da interação: Podem diminuir a concentração sérica da hidrocortisona provavelmente por indução do CYP3A4, enzima responsável pelo seu metabolismo.

Probabilidade: Baixa

Gravidade: Moderada

Sugestão de conduta: Monitorar a terapia.

Parâmetros de monitorização: Monitorar sinais de inefetividade terapêutica da hidrocortisona, como ausência ou redução da resposta anti-inflamatória e imunossupressora.

Referências

1. Kyriazopoulou V, Parparousi O, Vagenakis AG. Rifampicin-induced adrenal crisis in addisonian patients receiving corticosteroid replacement therapy. J Clin Endocrinol Metab. 1984;59(6):1204-6.
2. Cortisonal® [Bula de remédio]. São Paulo: União Química Farmacêutica Nacional S.A.; 2014.

Indutores do CYP3A4 (moderado) / Midazolam

Medicamentos do grupo Indutores do CYP3A4 (moderado): bosentana, efavirenz, modafinila, rifabutina, etravirina, armodafinila, dabrafenibe, mesilato de dabrafenibe, bosentana monoidratada, cloridrato de pexidartinibe, pexidartinibe

Resultado da interação: Podem diminuir a concentração sérica do midazolam devido à indução do CYP3A4, enzima responsável pelo seu metabolismo. Essa interação é mais prevalente quando o midazolam é administrado por via oral, uma vez que há tanto indução do CYP hepático quanto do gastrointestinal.

Probabilidade: Alta

Gravidade: Moderada

Sugestão de conduta: Monitorar a terapia.

Parâmetros de monitorização: Retorno ou permanência de insônia. Inefetividade na sedação.

Referências

1. Chaobal H, Kharasch E. Single-point sampling for assessment of constitutive, induced, and inhibited cytochrome P450 3A activity with alfentanil or midazolam. Clin Pharmacol Ther. 2005;78(5):529-39.
2. Kakuda TN, Van Solingen-Ristea RM, Onkelinx J, Stevens T, Aharchi F, De Smedt G, et al. The effect of single- and multiple-dose etravirine on a drug cocktail of representative cytochrome P450 probes and digoxin in healthy subjects. J Clin Pharmacol. 2014;54(4):422-31.
3. Polepally AR, Ng JW, Salem AH, Dufek MB, Parikh A, Carter DC, et al. Assessment of clinical drug-drug interactions of elagolix, a gonadotropin-releasing hormone receptor antagonist. J Clin Pharmacol. 2020;60(12):1606-16.
4. Lutz JD, Kirby BJ, Wang L, Song Q, Ling J, Massetto B, et al. Cytochrome P450 3a induction predicts P-glycoprotein induction; part 2: prediction of decreased substrate exposure after rifabutin or carbamazepine. Clin Pharmacol Ther. 2018;104(6):1191-8.
5. Bachmann F, Duthaler U, Meyer Zu Schwabedissen HE, Puchkov M, Huwyler J, Haschke M, et al. Metamizole is a moderate cytochrome P450 inducer via the constitutive androstane receptor and a weak inhibitor of CYP1a2. Clin Pharmacol Ther. 2021;109(6):1505-16.
6. Dormire® [Bula de remédio]. São Paulo: Cristália – Produtos Químicos Farmacêuticos Ltda.; 2020.
7. Dresser GK, Schwarz UI, Wilkinson GR, Kim RB. Coordinate induction of both cytochrome P4503A and MDR1 by St John's wort in healthy subjects. Clin Pharmacol Ther. 2003;73(1):41-50.

8. Gorski JC, Vannaprasaht S, Hamman MA, Ambrosius WT, Bruce MA, Haehner-Daniels B, et al. The effect of age, sex, and rifampin administration on intestinal and hepatic cytochrome P450 3A activity. Clin Pharmacol Ther. 2003;74(3):275-87.
9. Greene SA, Kwak C, Kamin M, Vernillet L, Glenn KJ, Gabriel L, et al. Effect of cenobamate on the single-dose pharmacokinetics of multiple cytochrome P450 probes using a cocktail approach in healthy subjects. Clin Transl Sci. 2022;15(4):899-911.
10. Imai H, Kotegawa T, Tsutsumi K, Morimoto T, Eshima N, Nakano S, et al. The recovery time-course of CYP3A after induction by St John's wort administration. Br J Clin Pharmacol. 2008;65(5):701-7.
11. Mikus G, Heinrich T, Bödigheimer J, Röder C, Matthee AK, Weiss J, et al. Semisimultaneous midazolam administration to evaluate the time course of CYP3A activation by a single oral dose of efavirenz. J Clin Pharmacol. 2017;57(7):899-905.
12. Rowland A, van Dyk M, Warncken D, Mangoni AA, Sorich MJ, Rowland A. Evaluation of modafinil as a perpetrator of metabolic drug-drug interactions using a model informed cocktail reaction phenotyping trial protocol. Br J Clin Pharmacol. 2018;84(3):501-9.
13. Wang Z, Gorski JC, Hamman MA, Huang SM, Lesko LJ, Hall SD. The effects of St John's wort (Hypericum perforatum) on human cytochrome P450 activity. Clin Pharmacol Ther. 2001;70(4):317-26.
14. Zahir H, Kobayashi F, Zamora C, Gajee R, Gordon MS, Babiker HM, et al. Evaluation of potential drug-drug interaction risk of pexidartinib with substrates of cytochrome P450 and p-glycoprotein. J Clin Pharmacol. 2021;61(3):298-306.

Indutores do CYP3A4 (moderado) / Metilprednisolona

Medicamentos do grupo Indutores do CYP3A4 (moderado): bosentana, efavirenz, modafinila, rifabutina, etravirina, armodafinila, dabrafenibe, mesilato de dabrafenibe, bosentana monoidratada, cloridrato de pexidartinibe, pexidartinibe

Resultado da interação: Podem diminuir a concentração sérica da metilprednisolona por provável indução do CYP3A4, enzima responsável pelo seu metabolismo.

Probabilidade: Baixa

Gravidade: Moderada

Sugestão de conduta: Monitorar a terapia.

Parâmetros de monitorização: Sinais de inefetividade terapêutica da metilprednisolona, como ausência ou redução da resposta anti-inflamatória e imunossupressora.

Referências

1. Succinato sódico de metilprednisolona® [Bula de remédio]. São Paulo: Janssen-Cilag Farmacêutica Ltda.; 2014.

Inibidores da glicoproteína P/ABCB1 / Morfina

Medicamentos do grupo Inibidores da glicoproteína P/ABCB1: AmioDARONA, cloridrato de AmioDARONA, AZITromicina, AZITromicina di-hidratada, CarVEDilol, cetoconazol, CiclosPORINA, claritromicina, eritromicina, acistrato de eritromicina, estearato de eritromicina, estinoprato de eritromicina, estolato de eritromicina, etilsuccinato de eritromicina, lactobionato de eritromicina, tiocianato de eritromicina, itraconazol, lopinavir, propafenona, cloridrato de propafenona, quinina, bissulfato de quinina, cloridrato de quinina, dicloridrato de quinina, formato de quinina, sulfato de quinina, ranolazina, dicloridrato de ranolazina, ritonavir, lactobionato de claritromicina, ditosilato de LAPAtinibe, vemurafenibe, AZITromicina monoidratada, hemitartarato de eliglustate, daclatasvir, dicloridrato de daclatasvir, sulfato de quinina di-hidratado, mesilato de osimertinibe, osimertinibe, ivacaftor

Resultado da interação: Podem aumentar a concentração sérica da morfina aumentando sua biodisponibilidade em até 22%, uma vez que ocorre inibição do seu transporte na glicoproteína-P.

Probabilidade: Alta

Gravidade: Moderada

Sugestão de conduta: Monitorar a terapia. Podem ser necessárias reduções na dose de morfina conforme clínica do paciente.

Parâmetros de monitorização: Pupilas mióticas, delírios, pressão arterial (↓) frequência cardíaca (↓), depressão respiratória e retenção urinária. Sinais e sintomas de depressão do sistema nervoso central, tais como: sonolência, falta de ar, extremidades cianóticas, respiração rápida, confusão mental, cansaço excessivo e batimentos cardíacos irregulares.

Referências

1. Dimorf® [Bula de remédio]. São Paulo: Cristália Produtos Químicos Farmacêuticos Ltda; 1989.
2. Drewe J, Ball HA, Beglinger C, Peng B, Kemmler A, Schächinger H, et al. Effect of P-glycoprotein modulation on the clinical pharmacokinetics and adverse effects of morphine. Br J Clin Pharmacol. 2000;50(3):237-46.

3. Heiskanen T, Backman JT, Neuvonen M, Kontinen VK, Neuvonen PJ, Kalso E. Itraconazole, a potent inhibitor of P-glycoprotein, moderately increases plasma concentrations of oral morphine. Acta Anaesthesiol Scand. 2008;52(10):1319-26.
4. Skarke C, Jarrar M, Erb K, Schmidt H, Geisslinger G, Lötsch J. Respiratory and miotic effects of morphine in healthy volunteers when P-glycoprotein is blocked by quinidine. Clin Pharmacol Ther. 2003;74(4):303-11.

Inibidores da monoamina oxidase / DOPamina

Medicamentos do grupo Inibidores da monoamina oxidase: linezolida, rasagilina, safinamida, selegilina, cloridrato de selegilina, tranilcipromina, sulfato de tranilcipromina, mesilato de rasagilina, mesilato de safinamida

Resultado da interação: Pode ocorrer potencialização do efeito hipertensivo da DOPamina, uma vez que ocorre inibição da enzima responsável pelo seu metabolismo e, desta forma, potencialização e prolongamento do seu efeito.

Probabilidade: Alta

Gravidade: Maior

Sugestão de conduta: Monitorar a terapia. Em pacientes em tratamento com inibidores da monoamina oxidase ou que receberam a última dose em até 21 dias, recomenda-se iniciar a DOPamina com a dose inicial de um décimo (1/10) da dose usual.

Parâmetros de monitorização: Monitorar pressão arterial (↑) e sinais e sintomas de hipertensão, tais como tontura, dor de cabeça, epistaxe, zumbido nos ouvidos, dificuldade respiratória e cansaço.

Referências

1. Dopacris® [Bula de remédio]. São Paulo: Cristália Produtos Químicos Farmacêuticos Ltda; 2000.
2. Horwitz D, Goldberg LI, Sjoerdsma A. Increased blood pressure responses to dopamine and norepinephrine produced by monoamine oxidase inhibitors in man. J Lab Clin Med. 1960;56:747-53.
3. Rose LM, Ohlinger MJ, Mauro VF. A hypertensive reaction induced by concurrent use of selegiline and dopamine. Ann Pharmacother. 2000;34(9):1020-4.

Inibidores da monoamina oxidase / Metadona

Medicamentos do grupo Inibidores da monoamina oxidase: linezolida, rasagilina, safinamida, selegilina, cloridrato de selegilina, tranilcipromina, sulfato de tranilcipromina, mesilato de rasagilina, mesilato de safinamida

Resultado da interação: Pode ocorrer potencialização do efeito serotoninérgico dos inibidores da monoamina oxidase devido a efeitos aditivos sobre a serotonina.

Probabilidade: Alta

Gravidade: Moderada

Sugestão de conduta: Associação contraindicada pelo risco iminente de dano que pode ocasionar prolongamento da hospitalização, sequelas irreversíveis ou óbito. Recomenda-se aguardar um intervalo de 14 dias após a descontinuação dos inibidores da monoamina oxidase e o início da metadona.

Parâmetros de monitorização: Monitorar sinais e sintomas de síndrome serotoninérgica, tais como: ansiedade, agitação, hiperreflexia, clônus, hipertermia, diaforese, tremor, instabilidade autonômica, alterações do estado mental, sudorese, calafrios, vômito e diarreia, depressão respiratória, coma, pressão arterial (↑) e frequência cardíaca (↑).

Referências

1. Mytedom® [Bula de remédio]. São Paulo: Cristália Produtos Químicos Farmacêuticos Ltda; 1995.
2. Bush E, Miller C, Friedman I. A case of serotonin syndrome and mutism associated with methadone. J Palliat Med. 2006;9(6):1257-9.
3. Lee J, Franz L, Goforth HW. Serotonin syndrome in a chronic-pain patient receiving concurrent methadone, ciprofloxacin, and venlafaxine. Psychosomatics. 2009;50(6):638-9.
4. Gillman PK. Monoamine oxidase inhibitors, opioid analgesics and serotonin toxicity. Br J Anaesth. 2005;95(4):434-41.

Inibidores da monoamina oxidase / Metoclopramida

Medicamentos do grupo Inibidores da monoamina oxidase: linezolida, rasagilina, safinamida, selegilina, cloridrato de selegilina, tranilcipromina, sulfato de tranilcipromina, mesilato de rasagilina, mesilato de safinamida

Resultado da interação: Pode ocorrer potencialização do efeito hipertensivo dos inibidores da monoamina oxidase devido a efeitos sinérgicos dos medicamentos na elevação da pressão arterial.

Probabilidade: Média

Gravidade: Moderada

Sugestão de conduta: Associação contraindicada pelo risco iminente de dano que pode ocasionar prolongamento da hospitalização, sequelas irreversíveis ou óbito.

Parâmetros de monitorização: Pressão arterial (↑).

Referências

1. Patterson JF. Metoclopramide therapy of MAOI orthostatic hypotension. J Clin Psychopharmacol. 1987;7(2):112-3.

Inibidores da monoamina oxidase / Morfina

Medicamentos do grupo Inibidores da monoamina oxidase: linezolida, rasagilina, safinamida, selegilina, cloridrato de selegilina, tranilcipromina, sulfato de tranilcipromina, mesilato de rasagilina, mesilato de safinamida

Resultado da interação: Pode ocorrer potencialização dos efeitos adversos e tóxicos da morfina por mecanismo desconhecido.

Probabilidade: Média

Gravidade: Moderada

Sugestão de conduta: Associação contraindicada pelo risco iminente de dano que pode ocasionar prolongamento da hospitalização, sequelas irreversíveis ou óbito. Recomenda-se aguardar um intervalo de 14 dias após a descontinuação dos inibidores da monoamina oxidase e o início da morfina.

Parâmetros de monitorização: Monitorar sinais e sintomas de síndrome serotoninérgica e toxicidade aos opioides, tais como: ansiedade, agitação, hiperreflexia, clônus, hipertermia, diaforese, tremor, instabilidade autonômica, alterações do estado mental, sudorese, calafrios, vômito e diarreia, depressão respiratória, coma, pressão arterial (↓), frequência cardíaca (↓), hipotermia, hipotonia e depressão do sistema nervoso central.

Referências

1. Dimorf® [Bula de remédio]. São Paulo: Cristália Produtos Químicos Farmacêuticos Ltda; 1989.
2. Mateo-Carrasco H, Muñoz-Aguilera EM, García-Torrecillas JM, Abu Al-Robb H. Serotonin syndrome probably triggered by a morphine-phenelzine interaction. Pharmacotherapy. 2015;35(6):e102-105.
3. McGilchrist JM. Letter: Interactions with monoamine oxidase inhibitors. Br Med J. 1975;3(5983):591-2.

Inibidores do CYP2C19 (forte) / Diazepam

Medicamentos do grupo Inibidores do CYP2C19 (forte): fluconazol, fosfluconazol

Resultado da interação: Pode aumentar a concentração sérica do diazepam, aumentando sua biodisponibilidade em até 2,6 vezes, uma vez que ocorre inibição do seu metabolismo no CYP2C19 e CYP3A4.

Probabilidade: Média

Gravidade: Moderada

Sugestão de conduta: Monitorar a terapia. Em pacientes utilizando inibidores do CYP2C19 (forte), recomenda-se a substituição de diazepam por lorazepam, visto que este não é metabolizado na mesma via, não participando da interação.

Parâmetros de monitorização: Monitorar sintomas de sonolência, sedação, frequência cardíaca (↓), frequência respiratória (↓), pressão arterial (↓) e estado mental.

Referências

1. Valium® [Bula de remédio]. Rio de Janeiro: Produtos Roche Químicos e Farmacêuticos S.A.; 1999
2. Saari TI, Laine K, Bertilsson L, Neuvonen PJ, Olkkola KT. Voriconazole and fluconazole increase the exposure to oral diazepam. Eur J Clin Pharmacol. 2007;63(10):941-9.

Inibidores do CYP2C19 (fraco) / Fenitoína

Medicamentos do grupo Inibidores do CYP2C19 (fraco): cetoconazol, cimetidina, cloridrato de cimetidina, esomeprazol magnésico, esomeprazol sódico, omeprazol, omeprazol magnésico, etravirina, esomeprazol magnésico di-hidratado, esomeprazol magnésico tri-hidratado

Resultado da interação: Pode aumentar a concentração sérica da fenitoína aumentando sua biodisponibilidade em até 24%, uma vez que ocorre inibição do seu metabolismo no CYP2C19. Exceções: cimetidina, estradiol, noretindrona e cetoconazol.

Probabilidade: Alta

Gravidade: Moderada

Sugestão de conduta: Monitorar a terapia.

Parâmetros de monitorização: Monitorar nível sérico de fenitoína (↑) se disponível, 25-hidroxivitamina D (↓), arritmia cardíaca, pressão arterial (↓), ataxia, confusão, tontura, sonolência, dor de cabeça, insônia, nervosismo, parestesia, neuropatia periférica, gama GT (↑) e fosfatase alcalina (↑).

Referências

1. Hidantal® [Bula de remédio]. São Paulo: Sanofi Medley Farmacêutica Ltda; 2019.
2. Frigo GM, Lecchini S, Caravaggi M, Gatti G, Tonini M, D'Angelo L, et al. Reduction of phenytoin clearance caused by cimetidine. Eur J Clin Pharmacol. 1983;25(1):135-7.

3. Neuvonen PJ, Tokola RA, Kaste M. Cimetidine-phenytoin interaction: effect on serum phenytoin concentration and antipyrine test. Eur J Clin Pharmacol. 1981;21(3):215-20.
4. Bialer M, Soares-da-Silva P. Pharmacokinetics and drug interactions of eslicarbazepine acetate. Epilepsia. 2012;53(6):935-46.
5. Fuerst RH, Graves NM, Leppik IE, Brundage RC, Holmes GB, Remmel RP. Felbamate increases phenytoin but decreases carbamazepine concentrations. Epilepsia. 1988;29(4):488-91.
6. Sachdeo R, Wagner ML, Sachdeo S, Shumaker RC, Lyness WH, Rosenberg A, et al. Coadministration of phenytoin and felbamate: evidence of additional phenytoin dose-reduction requirements based on pharmacokinetics and tolerability with increasing doses of felbamate. Epilepsia. 1999;40(8):1122-8.

Inibidores do CYP3A4 (fraco) / Midazolam

Medicamentos do grupo Inibidores do CYP3A4 (fraco): alprazolam, AmioDARONA, cloridrato de AmioDARONA, anlodipino, besilato de anlodipino, maleato de anlodipino, bicalutamida, CiclosPORINA, cilostazol, cimetidina, cloridrato de cimetidina, ciprofloxacino, cloridrato de ciprofloxacino, lactato de ciprofloxacino, clotrimazol, danazol, everolimo, fluvoxamina, maleato de fluvoxamina, isoniazida, propofol, ranitidina, cloridrato de ranitidina, ranolazina, dicloridrato de ranolazina, cloridrato de ciprofloxacino monoidratado, ditosilato de LAPAtinibe, fosaprepitanto dimeglumina, cloridrato de pazopanibe, levanlodipino, mentha x piperita l., besilato de levanlodipino, cansilato de anlodipino, cloridrato de lurasidona, lurasidona, mesilato sódico de isoniazida, palbociclibe, ivacaftor, besilato de levanlodipino hemipentaidratado, cloridrato de asciminibe

Resultado da interação: Pode aumentar a concentração sérica do midazolam aumentando sua biodisponibilidade em até 61%, uma vez que ocorre inibição do seu metabolismo no CYP3A4. A magnitude e gravidade desta interação são maiores quando o midazolam é administrado por via oral, uma vez ocorre também a inibição do CYP3A4 gastrointestinal.

Probabilidade: Alta

Gravidade: Moderada

Sugestão de conduta: Monitorar a terapia observando o aumento dos efeitos e toxicidade do midazolam, especialmente quando administrado por via oral.

Parâmetros de monitorização: Pressão arterial (↓). Frequência cardíaca (↓). Frequência respiratória (↓). Saturação de O2 (↓). Nível de sedação.

Referências

1. Chiu Y-Y, Ereshefsky L, Preskorn SH, Poola N, Loebel A. Lurasidone drug-drug interaction studies: a comprehensive review. Drug Metabol Drug Interact. 2014;29(3):191-202.
2. Marbury TC, Ngo PL, Shadle CR, Jin B, Panebianco D, Caro L, et al. Pharmacokinetics of oral dexamethasone and midazolam when administered with single-dose intravenous 150 mg fosaprepitant in healthy adult subjects. J Clin Pharmacol. 2011;51(12):1712-20.
3. Shord SS, Chan L-N, Camp JR, Vasquez EM, Jeong H-Y, Molokie RE, et al. Effects of oral clotrimazole troches on the pharmacokinetics of oral and intravenous midazolam. Br J Clin Pharmacol. 2010;69(2):160-6.
4. Armani S, Ting L, Sauter N, Darstein C, Tripathi AP, Wang L, et al. Drug interaction potential of osilodrostat (Lci699) based on its effect on the pharmacokinetics of probe drugs of cytochrome p450 enzymes in healthy adults. Clin Drug Investig. 2017;37(5):465-72.
5. Kiang TKL. Clinical pharmacokinetics and drug-drug interactions of elbasvir/grazoprevir. Eur J Drug Metab Pharmacokinet. 2018;43(5):509-31.
6. Koch KM, Dees EC, Coker SA, Reddy NJ, Gainer SD, Arya N, et al. The effects of lapatinib on CYP3A metabolism of midazolam in patients with advanced cancer. Cancer Chemother Pharmacol. 2017;80(6):1141-6.
7. Robertson SM, Luo X, Dubey N, Li C, Chavan AB, Gilmartin GS, et al. Clinical drug-drug interaction assessment of ivacaftor as a potential inhibitor of cytochrome P450 and P-glycoprotein. J Clin Pharmacol. 2015;55(1):56-62.
8. Urva S, Bouillaud E, Delaney R, Jappe A, Cheung W. A phase I study evaluating the effect of everolimus on the pharmacokinetics of midazolam in healthy subjects. J Clin Pharmacol. 2013;53(4):444-50.
9. Vassiliou D, Sardh E, Harper P, Simon AR, Clausen VA, Najafian N, et al. A drug-drug interaction study evaluating the effect of givosiran, a small interfering ribonucleic acid, on cytochrome p450 activity in the liver. Clin Pharmacol Ther. 2021;110(5):1250-60.

Inibidores do CYP3A4 (moderado) / DEXAmetasona

Medicamentos do grupo Inibidores do CYP3A4 (moderado): beritromicina, diltiazem, cloridrato de diltiazem, eritromicina, acistrato de eritromicina, estearato de eritromicina, estinoprato de eritromicina, estolato de eritromicina, etilsuccinato de eritromicina, lactobionato de eritromicina, tiocianato de eritromicina, fluconazol, fosamprenavir, fosamprenavir cálcico, ranitidina, cloridrato de ranitidina, verapamil, cloridrato de verapamil, nilotinibe, cloridrato de nilotinibe monoidratado, crizotinibe, fosamprenavir sódico, succinato de ribociclibe, isavuconazol, sulfato de isavuconazônio, dicloridrato de fedratinibe monoidratado

Resultado da interação: Pode aumentar a concentração sérica da DEXAmetasona aumentando sua biodisponibilidade em até 72%, uma vez que ocorre inibição do seu metabolismo no CYP3A4. Exceções: aprepitanto, imatinibe, netupitanto e nilotinibe.

Probabilidade: Alta

Gravidade: Moderada

Sugestão de conduta: Monitorar a terapia.

Parâmetros de monitorização: Aumento dos efeitos adversos sistêmicos dos corticosteroides: glicemia (↑). Resistência à insulina. Pressão arterial (↑). Potássio sérico (↓). Peso (↑). Supressão adrenal. Miopatia. Efeitos gastrointestinais: úlcera péptica, dispepsia, gastrite, distensão abdominal e esofagite ulcerativa. Ocorrência de infecções.

Referências

1. Decadron® [Bula de remédio]. São Paulo: Aché Laboratórios Farmacêuticos S.A; 2004.
2. Lanzarotti C, Rossi G. Effect of netupitant, a highly selective NK_1 receptor antagonist, on the pharmacokinetics of midazolam, erythromycin, and dexamethasone. Support Care Cancer. 2013;21(10):2783-91.
3. McCrea JB, Majumdar AK, Goldberg MR, Iwamoto M, Gargano C, Panebianco DL, et al. Effects of the neurokinin1 receptor antagonist aprepitant on the pharmacokinetics of dexamethasone and methylprednisolone. Clin Pharmacol Ther. 2003;74(1):17-24.
4. Nakade S, Ohno T, Kitagawa J, Hashimoto Y, Katayama M, Awata H, et al. Population pharmacokinetics of aprepitant and dexamethasone in the prevention of chemotherapy-induced nausea and vomiting. Cancer Chemother Pharmacol. 2008;63(1):75-83.

Inibidores do CYP3A4 (moderado) / FentaNILA

Medicamentos do grupo Inibidores do CYP3A4 (moderado): beritromicina, diltiazem, cloridrato de diltiazem, eritromicina, acistrato de eritromicina, estearato de eritromicina, estinoprato de eritromicina, estolato de eritromicina, etilsuccinato de eritromicina, lactobionato de eritromicina, tiocianato de eritromicina, fluconazol, fosamprenavir, fosamprenavir cálcico, ranitidina, cloridrato de ranitidina, verapamil, cloridrato de verapamil, nilotinibe, cloridrato de nilotinibe monoidratado, crizotinibe, fosamprenavir sódico, succinato de ribociclibe, isavuconazol, sulfato de isavuconazônio, dicloridrato de fedratinibe monoidratado

Resultado da interação: Pode resultar em aumento da concentração sérica da FentaNILA e aumento dos efeitos adversos relacionados, uma vez que os inibidores do CYP3A4 (moderado) podem inibir o seu metabolismo.

Probabilidade: Alta

Gravidade: Moderada

Sugestão de conduta: Monitorar a terapia. Se necessário, a dose de FentaNILA poderá ser ajustada se inibidores do CYP3A4 (moderado) forem iniciados ou descontinuados.

Parâmetros de monitorização: Depressão respiratória (↑). Sedação (↑). Dispneia (↑). Bradicardia. Pressão arterial (↑ ou ↓). Rigidez muscular.

Referências

1. Fentanil® [Bula de remédio]. São Paulo: Janssen-Cilag Farmacêutica Ltda; 2000.
2. Hallberg P, Martén L, Wadelius M. Possible fluconazole-fentanyl interaction-a case report. Eur J Clin Pharmacol. 2006;62(6):491-2.
3. Kuip EJM, Oldenmenger WH, Visser-Thijs MF, de Bruijn P, Oomen-de Hoop E, Mathijssen RHJ, et al. Influence of aprepitant and localization of the patch on fentanyl exposure in patients with cancer using transdermal fentanyl. Oncotarget. 2018;9(26):18269-76.
4. Nitahara K, Matsunaga M, Katori K, Yotsui H, Higuchi H, Higa K. Effect of continuous low-dose intravenous diltiazem on epidural fentanyl analgesia after lower abdominal surgery. Br J Anaesth. 2003;90(4):507-9.
5. Saari TI, Laine K, Neuvonen M, Neuvonen PJ, Olkkola KT. Effect of voriconazole and fluconazole on the pharmacokinetics of intravenous fentanyl. Eur J Clin Pharmacol. 2008;64(1):25-30.

Inibidores do CYP3A4 (moderado) / Metilprednisolona

Medicamentos do grupo Inibidores do CYP3A4 (moderado): beritromicina, diltiazem, cloridrato de diltiazem, eritromicina, acistrato de eritromicina, estearato de eritromicina, estinoprato de eritromicina, estolato de eritromicina, etilsuccinato de eritromicina, lactobionato de eritromicina, tiocianato de eritromicina, fluconazol, fosamprenavir, fosamprenavir cálcico, ranitidina, cloridrato de ranitidina, verapamil, cloridrato de verapamil, nilotinibe, cloridrato de nilotinibe monoidratado, crizotinibe, fosamprenavir sódico, succinato de ribociclibe, isavuconazol, sulfato de isavuconazônio, dicloridrato de fedratinibe monoidratado

Resultado da interação: Pode aumentar a concentração sérica da metilprednisolona aumentando sua biodisponibilidade em até 1,3 vezes, uma vez que ocorre inibição do seu metabolismo no CYP3A4. Exceção: aprepitanto.

Probabilidade: Alta

Gravidade: Moderada

Sugestão de conduta: Monitorar a terapia.

Parâmetros de monitorização: Glicemia (↑). Pressão arterial (↑). Potássio sérico (↓). Peso (↑). Supressão adrenal. Edema.

Referências

1. Solupren® [Bula de remédio]. São Paulo: Laboratório Químico Farmacêutico Bergamo Ltda; 1997.
2. Booker BM, Magee MH, Blum RA, Lates CD, Jusko WJ. Pharmacokinetic and pharmacodynamic interactions between diltiazem and methylprednisolone in healthy volunteers. Clin Pharmacol Ther. 2002;72(4):370-82.
3. Gallerani M, Boari B. Hallucinations and tremors due to oral therapeutic doses of erythromycin and methylprednisolone. Intern Emerg Med. 2008;3(3):283-5.
4. McCrea JB, Majumdar AK, Goldberg MR, Iwamoto M, Gargano C, Panebianco DL, et al. Effects of the neurokinin1 receptor antagonist aprepitant on the pharmacokinetics of dexamethasone and methylprednisolone. Clin Pharmacol Ther. 2003;74(1):17-24.
5. Varis T, Backman JT, Kivistö KT, Neuvonen PJ. Diltiazem and mibefradil increase the plasma concentrations and greatly enhance the adrenal-suppressant effect of oral methylprednisolone. Clin Pharmacol Ther. 2000;67(3):215-21.
6. Varis T, Kivistö KT, Neuvonen PJ. Grapefruit juice can increase the plasma concentrations of oral methylprednisolone. Eur J Clin Pharmacol. 2000;56(6-7):489-93.
7. LaForce CF, Szefler SJ, Miller MF, Ebling W, Brenner M. Inhibition of methylprednisolone elimination in the presence of erythromycin therapy. J Allergy Clin Immunol. 1983;72(1):34-9.

Metoprolol / Diazepam

Resultado da interação: Pode aumentar a concentração sérica de diazepam e de seu metabólito ativo, uma vez que ocorre inibição do seu metabolismo oxidativo pelo metoprolol. A magnitude dessa interação parece ser pequena e não se sabe ao certo a relevância clínica.

Probabilidade: Alta

Gravidade: Menor

Sugestão de conduta: Monitorar a terapia.

Parâmetros de monitorização: Sonolência, sedação, frequência cardíaca (↓), frequência respiratória (↓), pressão arterial (↓) e estado mental.

Referências

1. Hawksworth G, Betts T, Crowe A, Knight R, Nyemitei-Addo I, Parry K, et al. Diazepam/beta-adrenoceptor antagonist interactions. British Journal of Clinical Pharmacology. 1984;17(S1):69S-76S.

2. Klotz U, Reimann IW. Pharmacokinetic and pharmacodynamic interaction study of diazepam and metoprolol. Eur J Clin Pharmacol. 1984;26(2):223-6.
3. Scott AK, Cameron GA, Hawksworth GM. Interaction of metoprolol with lorazepam and bromazepam. Eur J Clin Pharmacol. 1991;40(4):405-9.

NitroGLICERINA / Heparina

Resultado da interação: Pode diminuir a concentração sérica e o efeito anticoagulante da heparina. O mecanismo exato dessa interação é incerto, mas parece envolver a diminuição das concentrações de heparina e a alteração da função da antitrombina III. Os dados disponíveis sobre essa interação são divergentes e, provavelmente, o impacto e gravidade dessa interação são maiores com o uso de NitroGLICERINA em doses altas e por via endovenosa.

Probabilidade: Média

Gravidade: Moderada

Sugestão de conduta: Monitorar a terapia, especialmente em pacientes utilizando doses altas de NitroGLICERINA por via endovenosa.

Parâmetros de monitorização: Nível de anticoagulação: atividade antifator Xa ou tempo de coagulação ativado. Tempo de tromboplastina parcial ativado (PTTa) (↓). Sinais e sintomas de inefetividade terapêutica da heparina.

Referências

1. Hemofol® [Bula de remédio]. São Paulo: Cristália Produtos Químicos Farmacêuticos Ltda; 2009.
2. Berk SI, Grunwald A, Pal S, Bodenheimer MM. Effect of intravenous nitroglycerin on heparin dosage requirements in coronary artery disease. Am J Cardiol. 1993;72(5):393-6.
3. Bode V, Welzel D, Franz G, Polensky U. Absence of drug interaction between heparin and nitroglycerin. Randomized placebo-controlled crossover study. Arch Intern Med. 1990;150(10):2117-9.
4. Gonzalez ER, Jones HD, Graham S, Elswick RK. Assessment of the drug interaction between intravenous nitroglycerin and heparin. Ann Pharmacother. 1992;26(12):1512-4.
5. Habbab MA, Haft JI. Heparin resistance induced by intravenous nitroglycerin. A word of caution when both drugs are used concomitantly. Arch Intern Med. 1987;147(5):857-60.
6. Koh KK, Park GS, Song JH, Moon TH, In HH, Kim JJ, et al. Interaction of intravenous heparin and organic nitrates in acute ischemic syndromes. Am J Cardiol. 1995;76(10):706-9.
7. Williams H, Langlois PF, Kelly JL. The effect of simultaneous intravenous administration of nitroglycerin and heparin on partial thromboplastin time. Mil Med. 1995;160(9):449-52.

8. Becker RC, Corrao JM, Bovill EG, Gore JM, Baker SP, Miller ML, et al. Intravenous nitroglycerin-induced heparin resistance: a qualitative antithrombin III abnormality. Am Heart J. 1990;119(6):1254-61.

Opioides serotoninérgicos (alto risco) / Linezolida

Medicamentos do grupo Opioides serotoninérgicos (alto risco): alfametilfentanila, ALfentanila, cloridrato de ALfentanila, brifentanila, carfentanila, citrato de carfentanila, FentaNILA, citrato de FentaNILA, hidroxipetidina, cloridrato de hidroxipetidina, lofentanila, oxalato de lofentanila, metilfentanila, metiltiofentanila, mirfentanila, cloridrato de mirfentanila, ocfentanila, cloridrato de ocfentanila, parafluorofentanila, petidina, cloridrato de petidina, remifentanila, cloridrato de remifentanila, SUFentanila, citrato de SUFentanila, tiofentanila, tramadol, cloridrato de tramadol, trefentanila, trimeperidina, cloridrato de trimeperidina, cloridrato de ALfentanila monoidratada

Resultado da interação: Pode ocorrer potencialização dos efeitos serotoninérgicos dos opioides serotoninérgicos (alto risco) em virtude de sinergismo entre os medicamentos. Pacientes com altas doses de um dos fármacos ou combinação com maior número de agentes serotoninérgicos, têm maior risco de toxicidade potencialmente fatal.

Probabilidade: Alta

Gravidade: Maior

Sugestão de conduta: Considerar a modificação da terapia. Se o uso concomitante for necessário, monitorar os pacientes quanto a sintomas de síndrome serotoninérgica.

Parâmetros de monitorização: Monitorar sinais e sintomas de síndrome serotoninérgica, tais como: ansiedade, agitação, hiperreflexia, clônus, hipertermia, diaforese, tremor, instabilidade autonômica, alterações do estado mental, sudorese, calafrios, vômito e diarreia.

Referências

1. Zyvox® [Bula de remédio]. São Paulo: Wyeth Indústria Farmacêutica Ltda; 2017.
2. Dolantina® [Bula de remédio]. São Paulo: Sanofi-Aventis Farmacêutica Ltda; 2020.
3. Boyer EW, Shannon M. The serotonin syndrome. N Engl J Med. 2005;352(11):1112-20.
4. Clark DB, Andrus MR, Byrd DC. Drug interactions between linezolid and selective serotonin reuptake inhibitors: case report involving sertraline and review of the literature. Pharmacotherapy. 2006;26(2):269-76.
5. Das PK, Warkentin DI, Hewko R, Forrest DL. Serotonin syndrome after concomitant treatment with linezolid and meperidine. Clin Infect Dis. 2008;46(2):264-5.

6. Corsini Campioli C, Barth D, Esquer Garrigos Z, Abu Saleh O, Sohail RM, Sia IG. Linezolid and fentanyl: An underrecognized drug-to-drug interaction. J Clin Pharm Ther. 2020;45(4):825-7.
7. Shakoor M, Ayub S, Ahad A, Ayub Z. Transient serotonin syndrome caused by concurrent use of tramadol and selective serotonin reuptake inhibitor. Am J Case Rep. 2014;15:562-4.
8. Thomas CR, Rosenberg M, Blythe V, Meyer WJ. Serotonin syndrome and linezolid. J Am Acad Child Adolesc Psychiatry. 2004;43(7):790.

Opioides serotoninérgicos (alto risco) / Tramadol

Medicamentos do grupo Opioides serotoninérgicos (alto risco): alfametilfentanila, ALfentanila, cloridrato de ALfentanila, brifentanila, carfentanila, citrato de carfentanila, FentaNILA, citrato de FentaNILA, hidroxipetidina, cloridrato de hidroxipetidina, lofentanila, oxalato de lofentanila, metilfentanila, metiltiofentanila, mirfentanila, cloridrato de mirfentanila, ocfentanila, cloridrato de ocfentanila, parafluorofentanila, petidina, cloridrato de petidina, remifentanila, cloridrato de remifentanila, SUFentanila, citrato de SUFentanila, tiofentanila, tramadol, cloridrato de tramadol, trefentanila, trimeperidina, cloridrato de trimeperidina, cloridrato de ALfentanila monoidratada

Resultado da interação: Pode ocorrer potencialização do efeito depressor do sistema nervoso central (SNC) e efeito serotoninérgico do tramadol em virtude de efeitos aditivos dos medicamentos.

Probabilidade: Alta

Gravidade: Maior

Sugestão de conduta: Considerar a modificação da terapia. Se o uso concomitante for necessário, monitorar os pacientes quanto a sintomas de síndrome serotoninérgica e depressão grave do SNC.

Parâmetros de monitorização: Monitorar sinais e sintomas de síndrome serotoninérgica, tais como: ansiedade, agitação, hiperreflexia, clônus, hipertermia, diaforese, tremor, instabilidade autonômica, alterações do estado mental, sudorese, calafrios, vômito e diarreia. Monitorar sinais e sintomas de depressão do SNC, tais como: sonolência e depressão respiratória.

Referências

1. Dolantina® [Bula de remédio]. São Paulo: Sanofi-Aventis Farmacêutica Ltda; 2020.
2. Tramal® [Bula de remédio]. São Paulo: Grünenthal do Brasil Farmacêutica Ltda; 2015.
3. Kirschner R, Donovan JW. Serotonin syndrome precipitated by fentanyl during procedural sedation. J Emerg Med 2010;38(4):477-80.
4. Kitson R, Carr B. Tramadol and severe serotonin syndrome. Anaesthesia. 2005;60(9):934-5.

5. Mittino D, Mula M, Monaco F. Serotonin syndrome associated with tramadol-sertraline coadministration. Clin Neuropharmacol. 2004;27(3):150-1.
6. Peacock LE, Wright F. Serotonin syndrome secondary to tramadol and citalopram. Age Ageing. 2011;40(4):528.
7. Shakoor M, Ayub S, Ahad A, Ayub Z. Transient serotonin syndrome caused by concurrent use of tramadol and selective serotonin reuptake inhibitor. Am J Case Rep. 2014;15:562-4.
8. Tissot TA. Probable meperidine-induced serotonin syndrome in a patient with a history of fluoxetine use. Anesthesiology. 2003;98(6):1511-2.

Outros agentes que prolongam o intervalo QT (risco moderado) / HaloPERidol

Medicamentos do grupo Outros agentes que prolongam o intervalo QT (risco moderado): AZITromicina, AZITromicina di-hidratada, cloroquina, dicloridrato de cloroquina, difosfato de cloroquina, sulfato de cloroquina, domperidona, maleato de domperidona, hidroxicloroquina, sulfato de hidroxicloroquina, midostaurina, AZITromicina monoidratada, inotuzumabe ozogamicina

Resultado da interação: Podem potencializar o prolongamento do intervalo QT provocado pelo HaloPERidol. Pacientes com idade avançada, sexo feminino, bradicardia, hipocalemia, hipomagnesemia ou doença cardíaca possuem maior probabilidade de apresentar toxicidade potencialmente fatal. Exceção: domperidona.

Probabilidade: Média

Gravidade: Maior

Sugestão de conduta: Monitorar a terapia. Suspender ou substituir um dos medicamentos em pacientes com fatores de risco associados.

Parâmetros de monitorização: Monitorar o intervalo QT, arritmias e torsades de pointes por meio de eletrocardiograma. Monitorar a concentração sérica de magnésio (↓) e potássio (↓).

Referências

1. Blom MT, Bardai A, van Munster BC, Nieuwland M-I, de Jong H, van Heijen DA, et al. Differential changes in QTc duration during in-hospital haloperidol use. PLoS One. 2011;6(9):e23728.
2. Meid AD, Bighelli I, Mächler S, Mikus G, Carrà G, Castelazzi M, et al. Combinations of QTc-prolonging drugs: towards disentangling pharmacokinetic and pharmacodynamic effects in their potentially additive nature. Ther Adv Psychopharmacol. 2017;7(12):251-64.

3. Meid AD, von Medem A, Heider D, Adler JB, Günster C, Seidling HM, et al. Investigating the additive interaction of QT-prolonging drugs in older people using claims data. Drug Saf. 2017;40(2):133-44.
4. Meyer-Massetti C, Cheng CM, Sharpe BA, Meier CR, Guglielmo BJ. The FDA extended warning for intravenous haloperidol and torsades de pointes: how should institutions respond? J Hosp Med. 2010; 5(4):E8-16.
5. Raschi E, Poluzzi E, Godman B, Koci A, Moretti U, Kalaba M, et al. Torsadogenic risk of antipsychotics: combining adverse event reports with drug utilization data across Europe. PLoS One. 2013;8(11):e81208.
6. Tisdale JE, Jaynes HA, Kingery JR, Mourad NA, Trujillo TN, Overholser BR, et al. Development and validation of a risk score to predict QT interval prolongation in hospitalized patients. Circ Cardiovasc Qual Outcomes. 2013;6(4):479-87.
7. van der Sijs H, Kowlesar R, Klootwijk AP, Nelwan SP, Vulto AG, van Gelder T. Clinically relevant QTc prolongation due to overridden drug-drug interaction alerts: a retrospective cohort study. Br J Clin Pharmacol. 2009;67(3):347-54.
8. Vandael E, Vandenberk B, Vandenberghe J, Spriet I, Willems R, Foulon V. Development of a risk score for QTc-prolongation: the RISQ-PATH study. Int J Clin Pharm. 2017;39(2):424-32.
9. Vandael E, Vandenberk B, Willems R, Reyntens J, Vandenberghe J, Foulon V. Risk management of hospitalized psychiatric patients taking multiple QTc-prolonging drugs. J Clin Psychopharmacol. 2017;37(5):540-5.

Outros agentes que prolongam o intervalo QT (risco moderado) / Ondansetrona

Medicamentos do grupo Outros agentes que prolongam o intervalo QT (risco moderado): AZITromicina, AZITromicina di-hidratada, cloroquina, dicloridrato de cloroquina, difosfato de cloroquina, sulfato de cloroquina, domperidona, maleato de domperidona, hidroxicloroquina, sulfato de hidroxicloroquina, midostaurina, AZITromicina monoidratada, inotuzumabe ozogamicina

Resultado da interação: Podem potencializar o prolongamento do intervalo QT provocado pela ondansetrona. Pacientes com idade avançada, sexo feminino, bradicardia, hipocalemia, hipomagnesemia ou doença cardíaca possuem maior probabilidade de apresentar toxicidade potencialmente fatal.

Probabilidade: Alta

Gravidade: Maior

Sugestão de conduta: Monitorar a terapia e considerar a suspensão de um dos medicamentos caso existam fatores de risco associados.

Parâmetros de monitorização: Monitorar o intervalo QT por meio de eletrocardiograma. Monitorar a concentração sérica de magnésio (↓) e potássio (↓).

Referências

1. Freedman SB, Uleryk E, Rumantir M, Finkelstein Y. Ondansetron and the risk of cardiac arrhythmias: a systematic review and postmarketing analysis. Ann Emerg Med. 2014;64(1):19-25.
2. Hafermann MJ, Namdar R, Seibold GE, Page RL 2nd. Effect of intravenous ondansetron on QT interval prolongation in patients with cardiovascular disease and additional risk factors for torsades: a prospective, observational study. Drug Healthc Patient Saf. 2011;3:53-8.
3. Meid AD, Bighelli I, Mächler S, Mikus G, Carrà G, Castelazzi M, et al. Combinations of QTc-prolonging drugs: towards disentangling pharmacokinetic and pharmacodynamic effects in their potentially additive nature. Ther Adv Psychopharmacol. 2017;7(12):251-64.
4. Meid AD, von Medem A, Heider D, Adler JB, Günster C, Seidling HM, et al. Investigating the additive interaction of QT-prolonging drugs in older people using claims data. Drug Saf. 2017;40(2):133-44.
5. Moffett PM, Cartwright L, Grossart EA, O'Keefe D, Kang CS. Intravenous ondansetron and the QT interval in adult emergency department patients: an observational study. Acad Emerg Med. 2016;23(1):102-5.
6. Obal D, Yang D, Sessler DI. Perioperative doses of ondansetron or dolasetron do not lengthen the QT interval. Mayo Clin Proc. 2014;89(1):69-80.
7. Tisdale JE, Jaynes HA, Kingery JR, Mourad NA, Trujillo TN, Overholser BR, et al. Development and validation of a risk score to predict QT interval prolongation in hospitalized patients. Circ Cardiovasc Qual Outcomes. 2013;6(4):479-87.
8. Tracz K, Owczuk R. Small doses of droperidol do not present relevant torsadogenic actions: a double-blind, ondansetron-controlled study. Br J Clin Pharmacol. 2015;79(4):669-76.
9. van der Sijs H, Kowlesar R, Klootwijk AP, Nelwan SP, Vulto AG, van Gelder T. Clinically relevant QTc prolongation due to overridden drug-drug interaction alerts: a retrospective cohort study. Br J Clin Pharmacol. 2009;67(3):347-54.
10. Vandael E, Vandenberk B, Vandenberghe J, Spriet I, Willems R, Foulon V. Development of a risk score for QTc-prolongation: the RISQ-PATH study. Int J Clin Pharm. 2017;39(2):424-32.
11. Vandael E, Vandenberk B, Willems R, Reyntens J, Vandenberghe J, Foulon V. Risk management of hospitalized psychiatric patients taking multiple QTc-prolonging drugs. J Clin Psychopharmacol. 2017;37(5):540-5.

Prometazina / EPINEFrina

Resultado da interação: Pode diminuir o efeito vasoconstritor da EPINEFrina por mecanismo desconhecido.

Probabilidade: Média

Gravidade: Maior

Sugestão de conduta: Monitorar a terapia, se possível evitar o uso concomitante, com exceção dos casos de anafilaxia. Recomenda-se evitar o uso de EPINEFrina para o tratamento de hipotensão associada à sobredosagem de prometazina. Considerar o uso de NOREPinefrina ou FENILEFrina.

Parâmetros de monitorização: Frequência cardíaca (↑), pressão arterial (↑), relaxamento dos músculos dos brônquios (broncodilatação) e intestino (constipação).

Referências

1. Efrinalin® [Bula de remédio]. São Paulo: Blau Farmacêutica S.A.; 2013.
2. Foster CA, O'mullane EJ, Gaskell P, Churchill-Davidson HC. Chlorpromazine: a study of its action on the circulation in man. Lancet. 1954;267(6839):614-7.
3. Yagiela JA, Duffin SR, Hunt LM. Drug interactions and vasoconstrictors used in local anesthetic solutions. Oral Surg Oral Med Oral Pathol. 1985;59(6):565-71.

Prometazina / HaloPERidol

Resultado da interação: Pode potencializar o efeito anticolinérgico do HaloPERidol, bem como aumentar sua concentração sérica e efeito depressor do SNC. O mecanismo responsável por essa alteração farmacocinética é desconhecido, já o aumento do efeito anticolinérgico e depressor do SNC é resultado de efeitos aditivos dos medicamentos.

Probabilidade: Média

Gravidade: Moderada

Sugestão de conduta: Monitorar a terapia.

Parâmetros de monitorização: Prolongamento do intervalo QT por meio de ECG, efeitos anticolinérgicos, tais como: pupilas dilatadas e sem reflexos, visão borrada, boca e narinas secas, frequência respiratória (↑), frequência cardíaca (↑), pressão arterial (↓), temperatura (↑), constipação e depressão do SNC.

Referências

1. Haldol® [Bula de remédio]. São Paulo: Janssen-Cilag Farmacêutica Ltda; 1998.

2. Suzuki A, Yasui-Furukori N, Mihara K, Kondo T, Furukori H, Inoue Y, et al. Histamine H1-receptor antagonists, promethazine and homochlorcyclizine, increase the steady-state plasma concentrations of haloperidol and reduced haloperidol. Ther Drug Monit. 2003;25(2):192-6.

Simpaticomiméticos / Linezolida

Medicamentos do grupo Simpaticomiméticos: acebrofilina, AmiNOFILina, cafeína, citrato de cafeína, cloridrato de cafeína, teofilinato de colina, desoxiepinefrina, DOBUTamina, bromidrato de DOBUTamina, cloridrato de DOBUTamina, DOPamina, cloridrato de DOPamina, EFEDrina, cloridrato de EFEDrina, sulfato de EFEDrina, tanato de EFEDrina, EPINEFrina, hemitartarato de EPINEFrina, cloridrato de EPINEFrina, FENILEFrina, hemitartarato de FENILEFrina, cloridrato de FENILEFrina, tanato de FENILEFrina, fenoterol, bromidrato de fenoterol, cloridrato de fenoterol, formoterol, fumarato de formoterol di-hidratado, levodobutamina, levossalbutamol, metaraminol, hemitartarato de metaraminol, cloridrato de metaraminol, metilfenidato, cloridrato de metilfenidato, modafinila, nafazolina, cloridrato de nafazolina, nitrato de nafazolina, NOREPinefrina, hemitartarato de NOREPinefrina, cloridrato de NOREPinefrina, oximetazolina, cloridrato de oximetazolina, racepinefrina, salbutamol, sulfato de salbutamol, salmeterol, xinafoato de salmeterol, teofilina, glicinato sódico de teofilina, salicilato cálcico de teofilina, terbutalina, sulfato de terbutalina, xilometazolina, cloridrato de xilometazolina, AmiNOFILina di-hidratada, fumarato de formoterol, dimesilato de lisdexanfetamina, indacaterol, lisdexanfetamina, maleato de indacaterol, cloridrato de olodaterol, olodaterol, cafeína hidratada, cafeína monoidratada, hemitartarato de NOREPinefrina monoidratada

Resultado da interação: Pode ocorrer potencialização do efeito hipertensivo dos simpaticomiméticos, uma vez que a linezolida inibe a enzima monoamina oxidase, levando ao acúmulo de NOREPinefrina nos neurônios adrenérgicos. A administração concomitante de agentes simpaticomiméticos também aumenta a liberação de NOREPinefrina, acarretando em vasoconstrição e, consequentemente, aumento na pressão arterial.

Probabilidade: Média

Gravidade: Maior

Sugestão de conduta: Considerar a modificação da terapia. Se o uso concomitante não puder ser evitado, recomenda-se reduções na dose dos simpaticomiméticos durante o uso com a linezolida, e aumento da dose após a descontinuação da mesma. Além disso, monitorar os pacientes quanto a elevações da pressão arterial.

Parâmetros de monitorização: Pressão arterial (↑), frequência cardíaca (↑), dor de cabeça, falta de ar, alterações visuais e tontura.

Referências

1. Zyvox® [Bula de remédio]. São Paulo: Wyeth Indústria Farmacêutica Ltda; 2017.
2. Hendershot PE, Antal EJ, Welshman IR, Batts DH, Hopkins NK. Linezolid: pharmacokinetic and pharmacodynamic evaluation of coadministration with pseudoephedrine HCl, phenylpropanolamine HCl, and dextromethorpan HBr. J Clin Pharmacol. 2001;41(5):563-72.

Simpaticomiméticos / Simpaticomiméticos

Medicamentos do grupo Simpaticomiméticos: acebrofilina, AmiNOFILina, cafeína, citrato de cafeína, cloridrato de cafeína, teofilinato de colina, desoxiepinefrina, DOBUTamina, bromidrato de DOBUTamina, cloridrato de DOBUTamina, DOPamina, cloridrato de DOPamina, EFEDrina, cloridrato de EFEDrina, sulfato de EFEDrina, tanato de EFEDrina, EPINEFrina, hemitartarato de EPINEFrina, cloridrato de EPINEFrina, FENILEFrina, hemitartarato de FENILEFrina, cloridrato de FENILEFrina, tanato de FENILEFrina, fenoterol, bromidrato de fenoterol, cloridrato de fenoterol, formoterol, fumarato de formoterol di-hidratado, levodobutamina, levossalbutamol, metaraminol, hemitartarato de metaraminol, cloridrato de metaraminol, metilfenidato, cloridrato de metilfenidato, modafinila, nafazolina, cloridrato de nafazolina, nitrato de nafazolina, NOREPinefrina, hemitartarato de NOREPinefrina, cloridrato de NOREPinefrina, oximetazolina, cloridrato de oximetazolina, racepinefrina, salbutamol, sulfato de salbutamol, salmeterol, xinafoato de salmeterol, teofilina, glicinato sódico de teofilina, salicilato cálcico de teofilina, terbutalina, sulfato de terbutalina, xilometazolina, cloridrato de xilometazolina, AmiNOFILina di-hidratada, fumarato de formoterol, dimesilato de lisdexanfetamina, indacaterol, lisdexanfetamina, maleato de indacaterol, cloridrato de olodaterol, olodaterol, cafeína hidratada, cafeína monoidratada, hemitartarato de NOREPinefrina monoidratada

Resultado da interação: Pode ocorrer potencialização dos efeitos adversos e tóxicos dos simpaticomiméticos, uma vez que ocorrem efeitos aditivos dos medicamentos.

Probabilidade: Média

Gravidade: Moderada

Sugestão de conduta: Monitorar a terapia.

Parâmetros de monitorização: Pressão arterial (↑), frequência cardíaca (↑), midríase, piloereção, glicose (↑) e sinais e sintomas de síndrome serotoninérgica.

Referências

1. Dopacris® [Bula de remédio]. São Paulo: Cristália Produtos Químicos Farmacêuticos Ltda; 2000.
2. Maxa JL. Serotonin syndrome following terbutaline administration in a heart transplant patient on multiple inotropic agents: a case report. Transplant Proc. 2020;52(9):2817-9.

Suxametônio / Metoclopramida

Resultado da interação: Pode aumentar o efeito de bloqueio neuromuscular do suxametônio, uma vez que a metoclopramida aumenta a colinesterase plasmática, aumentando os efeitos do suxametônio.

Probabilidade: Alta

Gravidade: Moderada

Sugestão de conduta: Monitorar a terapia.

Parâmetros de monitorização: Grau de bloqueio neuromuscular (Train Of Four [TOF], Índice Bispectral [BIS]), frequência respiratória (↓), frequência cardíaca (↓), pressão arterial (↓) e ocorrência de miopatias.

Referências

1. Plasil® [Bula de remédio]. São Paulo: Sanofi Medley Farmacêutica Ltda; 2019.
2. Succinil Colin® [Bula de remédio]. São Paulo: União Química Farmacêutica Nacional S.A.; 1996.
3. Kambam JR, Parris WC, Franks JJ, Sastry BV, Naukam R, Smith BE. The inhibitory effect of metoclopramide on plasma cholinesterase activity. Can J Anaesth. 1988;35(5):476-8.
4. Kao YJ, Tellez J, Turner DR. Dose-dependent effect of metoclopramide on cholinesterases and suxamethonium metabolism. Br J Anaesth. 1990;65(2):220-4.
5. Kao YJ, Turner DR. Prolongation of succinylcholine block by metoclopramide. Anesthesiology. 1989;70(6):905-8.
6. Turner DR, Kao YJ, Bivona C. Neuromuscular block by suxamethonium following treatment with histamine type 2 antagonists or metoclopramide. Br J Anaesth. 1989;63(3):348-50.

Suxametônio / Terbutalina

Resultado da interação: A terbutalina pode aumentar o bloqueio neuromuscular do suxametônio por efeitos neuromusculares aditivos.

Probabilidade: Baixa

Gravidade: Moderada

Sugestão de conduta: Monitorar a terapia observando sinais de bloqueio neuromuscular aumentados.

Parâmetros de monitorização: Monitorar aumento do bloqueio neuromuscular através de frequência cardíaca (↓), pressão arterial (↓), frequência respiratória (↓) e assincronia com o ventilador.

Referências

1. Succinil Colin® [Bula de remédio]. São Paulo: União Química Farmacêutica Nacional S.A.; 1996.
2. Slater RM, From RP, Sum Ping JS, Pank JR. Changes in plasma potassium and neuromuscular blockade following suxamethonium in patients pre-treated with terbutaline. Eur J Anaesthesiol. 1991;8(4):281-6.

Tramadol / Ondansetrona

Resultado da interação: Pode potencializar o risco de síndrome serotoninérgica e/ou diminuir o efeito analgésico do tramadol, provavelmente pelo aumento da concentração de serotonina ocasionada por ambos.

Probabilidade: Alta

Gravidade: Moderada

Sugestão de conduta: Monitorar a terapia.

Parâmetros de monitorização: Monitorar dor com uma escala de avaliação validada: Escala Visual Analógica (EVA), Behavioral Pain Scale (BPS) ou Critical-Care Pain Observation Tool (CPOT). Sinais e sintomas de síndrome de abstinência: queixas gastrointestinais, espasmos musculares. Sinais e sintomas associados à síndrome serotoninérgica: ansiedade, agitação, inquietação, taquicardia, hipertensão, hipertermia, tremores, hipertonia ou rigidez muscular.

Referências

1. Vonau® [Bula de remédio]. São Paulo: Biolab Sanus Farmacêutica Ltda; 2000.
2. Arcioni R, della Rocca M, Romanò S, Romano R, Pietropaoli P, Gasparetto A. Ondansetron inhibits the analgesic effects of tramadol: a possible 5-HT(3) spinal receptor involvement in acute pain in humans. Anesth Analg. 2002;94(6):1553-7
3. De Witte JL, Schoenmaekers B, Sessler DI, Deloof T. The analgesic efficacy of tramadol is impaired by concurrent administration of ondansetron. Anesth Analg. 2001;92(5):1319-21.

4. Rauers NI, Stüber F, Lee E-H, Musshoff F, Fimmers R, Barann M, et al. Antagonistic effects of ondansetron and tramadol? A randomized placebo and active drug controlled study. J Pain. 2010;11(12):1274-81.
5. Stevens AJ, Woodman RJ, Owen H. The effect of ondansetron on the efficacy of postoperative tramadol: a systematic review and meta-analysis of a drug interaction. Anaesthesia. 2015;70(2):209-18.
6. Vale C, Oliveira F, Assunção J, Fontes-Ribeiro C, Pereira F. Co-administration of ondansetron decreases the analgesic efficacy of tramadol in humans. Pharmacology. 2011;88(3-4):182-7.
7. Turkel SB, Nadala JG, Wincor MZ. Possible serotonin syndrome in association with 5-HT(3) antagonist agents. Psychosomatics. 2001;42(3):258-60.

Vancomicina / Piperacilina + Tazobactam

Resultado da interação: A piperacilina pode potencializar o efeito nefrotóxico da vancomicina, por mecanismo desconhecido.

Probabilidade: Alta

Gravidade: Moderada

Sugestão de conduta: Monitorar a função renal e, se possível, o nível sérico de vancomicina.

Parâmetros de monitorização: Monitorar sinais de nefrotoxicidade através de creatinina (↑), ureia (↑) e nível sérico de vancomicina (intervalo terapêutico: 15 mg/L e 20 mg/L).

Referências

1. Tazocin® [Bula de remédio]. São Paulo: Wyeth Indústria Farmacêutica Ltda; 1996.
2. Buhlinger KM, Fuller KA, Faircloth CB, Wallace JR. Effect of concomitant vancomycin and piperacillin-tazobactam on frequency of acute kidney injury in pediatric patients. Am J Health Syst Pharm. 2019;76(16):1204-10.
3. Burgess LD, Drew RH. Comparison of the incidence of vancomycin-induced nephrotoxicity in hospitalized patients with and without concomitant piperacillin-tazobactam. Pharmacotherapy. 2014;34(7):670-6.
4. Gomes DM, Smotherman C, Birch A, Dupree L, Della Vecchia BJ, Kraemer DF, et al. Comparison of acute kidney injury during treatment with vancomycin in combination with piperacillin-tazobactam or cefepime. Pharmacotherapy. 2014;34(7):662-9.
5. Meaney CJ, Hynicka LM, Tsoukleris MG. Vancomycin-associated nephrotoxicity in adult medicine patients: incidence, outcomes, and risk factors. Pharmacotherapy. 2014;34(7):653-61.

6. Mullins BP, Kramer CJ, Bartel BJ, Catlin JS, Gilder RE. Comparison of the nephrotoxicity of vancomycin in combination with cefepime, meropenem, or piperacillin/tazobactam: a prospective, multicenter study. Ann Pharmacother. 2018;52(7):639-44.
7. Penttilä O, Hurme H, Neuvonen PJ. Effect of zinc sulphate on the absorption of tetracycline and doxycycline in man. Eur J Clin Pharmacol. 1975;9(2-3):131-4.
8. Reed EE, Johnston J, Severing J, Stevenson KB, Deutscher M. Nephrotoxicity risk factors and intravenous vancomycin dosing in the immediate postoperative period following antibiotic-impregnated cement spacer placement. Ann Pharmacother. 2014;48(8):962-9.

Referências

1. Novaes MRCG, Nunes MS, Bezerra VS. Guia de boas práticas em farmácia hospitalar e serviços de saúde. 2ª edição. Barueri: Manole; 2020.
2. Wienkers LC, Heath TG. Predicting in vivo drug interactions from in vitro drug discovery data. Nat Rev Drug Discov. 2005 Oct;4(10):825-33.
3. Bakker T, Abu-Hanna A, Dongelmans DA, Vermeijden WJ, Bosman RJ, de Lange DW, et al. Clinically relevant potential drug-drug interactions in intensive care patients: A large retrospective observational multicenter study. J Crit Care. 2021 Apr;62:124-130.
4. Wishart DS, Feunang YD, Guo AC, Lo EJ, Marcu A, Grant JR, et al. DrugBank 5.0: a major update to the DrugBank database for 2018. Nucleic Acids Res. 2018 Jan 4;46(D1):D1074-D1082.

6

Ajustes de doses de medicamentos

Jacqueline Pereira Pinheiro
Kamila Maria Maranhão Sidney

*"Mais do que tratar,
é preciso ajustar para cuidar."*
Kamila Sidney, farmacêutica clínica

É rotina na prática clínica a necessidade de avaliar diariamente parâmetros laboratoriais a fim de verificar efetividade e toxicidade dos medicamentos utilizados nos pacientes críticos. Uma das principais, se não a principal, síndrome clínica que acomete esse público é a sepse, em que se caracteriza por anormalidades fisiológicas, biólogicas e bioquímicas ocasionadas por uma resposta desregulada do organismo a microrganismos, o que pode levar a disfunção de múltiplos órgãos, principalmente renal e hepático, impactando nos níveis séricos dos fármacos.

O fígado é responsável pela captação seletiva, concentração, metabolismo e excreção da maioria dos medicamentos, já o rim pela eliminação. Anormalidades progressivas envolvendo o sistema renal envolvem a redução da taxa de filtração glomerular (reconhecida na prática pelo *clearance de creatina – ClCr*) avaliada a partir do aumento da creatina sérica associado a baixo débito urinário para disfunção renal.

TABELA 1

Taxa de filtração glomerular/*clearance* de creatina (mL/min/1,73m^2)	Classificação
≥ 90	Normal ou alto
60 a 89	Ligeiramente diminuído
45 a 59	Diminuição leve a moderada
30 a 44	Moderadamente a severamente diminuído
15 a 29	Severamente diminuído
< 15	Insuficiência renal (adicione D se tratada por diálise)

Fonte: Stevens, Paul E. et al. Kidney International;105(4):S117-S314.

Anormalidades envolvendo disfunção hepática são avaliadas por alterações nas transaminases, e o ajuste de doses de medicamentos é baseado na classificação Child-Pugh, em que os critérios observados são: grau de ascite, concentrações séricas de bilirrubina e albumina, tempo de protrombina e grau de encefalopatia. Uma pontuação Child-Pugh total de 5 a 6 é considerada classe A (doença bem compensada), 7 a 9 é classe B (comprometimento funcional significativo) e 10 a 15 é classe C (doença descompensada). Essas classes se correlacionam com a sobrevida do paciente (Tabela 2).

TABELA 2 Classificação Child-Pugh

Parâmetro	Pontos atribuídos		
	1	2	3
Ascite	Ausente	Pouco	Moderado
Bilirrubina	< 2 mg/dL (< 34,2 micromol/L)	2 a 3 mg/dL (34,2 a 51,3 micromol/L)	> 3 mg/dL (> 51,3 micromol/L)
Albumina	> 3,5 g/dL (35 g/L)	2,8 a 3,5 g/dL (28 a 35 g/L)	< 2,8 g/dL (< 28 g/L)
Tempo de protrombina (segundos sobre o controle) ou INR	< 4 < 1,7	4 a 6 1,7 a 2,3	> 6 > 2,3
Encefalopatia	Nenhum	Grau 1 a 2	3ª a 4ª séries

Child CG, Turcotte JG, 1964.

O ajuste de doses de antimicrobianos, por exemplo, requer atenção especial a fim de evitar subdoses, especialmente na sepse, quando o volume de distribuição no paciente é aumentado pela instabilidade hemodinâmica, ressuscitação volêmica e disfunção orgânica que pode reduzir a depuração renal. Fármacos cuja molécula é hidrofílica têm maior necessidade de ajuste de dose na disfunção renal, já as substâncias lipofílicas precisam de maior atenção na disfunção hepática.

Quando essas disfunções levam a prescrição de terapia de substituição renal contínua ou intermitente, nos diversos tipos de diálise, renal ou peritoneal, a taxa de eliminação dos antimicrobianos são diretamente afetados. O tipo de membrana na diálise (celulose ou sintética), o perfil de depuração do dialisador (baixo, médio ou alto fluxo – o que impacta na taxa de filtração) e a carga na membrana podem afetar a remoção tanto de proteínas como de fármacos podendo repercutir em aumento de toxicidade ou redução de efetividade.

TABELA 3 Métodos e modalidades de diálise

Métodos/ Modalidades	**Variações**	**Observações**
Intermitentes		
Hemodiálise intermitente (clássica)	*Intermittent hemodialysis* (IHD)	Método empregado em pacientes com IRA e cuja duração prescrita é de até 5 horas
Estendida	*Profangued intermittent renal replacement therapy* (PIRRT): » hemodiálise estendida (*extended dialysis* - ED) » hemofiltração estendida (*extended filtration* - EF) » hemodiafiltração estendida (*extended diaffitration*- EDF)	Método cujo tempo de duração e eficiência estão entre hemodiálise clássica e métodos contínuos; sua duração usual é de 6-12 horas
Contínuos		
DP	*Intermittent peritoneal dialysis* (IPD)	Mais conhecida como DPI, caracteriza-se por ser o método de DP em ambiente hospitalar, com uso de máquina cicladora
	Continuous equilibration peritoneal dialysis (CEPD)	Similar à tecnica de CAPD, porém realizada em ambiente hospitalar

(continua)

TABELA 3 Métodos e modalidades de diálise *(continuação)*

Métodos/ Modalidades	Variações	Observações
DP	*High volume peritoneal dialysis* (HVPD)	Modalidade em que se utiliza elevado volume de dialisato na cavidade peritoneal
	High volume peritoneal dialysis (HVPD)	Modalidade em que se utiliza elevado volume de dialisato na cavidade peritoneal
Continuous renal replacement therapy (CRRT)	*Slow continuous ultrafiltration* (SCUF)	Método em que ocorre apenas ultrafiltração, ou seja, não há solução de diálise envolvida. O objetivo deste método é a remoção de fluidos, sem alteração da parte metabólica, sendo empregado em pacientes com sobrecarga de volume, notadamente cardiopatas
	Continuous arteriovenous hemofiltration (CAVHI), *continuous venovenous hemofiltration* (CVVH)	A sequência CAV é utilizada quando se retira o sangue de uma artéria e o devolve em veia – técnica raramente empregada; por sua vez, a sigla CVV é aplicada quando a retirada e a devolução do sangue ocorrem somente em território venoso, seja fístula ou cateter
	Continuous arteriovenous hemodialysis (CAVHD), *continuous venovenous hemodialysis* (CVVHD)	
	Continuous arteriovenous hemodiafiltration (CAVHDF), *continuous venovenous hemodiafiltration* (CWVHDF)	

Fonte: InforMed, 2025. Terapias de substituição renal.

O ajuste de dose de diversos fármacos em pacientes obesos precisa de avaliação quanto ao cálculo conforme cada tipo de peso e classificação: peso ideal, peso total, peso ajustado e índice de massa corpórea (IMC).

TABELA 4 Classificação do estado nutricional de adultos e risco de comorbidades, segundo IMC

Classificação	IMC	Risco de comorbidades
Abaixo do peso	< 18,50	Baixo
Eutrófico	18,50-24,99	Médio
Sobrepeso	25,00-29,99	Pouco elevado
Obesidade grau I	30,00-34,99	Elevado
Obesidade grau II	35,00-39,99	Muito elevado
Obesidade grau III	≥ 40,00	Muitíssimo elevado

Fonte: Ministério da saúde.

Apesar do IMC não ser a melhor métrica para avaliação do peso do paciente, ela é utilizada em pacientes com IMC > 30 kg/m^2 como norteador de cálculos de doses em pacientes obesos. Pacientes com peso normal apresentam um peso corporal total composto por massa magra e massa adiposa em uma proporção aproximada de 4:1. Em pacientes obesos, o excesso de massa adiposa é acompanhado por um aumento de 20 a 40% na massa magra, o que pode impactar diretamente em subdose ou sobredose de medicamentos.

TABELA 5

Peso corporal total	Peso corporal magro	Peso corporal ajustado	Peso corporal ideal
Peso real do paciente. Não recomendado utilizar nos cálculos de ajuste de doses nessa população.	Útil na orientação de ajuste de dose na obesidade uma vez que elimina o tecido adiposo e considera apenas peso magro, órgãos e vísceras. O peso magro é extremamente importante na depuração de fámacos.	É considerado o tecido adiposo que não afeta a depuração do fármaco. Mais utilizado nos ajustes de antimicrobianos, principalmente aminoglicosídeos.	Não utilizado na prática, uma vez que enquadra todos os pacientes em uma mesma margem de peso e altura não retratando a realidade.

(continua)

TABELA 5 *(continuação)*

Peso corporal total	Peso corporal magro	Peso corporal ajustado	Peso corporal ideal
–	» Homens: 9270 x peso corporal total (kg)/ 6680 + 216 x IMC » Mulheres: 9270 x peso corporal total / 8780 + 244 x IMC	Peso ajustado: peso ideal + 0,4 x (peso real – peso ideal)	Peso (kg): 45,4 + 0,89 x [altura (cm) – 152,4] + (4,5 se masculino)

Fonte: Barras M, Legg A. 2017.

Este capítulo traz os ajustes de doses na obesidade, na disfunção renal e hepática dos principais medicamentos utilizados em emergência e em terapia intensiva.

AJUSTE DE DOSE DE ANTIMICROBIANOS

Medicamento	Obesidade	IR sem diálise	IR com diálise	Insuficiência hepática
Vancomicina	Usar peso total. Em obesos, considerar dose de ataque 25-30 mg/kg de peso total. Dose de manutenção: considerar 15-20 mg/kg a cada 8-12h. A dose única não deve exceder 2 g	» CrCL > 50-100mL/min: 15-20 mg/kg 12/12h » CrCL 20-50 mL/min: 15-20 mg/kg de 12/12h » CrCL <20 mL/min: 15-20 mg/kg a cada 48h	**HD:** Dose de ataque 25 mg/kg, após 7,5-10 mg/kg AD **CAPD/HDF:** 7,5 mg/kg a cada 48-96h, recomenda-se ajustar com monitoramento de níveis **CRRT:** 7,5-10 mg/kg 12/12h	Nenhum ajuste necessário
Meropeném	Considerar otimização de regime terapêutico, como infusão extendida, em microrganismos com alto MIC ou se paciente crítico	ClCr <50 mL/min, reduzir intervalo/dose: » CrCl 26-50 mL/min: 1 g 12/12 h » CrCl 10-25 mL/min: 500 mg 12/12h » CrCl <10 mL/min: 500 mg a cada 24h	**HD:** 500-1.000 mg AD **CAPD:** 500 mg 24/24h **HDF:** dose individualizada **CRRT:** 1 g 8/8h	Nenhum ajuste necessário
Piperacilina + tazobactam	4,5 g 6/6h, infusão extendida (> 4h)	ClCr < 40 mL/min, reduzir dose: » CrCl 20-40 mL/min: 3.375 mg 6/6h » CrCl <20 mL/min: 2,25 6/6h	**HD:** 2,25 g 8/8h (+ dose extra 0,75 mg AD) **CAPD:** 2,25 g 8/8h **HDF:** ajuste individualizado **CRRT:** se MIC ≤16: 3,375 mg 6/6h; se MIC > 16: 4,5 g 8/8 (infusão extendida)	Nenhum ajuste necessário
Ceftriaxona	Dose maior possivelmente necessária, contudo a dose padrão geralmente é eficaz	Nenhum ajuste necessário	Nenhum ajuste necessário	Nenhum ajuste necessário

(continua)

AJUSTE DE DOSE DE ANTIMICROBIANOS *(continuação)*

Medicamento	Obesidade	IR sem diálise	IR com diálise	Insuficiência hepática
Cefepima	Em obesos, manter dose padrão com monitoramento. Recomenda-se manter dose 2 g 8/8h	ClCr < 60 mL/min, ajustar: » CrCl 30-60 mL/min: 2 g 12/12h » CrCl 11-29 mL/min: 2G a cada 24h » CrCl <10 mL/min: 1 g a cada 24h	**HD:** 1 g a cada 24h, AD **CAPD:** 0,5-1 g 24/24h **HDF:** ajustar conforme tipo de terapia **CRRT:** 1-2 g 8/8h	Nenhum ajuste necessário
Amicacina	Usar peso ajustado	» ClCr 10-50 mL/min: 7,5 mg/kg a cada 24h » ClCr < 10 mL/min: 7,5 mg/kg a cada 48h	**HD:** 7,5 mg/kg a cada 48 h (+ extra 3,75 mg/kg AD) **CAPD:** evitar ou monitorar. Se peritonite: 2 mg/kg 1 x/dia, intraperitoneal **HDF:** monitorar nível sérico **CRRT:** 7,5 mg/kg a cada 24h	Nenhum ajuste necessário
Gentamicina	Usar peso ajustado	*Gram -:* » ClCr 10-50 mL/min: 1,7-2,0 mg/kg 12-24h » ClCr <10 mL/min: 1,7-2,0 mg/kg a cada 48h *Gram + (sinergismo):* » ClCr 40-59 mL/min: 1mg/kg 12/12h » Clcr 20-39 mL/min: 1 mg/kg a cada 24h » ClCr <20 mL/min: 1mg/kg, dosar nível sérico	**HD:** » *Gram -:* 1,7=2,0 mg/kg cada 48h (+extra 0,85-1,0 mg/kg AD) » *Gram + (sinergismo)*: 1 mg/kg 48-72h, AD **CAPD:** se possível, evitar. 0,6 mg/kg IP 1 x/dia **HDF:** monitorar níveis séricos **CRRT:** » *Gram -:* 1,7-2,0 mg/kg a cada 24h	Nenhum ajuste necessário

(continua)

AJUSTE DE DOSE DE ANTIMICROBIANOS *(continuação)*

Medicamento	Obesidade	IR sem diálise	IR com diálise	Insuficiência hepática
Polimixina B	Usar peso total. Dose padrão: 1,5 mg/kg a cada 12h	Nenhum ajuste necessário	Nenhum ajuste necessário	Nenhum ajuste necessário
Linezolida	Dose padrão (600 mg 12/12h) geralmente suficiente	Nenhum ajuste necessário	**HD:** administrar AD **CAPD/HDF:** monitorar resposta	Nenhum ajuste necessário
Metronidazol	Usar peso total. Dose padrão eficaz (500 mg 6/6h ou 8/8h)	ClCr <10 mL/min, reduzir 50%. 7,5 mg/kg 12/12h	**HD:** 7,5 mg/kg 12/12h, AD **CAPD:** nenhum ajuste **HDF:** manter dose com cautela **CRRT:** nenhum ajuste	Reduzir dose em insuficiência hepática grave em 50% (7,5 mg/kg 12/12h)
Clindamicina	Dose padrão (600-900 mg 8/8h) geralmente eficaz, mesmo em obesidade	Nenhum ajuste necessário	Nenhum ajuste necessário	Nenhum ajuste necessário. Considerar redução de dose em insuficência hepática grave
Fluconazol	Doses elevadas podem ser requeridas em obesidade grau III	ClCr <50 mL/min, reduzir 50%, 50-200 mg/kg/dia	**HD:** 50-200 mg 24/24h em dias sem HD; 100-400 mg AD nos dias de HD **CAPD:** 50-200 mg 24/24h **CRRT:** é sugerido dobrar a dose habitual de 50-200 mg 24/24h	Nenhum ajuste necessário

(continua)

AJUSTE DE DOSE DE ANTIMICROBIANOS *(continuação)*

Medicamento	Obesidade	IR sem diálise	IR com diálise	Insuficiência hepática
Anidulafungina	Dose padrão (200 mg ataque + 100 mg/dia) é independente de peso. Pode manter em obesos	Nenhum ajuste necessário	Nenhum ajuste necessário	Nenhum ajuste necessário
Anfotericina B desoxicolato	Usar peso ajustado, se paciente crítico considerar peso total. Dose usual: 0,3-1 mg/kg/dia. Monitorar toxicidade em obesos	Nenhum ajuste necessário, mas risco aumentado de nefrotoxicidade. Monitorar função renal	Nenhum ajuste necessário	Nenhum ajuste necessário
Anfotericina B lipossomal	Usar peso ajustado, se paciente crítico considerar peso total. Dose usual: 3-5 mg/kg/dia. Monitorar toxicidade em obesos	Nenhum ajuste necessário	Nenhum ajuste necessário	Nenhum ajuste necessário
Anfotericina B complexo lipídico	Usar peso total. Dose usual: 5 mg/kg/dia. Monitorar toxicidade em obesos	Nenhum ajuste necessário	Nenhum ajuste necessário	Nenhum ajuste necessário
Sulfametoxazol + trimetoprima	Usar peso ajustado para evitar toxicidade (especialmente trimetoprima)	» ClCr 10-29 mL/min: 5-10 mg/kg/dia (dividido 12/12h) » ClCr <10 mL/min: evitar ou ajustar, se uso 5-10 mg/kg/dia	**HD:** se prescrito, 5-10 mg/kg/dia, AD **CAPD:** evitar uso prolongado, se uso 5-10 mg/kg/dia **CRRT:** 5 mg/kg 8/8h	Nenhum ajuste necessário

IR: insuficiência renal; HD: hemodiálise; CAPD: diálise peritoneal ambulatorial contínua; HDF:hemodiafiltração; CRRT: terapia renal de substituição contínua; AD: após diálise; IP: intraperitoneal; ClCr: *clearance* de creatina.

AJUSTE DE DOSES DE PROFILÁTICOS E SINTOMÁTICOS

Medicamento	Obesidade	IR sem diálise	IR com diálise	Insuficiência hepática
Omeprazol	Não há referências	Nenhum ajuste necessário	Nenhum ajuste necessário	Nenhum ajuste necessário
Pantoprazol	Não há referências	Nenhum ajuste necessário	Nenhum ajuste necessário	Nenhum ajuste necessário
Heparina	**Profilático:** » IMC ≥30 kg/m²: 5.000 a 7.500 unidades a cada 8h » IMC > 50 kg/m²: 7.500 unidades a cada 8h **Terapêutico:** » IMC 30-39 kg/m²: usar peso corporal real » IMC ≥40 kg/m²: usar peso corporal ajustado » Monitorar TTPa	Nenhum ajuste necessário, mas monitorar sangramentos em IRC grave	Nenhum ajuste necessário, mas monitorar sangramentos em IRC grave	Nenhum ajuste necessário
Enoxaparina	Usar peso total **Profilaxia:** » IMC 30-39 kg/m²: dose padrão » IMC ≥40 kg/m²: controverso, mas 40 mg 2 x/dia ou 0,5 mg/kg 2 x/dia **Na SCA (IMC ≥ 30 kg/m²):** 1 mg/kg 12/12h **Na TEV (IMC ≥ 30 kg/m²):** 0,7-1 mg/kg 12/12h Peso > 150 kg: considerar anti-Xa	ClCr <30 mL/min: » Profilático: 20 mg 1 x/dia » Terapêutico: 1 mg/kg 24/24h	**HD:** evitar; preferir heparina não fracionada	Nenhum ajuste necessário

(continua)

AJUSTE DE DOSES DE PROFILÁTICOS E SINTOMÁTICOS *(continuação)*

Medicamento	Obesidade	IR sem diálise	IR com diálise	Insuficiência hepática
Metoclopramida	Não há referências	ClCr <40 mL/min: reduzir 50% da dose	**HD:** administrar AD com dose reduzida em 1/3 **CAPD:** nenhum ajuste necessário **HDF:** nenhum ajuste necessário **CRRT:** reduzir 50% da dose	Nenhum ajuste necessário
Ondansetrona	Não há referências	Nenhum ajuste necessário	Nenhum ajuste necessário	Em insuficiência hepática grave: dose máxima diária de 8 mg
Insulina regular	Não há referências. Sugere-se usar peso total e avaliar necessidade de doses maiores por resistência periférica	» CrCl 10-50 mL/min: 75% da dose normal » CrCl <10 mL/min: 50% da dose normal	**HD/CRRT:** 75% da dose normal Monitorar risco de hipoglicemia em IRC avançada	Nenhum ajuste necessário
Prometazina	Não há referências. Dose padrão costuma ser eficaz. Monitorar sedação em obesos	Nenhum ajuste necessário	Nenhum ajuste necessário	Usar com cautela; pode haver aumento da meia-vida em insuficiência hepática grave

(continua)

AJUSTE DE DOSES DE PROFILÁTICOS E SINTOMÁTICOS *(continuação)*

Medicamento	Obesidade	IR sem diálise	IR com diálise	Insuficiência hepática
Difenidramina	Não há referências	Nenhum ajuste necessário	Nenhum ajuste necessário	Usar com cautela. Risco aumentado de sedação em insuficiência hepática e/ou encefalopatia hepática não controlada
Hidrocortisona	Usar peso total. Dose padrão geralmente eficaz	Nenhum ajuste necessário	Nenhum ajuste necessário	Nenhum ajuste necessário
Metilprednisolona	Usar peso total. Ajustar conforme gravidade da condição clínica	Nenhum ajuste necessário	Nenhum ajuste necessário	Nenhum ajuste necessário
Dexametasona	Usar peso total. Dose padrão geralmente eficaz	Nenhum ajuste necessário	Nenhum ajuste necessário	Nenhum ajuste necessário

IRC: insuficiência renal crônica; ClCr: *clearance* de creatinina; HD: hemodiálise; CAPD: diálise peritoneal ambulatorial contínua; HDF: hemodiafiltração; CRRT: terapia renal de substituição contínua; IMC: índice de massa corpórea.

AJUSTE DE DOSE DE MEDICAMENTOS QUE ATUAM NA ANALGOSEDAÇÃO E NO SISTEMA NERVOSO CENTRAL

Medicamento	Obesidade	IR sem diálise	IR com diálise	Insuficiência hepática
Midazolam	Usar peso corporal ajustado	Nenhum ajuste necessário	Monitorar sedação; pode haver acúmulo	Reduzir dose; metabolismo hepático
Diazepam	Não há referências	Nenhum ajuste necessário	Monitorar efeitos cumulativos	Reduzir dose; extenso metabolismo hepático
Dipirona	Não há referências	Nenhum ajuste necessário	Nenhum ajuste necessário	Nenhum ajuste necessário
Tenoxicam	Não há referências	Evitar em ClCr < 30 mL/min	Contraindicado	Evitar em insuficiência hepática grave
Cetorolaco	Não há referências	Evitar em ClCr < 30 mL/min	Evitar uso, risco cumulativo	Evitar em insuficiência hepática grave
Fentanil	Usar peso corporal ajustado. Peso total pode superestimar dose	Nenhum ajuste necessário	Pode haver acúmulo; monitorar	Reduzir dose em insuficiência hepática grave
Morfina	Não há referências	» ClCr < 50 mL/min: reduzir dose inicial em 50-75% da dose inicial usual » CrCl <15 mL/min: evitar uso	Ajustar em 25% da dose usual	Evitar uso se possível. Reduzir dose; metabolismo hepático ativo

(continua)

AJUSTE DE DOSE DE MEDICAMENTOS QUE ATUAM NA ANALGOSEDAÇÃO E NO SISTEMA NERVOSO CENTRAL *(continuação)*

Medicamento	Obesidade	IR sem diálise	IR com diálise	Insuficiência hepática
Tramadol	Não há referências	» ClCr 10-20 mL/min: 50-100 mg 8/8h » ClCr < 10 mL/min: 50 mg 8/8h e ajustar	50 mg 8/8h e ajustar	Evitar uso. Ocorre redução do metabolismo hepático, o que pode resultar em controle ineficaz da dor
Metadona	Não há referências	ClCr < 10 mL/min: reduzir 50-75% da dose padrão	Reduzir 50-75% da dose padrão. Monitorar intervalo QT	Reduzir dose em insuficiência hepática
Dexmedetomidina	Usar peso corporal ajustado	Nenhum ajuste necessário	Nenhum ajuste necessário. Monitorar pressão e bradicardia	Reduzir a dose para 0,1-0,5 mcg/kg/h e titular dose conforme clínica
Propofol	Usar peso corporal ajustado	Nenhum ajuste necessário	Nenhum ajuste necessário	Reduzir dose em insuficiência hepática grave
Etomidato	» IMC 30-39 kg/m^2: usar peso real » IMC ≥40 kg/m^2: usar peso corporal ajustado	Nenhum ajuste necessário	Nenhum ajuste necessário	Nenhum ajuste necessário
Suxametônio	Usar peso total	Cautela em disfunção renal grave (risco de hipercalemia)	Usar com cautela	Não há referências
Cetamina	» IMC 30-39 kg/m^2: usar peso corporal total » IMC ≥ 40 kg/m^2: usar peso corporal ajustado	Nenhum ajuste necessário	Não há referências. Monitorar em disfunção grave	Reduzir dose em insuficiência hepática. Uso não recomendado

(continua)

AJUSTE DE DOSE DE MEDICAMENTOS QUE ATUAM NA ANALGOSEDAÇÃO E NO SISTEMA NERVOSO CENTRAL *(continuação)*

Medicamento	Obesidade	IR sem diálise	IR com diálise	Insuficiência hepática
Escetamina	» IMC 30-39 kg/m^2: usar peso corporal total » IMC ≥ 40 kg/m^2: usar peso corporal ajustado	Nenhum ajuste necessário	Não há referências. Monitorar efeitos	Reduzir dose em insuficiência hepática. Uso não recomendado
Rocurônio	Usar peso ideal ou peso magro	ClCr < 20 mL/min: dose de manutenção entre 0,075-0,1 mg/kg; contínua: 0,3-0,4 mg/kg/h	Pode haver prolongamento de ação. Manter dose de manutenção entre 0,075-0,1 mg/kg; contínua: 0,3-0,4 mg/kg/h	Reduzir dose em insuficiência hepática
Cisatracúrio	Usar peso ideal.	Nenhum ajuste necessário	Nenhum ajuste necessário	Nenhum ajuste necessário
Fenitoína	**IMC ≥ 40 kg/m^2**: para *status* epilepticus convulsivo e não convulsivo utilizar 15 mg/kg de peso total. Na manutenção, 4 a 7 mg/kg/dia de peso corporal ideal. Demais casos, manter dose padrão não ajustada pelo peso e monitorar por nível sérico	Nenhum ajuste necessário	Nenhum ajuste necessário, monitorar níveis séricos	Reduzir dose em insuficiência hepática; alta ligação à albumina. Monitorar nível sérico

(continua)

AJUSTE DE DOSE DE MEDICAMENTOS QUE ATUAM NA ANALGOSEDAÇÃO E NO SISTEMA NERVOSO CENTRAL *(continuação)*

Medicamento	Obesidade	IR sem diálise	IR com diálise	Insuficiência hepática
Fenobarbital	Não há referências	ClCr <10 mL/min: reduzir dose em 25-50%	Reduzir dose em 25-50%	Reduzir dose em 50% na insuficiência hepática grave
Haloperidol	Não há referências	Nenhum ajuste necessário	Nenhum ajuste necessário	Reduzir dose em insuficiência hepática: administrar de 25-50% da dose padrão
Levetiracetam	Não há referências. Dose máxima: 30 mg/kg 2 x/dia	» ClCr 30-50 mL/min: 250-750 mg 12/12h » ClCr < 30 mL/min: 250-500 mg 12/12h	HD, HDF, CAPD: 750 mg dose inicial e após 500-1.000 mg 1 x/dia	Nenhum ajuste necessário

IRC: insuficiência renal crônica; ClCr: *clearance* de creatinina; HD: hemodiálise; CAPD: diálise peritoneal ambulatorial contínua; HDF: hemodiafiltração; CRRT: terapia renal de substituição contínua; IMC: índice de massa corpórea.

AJUSTE DE DOSE DE MEDICAMENTOS QUE ATUAM NO SISTEMA CARDIOLÓGICO RESPIRATÓRIO

Medicamento	Obesidade	IR sem diálise	IR com diálise	Insuficiência hepática
Noradrenalina	Peso ideal (PI)	Nenhum ajuste necessário	Nenhum ajuste necessário	Não há referências. Monitorar resposta e efeitos
Adrenalina	Peso ideal (PI)	Nenhum ajuste necessário	Nenhum ajuste necessário	Não há referências. Monitorar; possível ↑ sensibilidade
Dobutamina	Peso ideal (PI)	Nenhum ajuste necessário	Nenhum ajuste necessário	Não há referências
Dopamina	Peso ideal (PI)	Nenhum ajuste necessário	Nenhum ajuste necessário	Não há referências. Monitorar resposta e efeitos
Vasopressina	Não há referências. Monitorar resposta e efeitos. Dose fixa	Nenhum ajuste necessário	Nenhum ajuste necessário	Não há referências. Monitorar resposta e efeitos
Milrinona	Peso ideal (PI)	» CrCl 10-50 mL/min: 0,23-0,43 mcg/kg/min » CrCl <10 mL/min: considerar terapia alternativa	Recomenda-se considerar ClCr < 10 mL/min	Não há referências
Amiodarona	Não há referências. Dose fixa padrão	Nenhum ajuste necessário	Nenhum ajuste necessário	Recomenda-se ajuste de dose na insuficiência hepática grave e se transaminases excederem 3x valor normal de referência suspender o uso

(continua)

AJUSTE DE DOSE DE MEDICAMENTOS QUE ATUAM NO SISTEMA CARDIOLÓGICO RESPIRATÓRIO *(continuação)*

Medicamento	Obesidade	IR sem diálise	IR com diálise	Insuficiência hepática
Lidocaína	Não há referências	Nenhum ajuste necessário Se ClCr < 30 mL/min avaliar redução de dose e monitoramento	Nenhum ajuste necessário	Reduzir dose; monitorar sinais de toxicidade
Nitroprussiato de sódio	Não há referências. Sugere-se manter dose padrão	Risco de acúmulo de tiocianato e toxicidade ClCr < 30 mL/min: máximo de 3 mcg/kg/min	Pacientes anúricos: máximo de 1 mcg/kg/min	Não há referências. Risco de toxicidade por tiocianato
Nitroglicerina	Não há referências. Sugere-se manter dose padrão	Nenhum ajuste necessário	Nenhum ajuste necessário	Não há referências
Metoprolol	Não há referências. Sugere-se manter dose padrão	Nenhum ajuste necessário	Nenhum ajuste necessário	Recomendado iniciar com doses reduzidas e titulação gradual da dose devido ao extenso metabolismo hepático
Furosemida	Não há referências. Sugere-se manter dose padrão	Nenhum ajuste necessário	Nenhum ajuste necessário	Recomendado uso com cautela em cirrose e ascite por risco maior de encefalopatia hepática e coma com alterações repentinas de fluidos e eletrólitos
Adenosina	Não há referências. Sugere-se manter dose padrão	Nenhum ajuste necessário	Nenhum ajuste necessário	Nenhum ajuste necessário

(continua)

AJUSTE DE DOSE DE MEDICAMENTOS QUE ATUAM NO SISTEMA CARDIOLÓGICO RESPIRATÓRIO *(continuação)*

Medicamento	Obesidade	IR sem diálise	IR com diálise	Insuficiência hepática
Atropina	Não há referências. Sugere-se manter dose padrão	Nenhum ajuste necessário	Nenhum ajuste necessário	Nenhum ajuste necessário
Efedrina	Não há referências. Sugere-se manter dose padrão	Nenhum ajuste necessário	Nenhum ajuste necessário	Nenhum ajuste necessário
Salbutamol (albuterol)	Não há referências. Sugere-se manter dose padrão	Nenhum ajuste necessário	Nenhum ajuste necessário	Nenhum ajuste necessário
Terbutalina	Não há referências. Sugere-se manter dose padrão	Nenhum ajuste necessário	Nenhum ajuste necessário	Nenhum ajuste necessário
Hidralazina	Não há referências. Sugere-se manter dose padrão	Nenhum ajuste necessário	Nenhum ajuste necessário	Não há referências. Contudo, sofre extenso metabolismo hepático, recomenda-se monitorar efeitos
Metilergotamina	Não há referências. Sugere-se manter dose padrão	Não há referências para ajustes. Recomenda-se utilizar com cautela	Não há referências para ajustes. Recomenda-se utilizar com cautela	Não há referências para ajustes. Recomenda-se utilizar com cautela
Ácido tranexâmico	Não há referências. Sugere-se manter dose padrão	» ClCr 20-50 mL/min: 10 mg/kg 12/12 h » ClCr 10-20 mL/min: 10 mg/kg 24/24h » ClCr < 10 mL/min: 5 mg/kg 24/24h.	Considerar ajuste para ClCr < 10 mL/min: 5 mg/kg 24/24h em todos os tipos de diálise	Nenhum ajuste necessário

Referências

1. Barras M, Legg A. Drug dosing in obese adults. Aust Prescr. 2017 Oct;40(5):189-193.
2. Blot SI, Pea F, Lipman J. The effect of pathophysiology on pharmacokinetics in the critically ill patient--concepts appraised by the example of antimicrobial agents. Adv Drug Deliv Rev. 2014 Nov 20;77:3-11.
3. Brasil. Ministério da Saúde. Secretaria de Ciência, Tecnologia, Inovação e Insumos Estratégicos em Saúde. Portaria SCTIE/MS nº 53, de 11 de novembro de 2020. Aprova o Protocolo Clínico e Diretrizes Terapêuticas de Sobrepeso e Obesidade em Adultos. Brasília: Ministério da Saúde; 2020. Disponível em: https://www.gov.br/conitec/pt-br/midias/protocolos/20201113_pcdt_sobrepeso_e_obesidade_em_adultos_29_10_2020_final.pdf.
4. Bulas de medicamentos. Informed, 2025.
5. Child CG, Turcotte JG. Surgery and portal hypertension. Major Probl Clin Surg. 1964;1:1-85.
6. KDIGO 2024. Clinical Practice Guideline for the Evaluation and Management of Chronic Kidney Disease. Disponivel em: https://www.kidney-international.org/article/S0085-2538%2823%2900766-4/fulltext.
7. Roberts JA, Lipman J. Pharmacokinetic issues for antibiotics in the critically ill patient. Crit Care Med. 2009 Mar;37(3):840-51; quiz 859.
8. Sanford Guide, 2025.
9. The UK renal pharmacy group. The Renal Drug Handbook The Ultimate Prescribing Guide for Renal Practitioners. 5ed. 2019.

Índice remissivo de medicamentos